21 世纪高等教育规划教材

材料力学简明教程

（中、少学时）

第 2 版

主　编　孟庆东　张晓荣　陈胜利
副主编　于立洋　于　杰　高天奇
参　编　杨　燕　张东阳　陈妙婷　蔡路政
主　审　王长连

机械工业出版社

本书是根据国家教育部审订的《材料力学教学基本要求》，总结长期教学实践经验，结合当前教学实际而编写的。

全书共 13 章，包括：绪论，拉伸与压缩，剪切和挤压，扭转，弯曲内力，弯曲应力，弯曲变形，应力状态分析和强度理论，组合变形，压杆稳定，交变应力及疲劳破坏，能量法基础，超静定结构与用力法求解超静定问题。书后附有平面图形的几何性质、常用的截面几何量、型钢规格表。

本书注重工程实际应用，在各章中精选了大量的易于学生理解的工程和生活实例，在各章后均有思考题，大部分章后有习题，以方便学生学习总结。

与本书配套的、亦由机械工业出版社出版的《材料力学辅导与习题解》，也可供使用本书的学生复习、解题及教师备课时使用。

另外，为方便教与学，还制作了配套使用的电子课件，内容包括电子教案、动画演示、实例分析、问题讨论及习题详解等，教师可登录机工教育服务网（www.cmpedu.com）免费注册下载。

本书可作为机械类、近机类专业本、专科学生学习"材料力学"课程（中、少学时）的教学用书，还可作为考研学生入学考试用书并可供有关工程技术人员参考。

图书在版编目（CIP）数据

材料力学简明教程：中、少学时/孟庆东，张晓荣，陈胜利主编. —2 版. —北京：机械工业出版社，2019.1（2024.7重印）

21 世纪高等教育规划教材

ISBN 978-7-111-61206-3

Ⅰ. ①材… Ⅱ. ①孟…②张…③陈… Ⅲ. ①材料力学 – 高等学校 – 教材 Ⅳ. ①TB301

中国版本图书馆 CIP 数据核字（2018）第 267834 号

机械工业出版社（北京市百万庄大街 22 号 邮政编码 100037）

策划编辑：张金奎 责任编辑：张金奎

责任校对：陈 越 封面设计：张 静

责任印制：郜 敏

中煤（北京）印务有限公司印刷

2024 年 7 月第 2 版第 5 次印刷

184mm×260mm・14.75 印张・357 千字

标准书号：ISBN 978-7-111-61206-3

定价：39.00 元

电话服务

客服电话：010-88361066
　　　　　010-88379833
　　　　　010-68326294

封底无防伪标均为盗版

网络服务

机 工 官 网：www.cmpbook.com
机 工 官 博：weibo.com/cmp1952
金 书 网：www.golden-book.com
机工教育服务网：www.cmpedu.com

第 2 版前言

本书第 1 版自 2011 年 8 月出版以来，得到了广大高等工科院校力学教师的认同并被不少院校选用。第 2 版在保留概念深入浅出，说理透彻，内容丰富、翔实的特色，以及保持教材连续性的基础上，较广泛地征求了广大教师的意见而进行了修订。

本书的前十二章仍保持第 1 版的体系，主要进行了以下几方面的修订工作：

1. 对第十二章（能量法基础）做了充实，增加了较多内容，重新编排了节次。

2. 增加了第十三章（超静定结构与用力法求解超静定问题）。

3. 对于思考题，适当删减类似名词解释的题目，增加一些具有启发性、思考性的题目，以深化学生对基本概念和基本理论的理解。

4. 对文字叙述进行了全面修订，力求简练、确切、规范、严谨。

参加第 2 版编写、修订工作的人员有青岛科技大学的陈妙婷、张东阳、蔡路政、孟庆东，青岛远洋船员职业学院的张晓荣，山东济宁技师学院的陈胜利，青岛海洋技师学院的于立洋、于杰、高天奇、杨燕。全书由孟庆东主持修订和统稿。

编写、修订分工如下（按姓氏笔画排序）：

于杰：第八、九章

于立洋：第十二、十三章

杨燕：附录部分修编及校核

张东阳：第九~十三章的校核及习题解答，设计制作第九~十三章的电子课件

张晓荣：绪论，第一~四章

陈妙婷：第一~八章的校核及部分习题解答

陈胜利：第五~七章

高天奇：第十、十一章

蔡路政：设计制作第一~八章的电子课件及部分习题解答

四川建筑工程学院的王长连教授担任本书主审，对第 2 版的修订初稿进行了认真、细致的审阅，提出了很多建设性的意见，提高了教材的质量。

机械工业出版社对本书的出版工作给予了大力支持和具体指导与帮助。此外，各编者所在学校的领导及主管部门也对本书的出版给予了大力支持。

谨此，一并对上述单位和个人致以衷心的感谢。

希望采用本书的广大教师和读者，对本书提出宝贵意见和建议，以利于今后再次修订，使之更臻完善。

编　者

2019 年 1 月

目　　录

第一章 绪 论

本章主要介绍材料力学的任务与研究对象，材料力学的基本假设、基本概念和基本方法，这些内容对学习材料力学具有指导意义。

第一节 材料力学的任务与研究对象

一、材料力学的任务

1. 研究构件的强度、刚度和稳定性

工程中广泛使用的各种机械和结构物，都是由若干零件或结构元件组成的。这些零件或结构元件统称为构件(element)。机械和结构物在正常工作中，每一构件都受到一定的外力作用，由理论力学的分析知，物体所受到的外力有主动外力，通常称为载荷(load)；还有被动外力，通常称为约束力(constraint reaction)。例如，起重机通过吊钩提升重物时，起吊重物的钢丝绳承受到已知重物(载荷)的拉力，还受到吊钩的拉力(约束力)。又如桥梁的大梁，既承受桥上物体的重力(载荷)的作用，又受到桥墩的支撑力(约束力)等。实践表明：构件在这些外力作用下要产生变形。当作用力过大时构件将产生显著塑性变形或发生断裂，这在工程中是不允许的。为了保证机械或工程结构能够安全、正常地工作，构件应有足够的能力承担相应的外力。为此，构件一般需要满足如下三方面的要求：

(1)强度(strength)要求：在规定外力作用下构件不应发生破坏。这里所指的破坏，不仅仅是指构件在外力作用下的断裂，如储气罐在工作时不应发生爆裂。强度是指构件抵抗破坏的能力。

(2)刚度(stiffness)要求：在规定外力作用下构件不应发生过大的弹性变形，如机床主轴若产生过大弹性变形会影响加工精度。刚度是指构件抵抗变形的能力。

(3)稳定性(stability)要求：在规定外力作用下构件应保持其原有的平衡状态。受压的细长杆件，如千斤顶的螺杆，当压力增大到一定值时会突然变弯。稳定性是指构件保持其原有平衡状态的能力。

在工程中，一般构件都应满足上述三个要求，但对某一个具体构件往往又有所侧重。如储气罐主要要求保证强度，车床主轴主要要求具备足够的刚度，受压的细长杆则要求足够的稳定性。此外，对某些特殊构件可能还有相反的要求，例如为了防止机器设备超载，当载荷超出某一范围时，机器设备中的安全销应立即破坏。又如为了降低振动冲击，车辆的缓冲弹簧应有较大的弹性变形等。

在设计构件时，不仅要满足上述三方面的安全性要求，还应尽可能选用合适的材料，减少材料的用量，以降低成本或减轻重量。也就是说，设计构件时既要考虑安全性，又要考虑经济性。安全性要求选用优质材料或增大横截面尺寸，经济性要求尽可能使用廉价材料或减小横截面尺寸，这两个要求是彼此矛盾的。材料力学的任务是在满足强度、刚度和稳定性要求的前提下，以最经济的代价，为构件确定合理的截面形状和尺寸，选择合适的材料，为设

计构件提供必要的理论基础和计算方法。

为所设计的构件提供有关强度、刚度和稳定性计算的基本原理和方法，是材料力学所要完成的主要任务。

2. 研究材料的力学性能

由不同材料所制成的构件，尽管几何形状和尺寸一样，在承受相同的荷载作用时产生的变形大小和破坏程度是不同的。这是由于构件的强度、刚度和稳定性与所用材料的力学性能有关。材料的力学性能是材料本身固有的特性，可以通过实验测定出来。在此基础上才能恰当地为构件选择适宜的材料。此外，也有些单靠现有理论解决不了的问题，需借助于实验来解决。因此，实验研究和理论分析同样重要，都是完成材料力学的任务所必需的。

总之，材料力学的任务是：研究构件的强度、刚度、稳定性理论，为设计安全、经济的构件及结构提供相应的理论指导；检测构件的力学性能，确保其安全运行，研究新型的构件、结构和鉴定新材料。

二、材料力学的研究对象

根据几何形状以及各个方向上尺寸的差异，弹性体大致可分为杆、板、壳、体四大类。如图 1-1 所示。

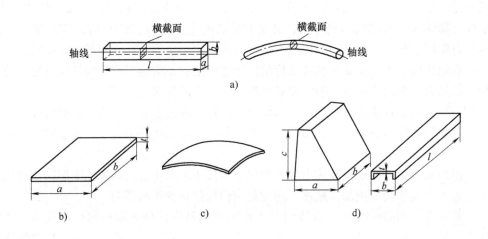

图　1-1

杆：如图 1-1a 所示，一个方向的尺寸远大于其他两个方向的尺寸，这种弹性体称为杆（bar）。杆的各横截面形心的连线称为杆的轴线（axis）；轴线为直线的杆称为直杆（straight bar）；轴线为曲线的杆称为曲杆（curve bar）。按各截面相等与否，杆又分为等截面杆和变截面杆（cross-section bar）。工程上最常见的是等截面直杆，简称等直杆。

板：如图 1-1b 所示，一个方向的尺寸远小于其他两个方向的尺寸，且各处曲率均为零，这种弹性体称为板（plate）。

壳：如图 1-1c 所示，一个方向的尺寸远小于其他两个方向的尺寸，且至少有一个方向的曲率不为零，这种结构称为壳（shell）

注意：板与壳的区别就在于"平、曲"二字，平的为板，曲的为壳。

体：如图 1-1d 所示，三个方向具有相同量级的尺寸，这种弹性体称为体(body)。

材料力学的主要研究对象是杆，以及由若干杆组成的简单杆系，同时也研究一些形状与受力均比较简单的板、壳、块。至于一般较复杂的杆系与板壳问题，则属于结构力学与弹性力学的研究范畴。工程中的大部分构件属于杆件，杆件分析的原理与方法是分析其他形式构件的基础。

第二节　变形固体的基本假设

一、变形固体的变形

材料力学研究的构件在外力作用下会产生变形，制造构件的材料称为变形固体(deformation solid)。所谓变形，是指在外力作用下构件几何形状和尺寸的改变。这些变形与构件的强度、刚度、稳定性等方面密切相关，为了突出组成构件的固体特性，通常把构件称为变形固体。

变形固体在外力作用下会产生变形，就其变形的性质可分为弹性变形和塑性变形。

弹性变形(elastic deformation)：作用在变形固体上的外力去掉后可以消失的变形。

塑性变形(plastic deformation)：作用在变形固体上的外力去掉后不能消失的变形，也称残余变形(residual deformation)。

二、基本假设

材料力学在研究变形固体时，为了建立简化模型，忽略了对研究主体影响不大的次要因素，保留了主体的基本性质，对变形固体作了如下假设。

1. 连续均匀性假设

认为物体在其整个体积内毫无空隙地充满了物质，各点处的力学性质是完全相同的。由于构件的尺寸远远大于物质的基本粒子及粒子之间的间隙，这些间隙的存在以及由此而引起的性质上的差异，在宏观讨论中完全可以略去。根据这一假设，可将物体内部的物理量用数学函数来表示。

2. 各向同性假设

认为物体沿各个方向的力学性质是相同的。实际物体，例如金属，是由晶粒组成的，沿不同方向晶粒的性质并不相同。但由于构件中包含的晶粒极多，晶粒排列又无规则，在宏观研究中，物体的性质并不显示出方向的差别，因此可以看成是各向同性的。当然，某些情况，如含有碳素纤维的复合材料等，就需要按各向异性来考虑。

连续均匀、各向同性的可变形固体，是对实际物体的一种科学抽象。实践表明，在此假设下建立的材料力学理论，基本上符合真实构件在外力作用下的表现，因此假设得以成立。

3. 小变形假设

认为研究的构件几何形状和尺寸的改变量与原始尺寸相比是非常小的。工程中的大多数构件正常工作中均满足此假设，构件的小变形假设，可使研究的问题得到简化。例如图 1-2 所示结构，杆 AB 与杆 AC 受到拉力，杆 AB 长度由 $\overline{AB}$ 伸长为 $\overline{A'B}$，而杆 AC 长度由 $\overline{AC}$ 缩短为 $\overline{A'C}$。节点由 A 变为 A'。杆 AB 与杆 AC 间的夹角由 α 变为 α'。然而，由于作小变形假设，因而在考察这些构件的平衡问题时，可将变形略去，仍按变形前的原始尺寸和角度来考虑，这

样可极大地简化计算过程，而计算精度足可以满足工程
要求。工程中也有些构件变形过大，须按变形后的形状
和尺寸来考虑，这属于大变形问题，不在本书讨论范围
之内。

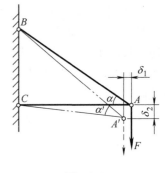

图 1-2

综上所述，在材料力学研究中的基本假设有两类：
一类是将实际研究的材料看作连续均匀和各向同性的
可变形固体；另一类是小变形假设。前者是对材料本
身性质的假设，而后者则是对构件产生变形大小的
假设。

实践表明，在这些假设基础上所建立的理论与分析计算结果，符合工程要求。

第三节 构件的外力与杆件变形的基本形式

一、构件的外力及其分类

材料力学的研究对象是构件，构件工作时，总要受到其他物体所施加的力的作用，包括
作用在构件上的载荷和约束力等。

按照外力在构件表面的分布情况，连续分布在构件表面某一范围的力，称为分布力
（distributed force），用 q 表示；如果分布力的作用范围远小于构件的表面面积，或沿杆件轴
线的分布范围远小于杆件长度，则可将分布力简化为作用于一点的力，称为集中力（concen-
trated force）。有时外力以力偶的形式集中作用于构件上，称为集中力偶（concentrated cou-
ple），用 m 表示。

按载荷随时间变化的情况又可将外力分为静载荷与动载荷。载荷缓慢地由零增加到
某一定值，以后即保持不变，或变动不显著，这种载荷称为静载荷（static load）。如机
器缓慢地放置在机器设备的基础上，机器的重量对基础的作用便是静载荷。若载荷随
时间的变更而变化，这种载荷称为动载荷（dynamic load）。随时间交替变化的载荷称为
交变载荷（alternating load）。物体的运动在短时间内突然改变所引起的载荷称为
冲击载荷（impact load）。

材料在静载荷和动载荷作用下的性能颇不相同，分析方法也迥异。因为静载荷问题比较
简单，所建立的理论和方法又可作为解决动载荷问题的基础，所以，先研究静载荷问题，后
研究动载荷问题。

关于约束力的计算，在理论力学中已经讨论了，不再详述。在此仅就常见的平面约束
及约束力列于表 1-1 中。要特别注意表示每种支座的符号以及支座对与之接触构件的约束
力类型。一般情况下，可以通过考察与支座相接触的构件在某个特定方向的移动或转动
趋势来确定支座约束力的类型。若支座限制了构件在某一给定方向的移动，则构件在这
个方向上一定受到一个力的作用。同理，若构件的转动被限制，则它一定受到一个力偶
的作用。例如滚动铰支座只能限制垂直于接触面方向的移动，因此滚动铰支座对构件作
用一个通过接触点的法向力 F。由于构件可绕滚动铰支座自由转动，所以构件不受力偶
作用。

表 1-1　常见的平面约束及约束力

连接类型	约束力	连接类型	约束力
柔索	一个未知力：F	固定铰支座	两个未知力：F_x，F_y
滚动铰支座	一个未知力：F	铰链连接	两个未知力：F_x，F_y
光滑接触	一个未知力：F	固定端	三个未知力：F_x，F_y，M

二、杆件变形的基本形式

杆件在各种不同的外力作用方式下将发生各种各样的变形，但基本变形有四种形式：轴向拉伸或压缩（axial tensile or compression）（图 1-3a、b）；剪切（shear）（图 1-3c）；扭转（reverse）（图 1-3d）和弯曲（bending）（图 1-3e）。

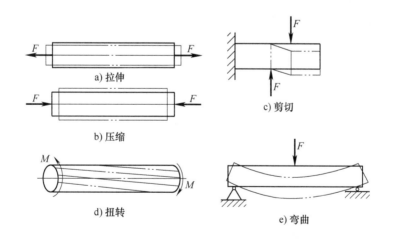

a) 拉伸

b) 压缩

c) 剪切

d) 扭转

e) 弯曲

图　1-3

第四节　材料力学的内力及截面法

一、材料力学的内力

我们知道，物体是由无数颗粒组成的，在其未受外力作用时，各颗粒间就存在着相互作用的内力，以维持它们之间的联系及物体的原有形状。物理学中，把物体（构件）内部相连各部分之间产生的相互作用力，称为分子结合的内力。正是依靠这种分子之间的结合内力，才使物体保持一定的形状和尺寸。

当构件受到外力作用时，构件要发生变形。同时，构件内部原有的分子结合内力要发生变化，即产生了内力变化量，称为<u>附加内力</u>（additional internal force）。构件的强度、刚度及稳定性，与"附加内力"的大小及其在这构件内的分布情况密切相关。在材料力学中我们就是研究这种"附加内力"，或简称为<u>内力</u>（internal force）。简言之，材料力学中所谓的内力是指构件在外力作用下所引起的内力变化量。内力分析是解决构件强度、刚度与稳定性问题的基础。

二、求内力的截面法

为了显示和计算构件的内力，必须假想地用截面把构件切开成两部分，这样内力就转化为外力而显示出来，并可用静力平衡条件将它求出。

例如，图 1-4a 所示构件受多个外力作用，处于平衡状态。若求任一截面 m—m 的内力，可以将构件假想地用 m—m 平面截分为 Ⅰ、Ⅱ 两部分。任取其中一部分作为研究对象（如 Ⅰ），将 Ⅱ 对 Ⅰ 的作用用截面上的内力来代替。由均匀连续性假设可知，内力在横截面上是连续分布的。这些分布力构成一空间任意力系（图 1-4b），将其向截面形心 C 简化后可得一主矢 F 和一主矩 M，称其为该截面上的内力。

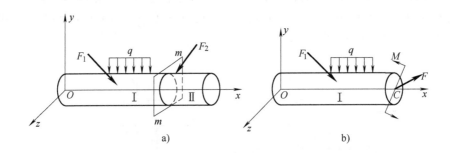

a)   b)

图 1-4

上述求构件某一截面处内力的方法，称为<u>截面法</u>（method of sections）。其一般步骤是：

（1）假想截开：在需要求内力的截面处，假想用一平面将杆件截开成两部分。

（2）保留代换：将两部分中的任一部分假想"留下"，而将另一部分"移去"，并以作用在截面上的内力代替"移去部分"对"留下部分"的作用。

（3）平衡求解：对"留下部分"写出静力学平衡方程，即可确定作用在截面上的内力大小和方向。

截面法是材料力学中研究内力的一个基本方法。关键是截开杆件取脱离体，这样就使杆件的截面内力转化为脱离体上的外力。

当受更复杂的载荷作用时，内力计算按同样的过程进行，此时内力分量会多一些，平衡方程也相应增多。各种变形情况下杆件内力的具体计算和图示，将在相应的章节中作进一步的研究。

第五节　应　力

一、应力的概念

上节中求出的内力是在一个截面上连续分布的内力系的总和。要了解杆件的承载能力，仅知道内力是不够的。如图 1-5 所示的杆件在承受轴向拉力时，截面 a—a 和截面 b—b 上的内力是一样大的，但我们知道 b—b 截面比 a—a 截面更容易发生破坏。这是因为 b—b 截面的面积比 a—a 截面小，因此 b—b 截面上的内力集度即单位面积上的内力比 a—a 截面上的大。由此可见，材料的破坏或变形是与内力集度直接相关的。截面上内力的分布集度称为应力（stress）。

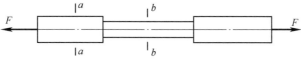

图　1-5

如图 1-6a 所示，考察构件的截面 m—m 上某一点 K 处的内力集度，可在该截面上围绕 K 点取一微小面积 ΔA，设作用在该微小面积上的内力合力为 ΔF，如图 1-6a 所示，则 ΔA 上的平均内力集度为

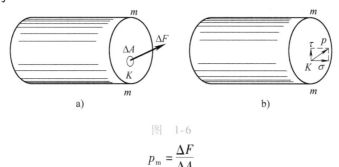

图　1-6

$$p_{\mathrm{m}} = \frac{\Delta F}{\Delta A}$$

p_{m} 称为 ΔA 上的平均应力。一般地说，截面 m—m 上的内力并不是均匀的，所以 ΔA 上的平均内力集度还不能代表 K 点处的真实内力集度。为精确表示 K 点处的真实内力集度，应令 ΔA 趋近于零，此时平均应力 p_{m} 将趋向于一极限值

$$p = \lim_{\Delta A \to 0} \frac{\Delta F}{\Delta A} \tag{1-1}$$

其中，p 代表截面上 K 点处的真实内力集度，称为 K 点的总应力。

二、正应力和切应力

总应力 p 是矢量，一般情况下它既不与截面垂直也不与截面相切。为便于研究，通常把它分解成垂直于截面的分量 σ 和相切于截面的分量 τ，如图 1-6b 所示。其中，垂直于截面的分量 σ 称为正应力（normal stress），并规定以受拉为正，受压为负；相切于截面的分量 τ 称为切应力（shear stress），并规定以产生绕所研究的截面顺时针转的力矩为正，反之为负。显然

$$p^2 = \sigma^2 + \tau^2 \tag{1-2}$$

将总应力用正应力和切应力两个分量来表示，其物理意义和材料的两类断裂现象（拉断

和剪切错动)相对应。今后在强度计算中只计算正应力和切应力，而不用计算总应力。

应力的大小反映了内力在截面上的集聚程度，应力的基本单位为帕斯卡(Pa)，$1\ \mathrm{MPa} = 10^6\ \mathrm{Pa}$，$1\ \mathrm{GPa} = 10^9\ \mathrm{Pa}$。

第六节　应　　变

在外力作用下，构件发生变形，同时引起应力。为了研究构件的变形及其内部的应力分布，需要了解构件内部各点处的变形。为此，假想地将构件分割成许多细小的单元体。构件受力后，各单元体的位置发生变化，同时，单元体棱边的长度发生改变(图1-7a)，相邻棱边的夹角一般也发生改变(图1-7b)。

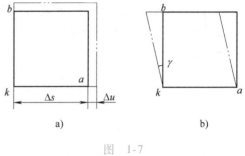

图　1-7

设棱边 ka 原长为 Δs，变形后的长度为 $\Delta s + \Delta u$，即长度改变量为 Δu，则 Δu 与 Δs 的比值称为棱边 ka 的平均应变，即

$$\varepsilon_{\mathrm{m}} = \frac{\Delta u}{\Delta s}$$

一般情况下，棱边 ka 各点处的变形程度并不相同。为了精确地描述 k 点沿棱边 ka 方向的变形情况，应选取无限小的单元体进行研究，由此可得平均线应变的极限值

$$\varepsilon = \lim_{\Delta s \to 0} \frac{\Delta u}{\Delta s} \tag{1-3}$$

称其为 k 点处沿棱边 ka 方向的线应变(linear strain)。采用同样方法，还可确定 k 点处沿其他方向的线应变。

当单元体变形时，相邻棱边间的夹角一般也会发生改变。微体相邻棱边所夹直角的改变量(图1-7b)称为切应变(shear strain)，用 γ 表示。切应变的单位为弧度(rad)。

由定义可以看出线应变与切应变均是量纲为1的量。

构件的整体变形是构成构件的微体局部变形组合的结果，而微体的局部变形则可用线应变与切应变来度量。

【例1-1】　两边固定的矩形薄板如图1-8所示。变形后 ab 和 ad 两边保持为直线。a 点沿垂直方向向下移动 0.025 mm。试求 ab 边的平均线应变和 ab、ad 两边夹角的变化量。

【解】　ab 边的平均线应变为

$$\varepsilon_{\mathrm{m}} = \frac{\overline{a'b} - \overline{ab}}{\overline{ab}} = \frac{0.025}{200} = 1.25 \times 10^{-4}$$

变形后 ab 和 ad 两边的夹角变化量为

$$\angle ba'd - \frac{\pi}{2} = \gamma$$

由于 α 非常微小，显然有

图　1-8

$$\gamma = -\alpha \approx -\tan\alpha = -\frac{0.025}{250}\mathrm{rad} = -1 \times 10^{-4}\ \mathrm{rad}$$

思 考 题

1. 何谓变形？弹性变形与塑性变形有何区别？

2. 材料力学的强度、刚度、稳定性是如何定义的？强度与刚度有何区别？强度、刚度、稳定性在工程实际中有何意义？

3. 杆件的轴线与横截面之间有何关系？

4. 材料力学的基本假设是什么？均匀性假设与各向同性假设有何区别？能否说均匀性材料一定是各向同性材料？

5. 杆件有几种基本变形形式？

6. 构件在外力作用下作等速直线运动，能否说"该构件处于动载荷作用下"？

7. 何谓内力？何谓截面法？截面法一般步骤是什么？

8. 何谓应力？何谓正应力与切应力？应力的量纲与单位是什么？

9. 内力与应力有何区别？能否说"内力是应力的合力"？

10. 何谓正应变与切应变？它们的量纲是什么？切应变的单位是什么？

习 题

1-1 如题 1-1 图所示拉伸试样上 A、B 两点间的距离 l 称为标距。受拉力作用后，用变形仪量出 l 的增量为 10×10^{-2} mm。若 l 的原长度为 100 mm，试求 A、B 两点间的平均线应变 ε。

1-2 如题 1-2 图所示，圆形薄板的半径为 R，变形后 R 的增量为 ΔR，若 $R = 80$ mm，$\Delta R = 3 \times 10^{-3}$ mm，试求沿半径方向和外圆圆周方向的平均应变。

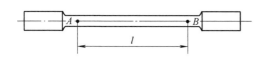

题 1-1 图

题 1-2 图

1-3 题 1-3 图所示的三角形薄板，$a = 120$ mm，因受外力作用而变形，角点 B 垂直向上位移为 $\delta = 0.03$ mm，但 AB 和 BC 仍保持为直线。试求 OB 的平均应变和 AB 与 BC 两边在 B 点的角度改变。

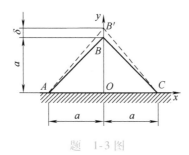

题 1-3 图

第二章　拉伸与压缩

本章主要讨论拉（压）构件的强度和变形计算问题，通过拉伸或压缩变形的应力和变形计算及材料在拉伸和压缩时的力学性能的研究，提出了杆件拉伸和压缩时的强度条件。初步研究超静定问题的解法。本章所涉及的概念和研究方法，是材料力学的学习基础，因此，阐述分析较详细。本章复习思考题也较多，目的都是为了打好基础。

第一节　轴向拉伸与压缩的概念与实例

一、工程实际中的轴向拉伸和压缩问题

工程实际中，经常遇到因外力作用产生拉伸或压缩变形的杆件。例如简易起重机（图 2-1），由拉杆 *BC* 和横梁 *AB* 等组成，各构件间用铰链连接，如图 2-1a 所示。经过受力分析，工作时 *BC* 杆受到 *B*、*C* 两端的拉力作用，这个拉力是通过销钉作用在销钉孔上的，如图 2-1b 所示。拉力在销钉孔处的分布情况，仅影响销钉孔附近的局部区域，对拉杆的主体来说，没有什么影响，可不加考虑；而其合力 *F* 则是影响拉杆强度的主要因素。因此可以将拉杆 *BC* 简化为如图 2-1c 所示的受力情况，杆受到一对拉力的作用，拉力 *F* 的作用线与杆的轴线重合。显然，吊运重物 *P* 的钢丝绳，也是受到轴向拉伸的构件。

又如内燃机的连杆在燃气爆炸行程中受压（图 2-2）。再如紧固的螺栓受拉（图 2-3）等，它们都可以简化为轴向拉伸或压缩的构件。

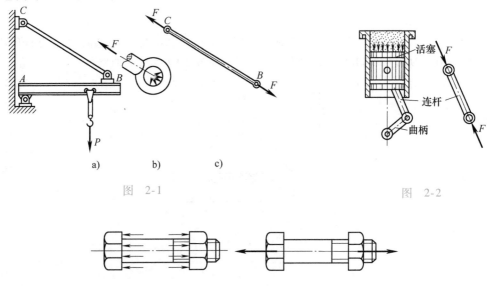

a)　　　　b)　　　　c)

图　2-1　　　　　　　　　　图　2-2

图　2-3

二、轴向拉伸或压缩的概念

综上各例可以看出，工程实际中许多轴向拉伸或压缩的构件多为等截面直杆。这些受拉

或受压杆件的结构形式各有差异，加载方式也并不相同，但若将这些杆件的形状和受力情况进行简化，都可得到如图 2-4 所示的受力简图。图中用

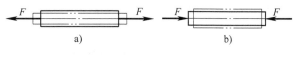

图　2-4

实线表示受力前杆件的外形，双点画线表示杆件受力变形后的形状。拉伸或压缩杆件的受力特点是：作用在杆件上的外力合力作用线与杆的轴线重合。杆件的变形特点是：杆件产生沿轴线方向的伸长或缩短。这种变形形式称为<u>轴向拉伸</u>（图 2-4a）或<u>轴向压缩</u>（图 2-4b），简称为<u>拉伸</u>或<u>压缩</u>。

　　为保证轴向拉伸或压缩杆件安全地工作，需要对许多受轴向拉、压的杆件进行强度计算。

第二节　轴向拉伸或压缩时横截面上的内力

一、杆件轴向拉伸或压缩时的内力——轴力的概念

　　为了进行拉（压）杆的强度计算，必须首先研究杆件横截面上的内力，然后分析横截面上的应力。下面讨论杆件横截面上内力的计算。

　　取一直杆，在它两端施加一对大小相等、方向相反、作用线与直杆轴线相重合的外力 F，使其产生轴向拉伸变形，如图 2-5a 所示。为了研究拉杆横截面上的内力，通常用第一章所介绍的截面法。

　　欲求该拉杆任一横截面 m—m 上的内力，假想沿横截面 m—m 把拉杆截成两段。杆件横截面上的内力是一个分布力系，其合力为 F_N，如图 2-5b、c 所示。由于外力 F 的作用线与杆轴线相重合，所以 F_N 的作用线也与杆轴线相重合，故称为轴力（axial force），用符号 F_N 表示。

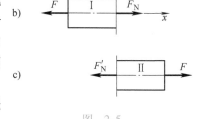

　　如果考虑左段杆（图 2-5b），由该部分的平衡方程 $\sum F_x = 0$，可得

图　2-5

$$F_N - F = 0, \quad F_N = F$$

　　如果考虑右段杆（图 2-5c），则可由该部分的平衡方程 $\sum F_x = 0$，得到

$$F - F_N' = 0, \quad F_N' = F$$

　　为了使左右两段同一横截面上的轴力具有相同的正负号，对轴力的符号作如下规定：使杆件产生纵向伸长的轴力为正，称为<u>拉力</u>；使杆件产生纵向缩短的轴力为负，称为<u>压力</u>。不难理解，拉力箭头的指向是离开截面的，压力箭头的指向是指向截面的。

【例 2-1】　两钢丝绳吊运一个重 $P = 10$ kN 的重物，如图 2-6a 所示，试求钢丝绳的拉力。

【解】　同时用 1—1 和 2—2 两个截面将两钢丝绳截开，取上半部为研究对象（图 2-6b）。

　　设两钢丝绳拉力分别为 F_{N1} 和 F_{N2}，且由对称关系知 $F_{N1} = F_{N2}$，又因吊钩所受向上的拉力也是 10 kN，则由平衡方程

$$\sum F_y = 0, \quad 10 \text{ kN} - F_{N1}\cos 30° - F_{N2}\cos 30° = 0$$

即

$$10 \text{ kN} - 2F_{N1}\cos 30° = 0$$

得

$$F_{N1} = 5.78 \text{ kN} = F_{N2}$$

关于这类问题，实际上在理论力学中已经有所接触，只是当时并未明确指为内力罢了。

二、轴力图

下面利用截面法分析较为复杂的拉压杆的内力。如图 2-7a 所示的拉压杆，由于在面 C 处有外力，因而 AC 段和 CB 段的轴力将不相同，为此必须逐段分析。利用截面法，沿 AC 段的任一截面 1—1 将杆切开成两部分，取左部分来研究，其受力图如图 2-7b 所示。

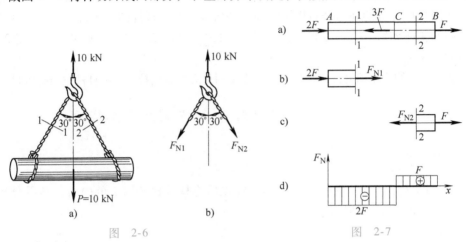

图　2-6

图　2-7

由平衡方程　　　　　　　　　　　$\sum F_x = 0,\ F_{N1} + 2F = 0$

得　　　　　　　　　　　　　　　　$F_{N1} = -2F$

结果为负值，表示所设 F_{N1} 的方向与实际受力方向相反，即为压力。

沿 CB 段的任一截面 2—2 将杆截开成两部分，取右段研究，其受力图如图 2-7c 所示，由平衡方程得

$$F_{N2} = F$$

结果为正，表示假设 F_{N2} 为拉力是正确的。

由上例分析可见，杆件在受力较为复杂的情况下，各横截面的轴力是不相同的，为了更直观、形象地表示轴力沿杆轴线的变化情况，常采用图线表示法。作图时以沿杆轴方向的坐标 x 表示横截面的位置，以垂直于杆轴的坐标 F_N 表示轴力，这样，轴力沿杆轴的变化情况即可用图线表示，这种图线称为轴力图（axial force diagram）。从该图上即可确定最大轴力的数值及所在截面的位置。习惯上将正值的轴力画在上侧，负值的轴力画在下侧。上例的轴力图如图 2-7d 所示。由图可见，绝对值最大的轴力在 AC 段内，其值为

$$|F_N|_{\max} = 2F$$

由此例可看出，在利用截面法求某截面的轴力或画轴力图时，我们总是在切开的截面上设出轴向拉力，即正轴力 F_N，这种方法称为求轴力（或内力）的"设正法"。然后由 $\sum F_x = 0$ 求出轴力 F_N，如 F_N 得正号，说明轴力是正的（拉力）；如得负号，则说明轴力是负的（压力）。计算各段杆的横截面轴力时采用"设正法"不易出现符号上的混淆。

还须注意，画轴力图时一般应与受力图对正，当杆件水平放置或倾斜放置时，正值应画在与杆件轴线平行的 x 横坐标轴的上方或斜上方，而负值则画在下方或斜下方，并且标出正负号。当杆件竖直放置时，正负值可分别画在不同侧面并标出正负号；轴力图上可以适当地画一些纵标线，纵标线必须垂直于坐标轴 x，旁边应标注轴力的名称 F_N。

【例2-2】　试画出图2-8a所示直杆的轴力图。

【解】　（1）计算杆各段的轴力　首先计算 AB
段的轴力，沿截面1—1将杆假想地截开，取左段杆
为研究对象，假设该截面的轴力 F_{N1} 为拉力（图
2-8b）。由平衡方程

$$\sum F_x = 0, \quad F_{N1} - F_1 = 0$$

得

$$F_{N1} = F_1 = 5 \text{ kN}$$

结果为正值，表示假设 F_{N1} 是拉力是正确的。

再求 BC 段的轴力。考虑截面2—2左段杆的平
衡，假设轴力 F_{N2} 为拉力（图2-8c）。由

$$\sum F_x = 0, \quad F_{N2} + F_2 - F_1 = 0$$

得

$$F_{N2} = F_1 - F_2 = 5 \text{ kN} - 20 \text{ kN} = -15 \text{ kN}$$

结果为负值，表示所设 F_{N2} 的方向与实际受力方向相
反，即为压力。

计算 CD 段的轴力 F_{N3} 时，取截面3—3右边杆为
研究对象比较简单（图2-8d）。仍假设该截面的轴力 F_{N3} 为拉力。

$$\sum F_x = 0, \quad F_4 - F_{N3} = 0$$

$$F_{N3} = 10 \text{ kN}$$

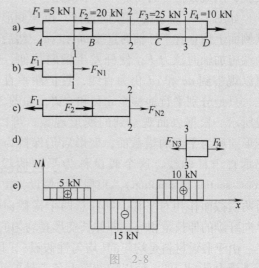

图　2-8

（2）绘轴力图　取平行于杆轴线的 x 轴为横坐标轴，以坐标 x 表示横截面的位置；取垂直于 x 轴的 F_N
轴为纵坐标轴，以坐标 F_N 表示相应截面的轴力。按适当比例将正值轴力绘于 x 轴的上侧，负值轴力绘于下
侧，可得轴力图如图2-8e所示。由图可见，绝对值最大的轴力在 BC 段内，其值为

$$|F_{N2}| = 15 \text{ kN}$$

再次强调，提醒注意：未知约束力的方向可任意假设，若求得为正值，说明假设方向正确；求得负值，
则与假设方向相反。但轴力的正负另有定义：拉力为正，压力为负。上述两种正负号的不同含义不应混淆。
为方便起见，通常在运用截面法计算内力时都假设各横截面的轴力均为正（拉力），则由计算结果轴力的
正、负号可直接判定是拉力或压力。

第三节　轴向拉伸或压缩时截面上的应力

通过截面法可以求出受拉或压杆件的横截面上轴力（内力）。但是仅仅求出轴力还不能
解决构件的强度问题。因为同样的轴力，作用在不同大小的横截面上，会产生不同的结果。
轴力聚集在较小的横截面上时，就比较危险；而将其分散在较大的横截面上时，就比较安
全。因此在讨论杆件的强度问题时，还必须研究横截面上由轴力引起的应力。

一、轴向拉（压）杆横截面上的应力

由于轴向拉（压）杆横截面上的轴力 F_N 垂直于横截面，故在横截面上应存在正应力 σ。根
据连续性假设横截面上应到处都存在着内力。若以 A 表示横截面面积，则微分面积 dA 上的内
力元素 σ 组成一个垂直于横截面的平行力系，其合力就是轴力 F_N。于是得静力关系为

$$F_N = \int_A \sigma dA \tag{2-1}$$

仅由式（2-1）还不能确定应力 σ，还须知道 σ 在横截面上的分布规律。因此，必须通过

实验，从观察拉杆的变形入手来研究。

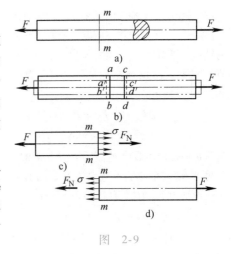

图 2-9

如图2-9a所示的等截面直杆，拉伸变形前，在其侧面上作垂直于杆轴的直线 ab 和 cd，然后在杆的两端施加轴向拉力 F，使杆发生轴向拉伸。变形后可以观察到 ab 和 cd 仍为直线，且仍然垂直于杆轴线，只是分别平行地移至 $a'b'$ 和 $c'd'$，如图2-9b虚线所示。根据表面观察到的变形现象，可以假设：变形前原为平面的横截面，变形后仍保持为平面且仍垂直于杆轴线，这个假设称为平面假设（plane cross-section assumption）。根据平面假设，拉杆变形后两横截面作相对平移，则任意两个横截面间所有纵向纤维的伸长量相等，即伸长变形是均匀的。

由于假设材料是均匀的（均匀性假设），即各纵向纤维力学性质相同，可以推知各纵向纤维受力是相同的。所以横截面上各点处的正应力 σ 都相等，即正应力均匀分布于横截面上（图2-9c、d），σ 为常量。于是由式(2-1)得

$$F_N = \int_A \sigma \mathrm{d}A = \sigma \int_A \mathrm{d}A = \sigma A$$

则
$$\sigma = \frac{F_N}{A} \tag{2-2}$$

式中，F_N 为轴力；A 为杆的横截面面积。

式(2-2)就是拉杆横截面上正应力 σ 的计算公式。当 F_N 为压力时，它同样可用于压应力的计算。正应力的正负号和轴力 F 的正负号规定一样。通常规定拉应力为正，压应力为负。

使用式(2-2)时，要求外力的合力作用线与杆轴线重合。若轴力沿轴线变化，可先作出轴力图，再由式(2-2)求出不同横截面上的应力。

二、拉（压）杆斜截面上的应力

前面讨论了轴向拉伸（压缩）杆件横截面上的正应力，作为今后强度计算的依据。但不同材料的实验表明，拉（压）杆的破坏并不总是沿横截面发生，有时也沿斜截面发生。为了能够全面了解杆件的强度，还需要进一步研究斜截面上的应力。

现以图2-10a表示一轴向受拉的拉杆为例，分析与横截面夹角为 α 的任意斜截面上的应力。该杆件的横截面上有均匀分布的正应力 $\sigma = \dfrac{F_N}{A}$。现在假想用一与横截面成 α 角的斜截面（简称 α 截面）将杆件切成两部分，保留左段，弃去右段，用内力 $F_{N\alpha}$ 来表示右段对左段的作用，因为 $F_{N\alpha}$ 在 α 截面上也是均匀分布的，故 α 截面上也有均匀分布的应力（图2-10b），其表达式为

$$p_\alpha = \frac{F_{N\alpha}}{A_\alpha} \tag{a}$$

式中，A_α 为斜截面上的面积，与横截面面积 A 的关系为

$$A_\alpha = \frac{A}{\cos\alpha} \tag{b}$$

将式(b)代入式(a)，并考虑到 $F_{N\alpha} = F_N$，可得

$$p_\alpha = \frac{F_N}{A}\cos\alpha = \sigma\cos\alpha \qquad\qquad (c)$$

式中，$\sigma = \dfrac{F_N}{A}$ 为横截面上 K 点的正应力。

把 p_α 分解为垂直于斜截面的正应力 σ_α 及切于斜截面的切应力 τ_α（图 2-10c）。利用式（c）可得 m—m 斜截面上 K 点的正应力 σ_α 及切应力 τ_α 的计算表达式

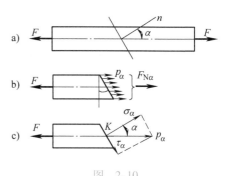

图 2-10

$$\begin{cases} \sigma_\alpha = p_\alpha\cos\alpha = \sigma\cos^2\alpha \\ \tau_\alpha = p_\alpha\sin\alpha = \dfrac{\sigma}{2}\sin 2\alpha \end{cases} \qquad (2\text{-}3)$$

对于压杆，式（2-3）也同样适用，只是式中的 σ_α 和 σ 为压应力。

由式（2-3）可以看出：

（1）该式即为拉压杆斜截面上的应力计算公式。只要知道横截面上的正应力 σ_α 及斜截面与横截面夹角 α，就可以求出该斜截面上的正应力 σ_α 和切应力 τ_α。

（2）σ_α 和 τ_α 都是夹角 α 的函数，即在不同 α 角的斜截面上，正应力与切应力是不同的。

（3）当 $\alpha = 0°$ 时，$\sigma_{0°} = \sigma_{max} = \sigma$，$\tau_{0°} = 0$；

当 $\alpha = 45°$ 时，$\tau_{45°} = \tau_{max} = \dfrac{\sigma}{2}$，$\sigma_{45°} = \dfrac{\sigma}{2}$；

当 $\alpha = 90°$ 时，$\sigma_{90°} = 0$，$\tau_{90°} = 0$。

由此表明：在拉压杆中，斜截面上不仅有正应力还有切应力；在横截面上正应力最大；与横截面夹角为 45° 的斜截面上切应力最大，其值等于横截面上正应力的一半；与横截面垂直的纵向截面上不存在任何应力，说明杆的各纵向"纤维"之间无牵拉也无挤压作用。

【例 2-3】 一钢制阶梯状杆如图 2-11a 所示。各段杆的横截面面积为 $A_{AB} = 1600\ mm^2$，$A_{BC} = 625\ mm^2$ 和 $A_{CD} = 900\ mm^2$；载荷 $F_1 = 120\ kN$，$F_2 = 220\ kN$，$F_3 = 260\ kN$，$F_4 = 160\ kN$。求：1）各段杆内的轴力；2）杆的最大工作应力。

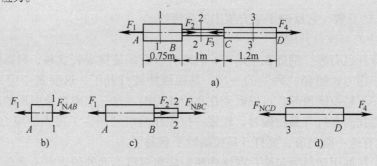

图 2-11

【解】 （1）求轴力 首先求 AB 段任一截面上的轴力。应用截面法，将杆沿 AB 段内任一横截面 1—1 截开（图 2-11b），研究左段杆的平衡。由平衡方程 $\sum F_x = 0$，$F_{NAB} - F_1 = 0$

得
$$F_{NAB} = F_1 = 120\ kN$$

同理，截开各段杆可求得 BC 段和 CD 段内任一横截面的轴力（图 2-11c、d）

$$F_{NBC} = -100\ kN，\quad F_{NCD} = 160\ kN$$

（2）求最大工作应力 由于杆是阶梯状的，各段的横截面面积不相等，故应分段计算各段应力

$$\sigma_{AB} = \frac{F_{NAB}}{A_{AB}} = \frac{120 \times 10^3\,\text{N}}{1600 \times 10^{-6}\,\text{m}^2} = 75\ \text{MPa}$$

$$\sigma_{BC} = \frac{F_{NBC}}{A_{BC}} = \frac{-100 \times 10^3\,\text{N}}{625 \times 10^{-6}\,\text{m}^2} = -160\ \text{MPa}$$

$$\sigma_{CD} = \frac{F_{NCD}}{A_{CD}} = \frac{160 \times 10^3\,\text{N}}{900 \times 10^{-6}\,\text{m}^2} = 178\ \text{MPa}$$

由此可见，杆的最大工作应力在 CD 段内，其值为 178 MPa。

三、应力集中及其利弊

1. 应力集中现象

由上面计算知，等截面直杆受轴向拉伸和压缩时，横截面上的应力是均匀分布的。但是工程上由于实际的需要，常在一些构件上钻孔、开槽以及制成阶梯形等，以致截面的形状和尺寸突然发生了较大的改变。由实验和理论研究表明，构件在截面突变处的应力不再是均匀分布的。例如图 2-12a 所示开有圆孔的直杆受到

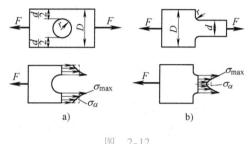

图　2-12

轴向拉伸时，在圆孔附近的局部区域内，应力的数值急剧增加，而在稍远的地方，应力迅速降低而趋于均匀。又如图 2-12b 所示具有明显粗细过渡的圆截面拉杆，在靠近粗细过渡处应力很大，在粗细过渡的横截面上，其应力分布如图 2-12b 所示。

在力学上，把物体上由于几何形状的局部变化，而引起该局部应力明显增高的现象，称为应力集中(stress concentration)。

2. 理论应力集中系数

设发生应力集中的截面上的最大应力为 σ_{max}，同一截面上的平均应力为 σ_m，则比值 k 称为理论应力集中系数(theoretical stress concentration factor)，即

$$k = \frac{\sigma_{max}}{\sigma_m} \qquad (2\text{-}4)$$

k 是一个大于 1 的系数，它反映了应力集中的程度。

3. 应力集中的利弊及其应用

应力集中有利也有弊。例如在生活中，若想打开金属易拉罐装饮料，只需用手拉住罐顶的小拉片，稍一用力，随着"砰"的一声，易拉罐便被打开了，这便是"应力集中"在帮你的忙。注意一下易拉罐顶部，可以看到在小拉片周围，有一小圈细长卵形的刻痕，正是这一圈刻痕，使得我们在打开易拉罐时，轻轻一拉便在刻痕处产生了很大的应力(产生了应力集中)。如果没有这一圈刻痕，要打开易拉罐就不容易了。

现在许多食品都用塑料袋包装，在这些塑料袋离封口不远处的边上，常会看到一个三角形的缺口或一条很短的切缝，在这些缺口和切缝处撕塑料袋时，因在缺口和切缝的根部会产生很大的应力，因此稍一用力就可以把塑料袋沿缺口或切缝撕开。如果塑料袋上没有这样的缺口或切缝，要打开塑料袋，则要借助于剪刀了。

在切割玻璃时，先用金刚石刀在玻璃表面划一刀痕，再把刀痕两侧的玻璃轻轻一掰，玻璃就沿刀痕断开。这也是由于在刀痕处产生了应力集中。实践证明，不利用应力集中，目前还没用更好办法来切割玻璃。

再如在生产中，圆轴是我们几乎处处能见到的一种构件，如汽车的变速器里便有许多根传动轴。一根轴通常在某一段较粗，在某一段较细，若在粗细段的过渡处有明显的台阶，如图 2-13a 所示，则在台阶的根部会产生比较大的应力集中，根部越尖锐，应力集中系数越大。所以在轴的粗、细过渡台阶处，尽可能做成光滑的圆弧过渡，如图 2-13b 所示，这样可明显降低应力集中系数，提高轴的使用寿命。

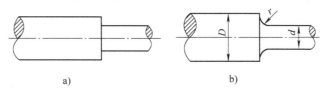

图 2-13

材料的不均匀、材料中微裂纹的存在，也会导致应力集中，导致宏观裂纹的形成、扩展，直至构件的破坏。如何生产均匀、致密的材料，一直是材料科学家的奋斗目标之一。

在构件设计时，为避免几何形状的突然变化，尽可能做到光滑、逐渐过渡。构件中若有开孔，可对孔边进行加强（例如增加孔边的厚度），开孔、开槽尽可能做到对称等，都可以有效地降低应力集中，各行业的工程师们已经在长期的实践中积累了丰富的经验。但由于材料中的缺陷（夹杂、微裂纹等）不可避免，应力集中也总是存在，对结构进行定时检测或跟踪检测，特别是对结构中应力集中的部位进行检测，对发现的裂纹部位进行及时的修理，消灭隐患于未然，在工程中十分重要。例如机械设备要进行定期的检测与维修就是这个道理。

总之，应力集中是一把双刃剑，利用它可以为我们的生活、生产带来方便；避免它或降低它，可使我们制造的构件、用具为我们服务的时间更长。扬应力集中之"善"，抑应力集中之"恶"，是我们不懈的追求。

第四节　轴向拉伸或压缩时的变形

如图 2-14 所示，杆件在轴向力作用下，沿轴线方向将发生伸长或缩短，同时杆的横向（与轴线垂直的方向）尺寸将缩小或增大，此即为轴向拉压杆变形的基本形态。

图 2-14

一、纵向变形（轴向变形）

1. 纵向绝对变形

杆件沿轴线方向的变形（伸长或缩短），称为纵向变形（linear deformation）或轴向变形（axial deformation），用 Δl 表示，它是杆件长度尺寸的绝对改变量，即

$$\Delta l = l_1 - l \tag{2-5}$$

式中，l_1 为变形后的杆长；l 为杆的原长。

2. 纵向线应变

纵向变形 Δl 与杆件原长 l 的比值称为纵向线应变（vertical line strain），简称为线应变或应变，用 ε 表示，即

$$\varepsilon = \Delta l / l \tag{2-6}$$

二、横向变形

杆件沿垂直于轴线方向的变形（缩小或增大），称为横向变形。

1. 横向绝对变形

它是杆件横向尺寸的绝对改变量。若原横向尺寸为 b，变形后横向尺寸为 b_1（图 2-14），则横向变形为

$$\Delta b = b_1 - b \tag{2-7}$$

2. 横向线应变

横向绝对变形 Δb 与杆件横向原长 b 的比值称为横向线应变，用 ε' 表示，由正应变定义可知

$$\varepsilon' = \Delta b / b = (b_1 - b)/b \tag{2-8}$$

三、泊松比

科学家泊松对各种材料做了试验表明，在一定应力范围内，横向线应变 ε' 与轴向线应变 ε 之间保持比例关系，但符号相反，即

$$\varepsilon' = -\mu\varepsilon \tag{2-9}$$

式中，比例系数 μ 称为泊松比（poisson's ratio）或横向变形系数，是一量纲为 1 的量，其值随材料而异。

四、拉压胡克定律与拉压杆的变形公式

下面讨论轴向拉压杆的变形规律和计算。当拉压杆受轴向力作用后，杆中横截面上产生正应力 σ，相应地产生轴向正应变 ε。试验表明，在一定的应力数值范围以内，一点处的正应力与线应变成正比，即

$$\sigma = E\varepsilon \tag{2-10}$$

上述关系式称为胡克定律（Hooke's law），比例系数 E 称为材料的弹性模量（modulus of elasticity），其值随材料而异。由式（2-10）可以看出，由于正应变 ε 是一个量纲为一的量，所以，弹性模量的量纲与正应力 σ 的量纲相同，即为 MPa 或 Pa。

需要指出的是，弹性模量 E 和泊松比 μ 都是表征材料弹性性质的常数，与材料性质有关，与杆件所受荷载等外因无关，都可由实验测定。几种常用材料的 E 和 μ 值如表 2-1 所示。

表 2-1　几种常用材料的 E 和 μ 值

材料名称	弹性模量 E/GPa	泊松比 μ
低碳钢	$200 \sim 210$	$0.25 \sim 0.33$
低合金高强度结构钢	$200 \sim 220$	$0.25 \sim 0.33$
合金钢	$190 \sim 220$	$0.24 \sim 0.33$
灰铸铁、白口铸铁	$115 \sim 160$	$0.23 \sim 0.27$
可锻铸铁	155	
硬铝合金	71	0.33
铜及其合金	$74 \sim 130$	$0.31 \sim 0.42$
铅	17	0.42
混凝土	$14.6 \sim 36$	$0.16 \sim 0.18$
木材（顺纹）	$10 \sim 12$	
橡胶	0.08	0.47

现在利用胡克定律导出拉压杆的纵向绝对变形 Δl 的计算公式。设杆件横截面面积为 A，轴向拉力为 F，如图2-9所示，则由式(2-2)可知横截面上的正应力

$$\sigma = \frac{F}{A} = \frac{F_N}{A}$$

将式(2-2)、式(2-6)和式(2-10)联立可得

$$F_N/A = E(\Delta l/l)$$

所以

$$\Delta l = \frac{F_N l}{EA} \qquad\qquad (2\text{-}11)$$

式(2-11)即为计算拉压杆变形的公式，这个公式是胡克定律的另一种表达形式，它表明：在正应力与正应变存在正比关系的范围以内，杆的伸长量 Δl 与轴力和杆长 l 成正比，而与乘积 EA 成反比。

对于式(2-11)应注意以下几点：

（1）轴向变形 Δl 与杆的原长 l 有关，因此，轴向变形 Δl 不能确切地表明杆件的变形程度。只有正应变 ε 才能衡量和比较杆件的变形程度。

（2）式中 EA 与杆的轴向变形 Δl 成反比，可见，乘积 EA 反映杆件抵抗拉压变形的能力，故称 EA 为杆件的<u>抗拉(压)刚度</u>（rigidity in tension（compression））。

（3）轴向变形 Δl 的正、负(伸长或缩短)与轴力的符号相同。

（4）此式只适用于 E、A 和杆段内轴力 F_N 均为常数的变形计算。

如果全杆的轴力 F_N、横截面面积 A 和弹性模量 E 其中之一是分段变化时，则应按式(2-11)分段计算每杆段的轴向变形，然后求其代数和，即得全杆总的轴向变形 Δl，即

$$\Delta l = \sum_{i=1}^{n} \Delta l_i = \sum_{i=1}^{n} \frac{F_{Ni} l_i}{E_i A_i}$$

如果 F_N 或 A 沿轴线连续变化，则全杆总的轴向变形应通过微段出的轴向 $d(\Delta l)$，积分计算，即

$$\Delta l = \int_l d(\Delta l) = \int_l \frac{F_N dx}{EA}$$

【例2-4】 如图2-15a所示为一阶梯形钢杆，已知材料的弹性模量 $E = 200$ GPa，AC 段的横截面面积为 $A_{AB} = A_{BC} = 500$ mm²，CD 段的横截面面积为 $A_{CD} = 200$ mm²，杆的各段长度及受力情况如图2-15a所示。试求杆的总变形。

【解】 （1）求各段的内力

AB 段 $F_{N1} = F_1 - F_2 = 30$ kN $- 10$ kN $= 20$ kN

BC 段与 CD 段 $F_{N2} = F_{N3} = -F_2 = -10$ kN

（2）画轴力图 见图2-15b。

（3）杆的总变形等于各段杆变形的代数和，即

$$\Delta l_{AD} = \Delta l_{AB} + \Delta l_{BC} + \Delta l_{CD}$$

$$= \frac{F_{N1} l_{AB}}{EA_{AB}} + \frac{F_{N2} l_{BC}}{EA_{BC}} + \frac{F_{N3} l_{CD}}{EA_{CD}}$$

将有关数据代入，并注意单位的统一，即得

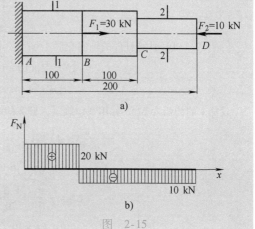

图 2-15

$$\Delta l_{AB} = -0.015 \times 10^{-3} \text{ m} = -0.015 \text{ mm}$$

负值说明整个杆件是缩短的。

【例2-5】 图2-16所示M12的螺栓，小径 $d_1 = 10.1$ mm，拧紧时在计算长度 $l = 80$ mm 上产生的总伸长为 $\Delta l = 0.03$ mm。钢的弹性模量 $E = 210 \times 10^9$ Pa，试计算螺栓内应力及螺栓的预紧力。

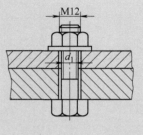

图 2-16

【解】 拧紧后螺栓的应变为

$$\varepsilon = \frac{\Delta l}{l} = \frac{0.03 \text{ mm}}{80 \text{ mm}} = 0.000375$$

由胡克定律求出螺栓的拉应力为

$$\sigma = E\varepsilon = 210 \times 10^9 \times 0.000375 \text{ Pa} = 78.8 \times 10^6 \text{ Pa}$$

螺栓的预紧力为

$$F = \sigma A = 78.8 \times 10^6 \times \frac{\pi}{4} \times (10.1 \times 10^{-3})^2 \text{N} = 6.3 \text{ kN}$$

以上问题求解时，也可先由胡克定律的另一表达式$\left(\Delta l = \dfrac{Fl}{EA} \right)$求出预紧力 F，然后再由 F 计算应力 σ。

【例2-6】 图2-17a所示桁架，在节点 A 处承受铅垂载荷 F 作用，试求该节点的位移。已知：杆1用钢制成，弹性模量 $E_1 = 200$ GPa，横截面面积 $A_1 = 100$ mm²，杆长 $l_1 = 1$ m；杆2用硬铝制成，弹性模量 $E_2 = 70$ GPa，横截面面积 $A_2 = 250$ mm²；$\angle BAC = 45°$；载荷 $F = 10$ kN。

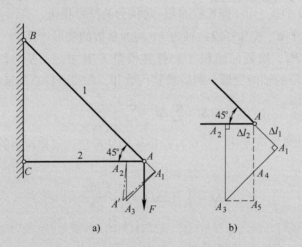

图 2-17

【解】 （1）计算杆件的轴向变形 首先，根据节点 A 的平衡条件，求得杆1与杆2的轴力分别为

$$F_{N1} = \sqrt{2}F = \sqrt{2} \times 10 \times 10^3 \text{ N} = 1.414 \times 10^4 \text{ N （拉伸）}$$

$$F_{N2} = F = 1.0 \times 10^4 \text{N （压缩）}$$

设杆1的伸长为 Δl_1，并用 AA_1 表示，杆2的缩短为 Δl_2，并用 AA_2 表示，则由胡克定律可知：

$$\Delta l_1 = \frac{F_{N1} l_1}{E_1 A_1} = \frac{1.414 \times 10^4 \text{ N} \times 1.0 \text{ m}}{200 \times 10^9 \text{Pa} \times 100 \times 10^{-6} \text{m}^2}$$

$$= 7.07 \times 10^{-4} \text{ m} = 0.707 \text{ mm}$$

$$\Delta l_2 = \frac{F_{N2} l_2}{E_2 A_2} = \frac{1.0 \times 10^4 \text{ N} \times 1.0 \cos 45° \text{ m}}{70 \times 10^9 \text{Pa} \times 250 \times 10^{-6} \text{m}^2}$$

$$= 4.04 \times 10^{-4} \text{ m} = 0.404 \text{ mm}$$

（2）确定节点 A 位移后的位置　加载前，杆 1 与杆 2 在节点 A 相连；加载后，各杆的长度虽然改变，但仍连接在一起。因此，为了确定节点 A 位移后的位置，可以 B 与 C 为圆心，并分别以 BA 与 CA_2 为半径作圆弧（图 2-17a），其交点 A' 即为节点 A 的新位置。

通常，杆的变形均很小（例如杆 1 的变形 Δl_1 仅为杆长 l_1 的 0.070 7%），弧线 $\overset{\frown}{A_1A'}$ 与 $\overset{\frown}{A_2A'}$ 必很短，因而可近似地用其切线代替。于是，过 A_1 与 A_2 分别作 BA_1 与 CA_2 的垂线（图 2-17b），其交点 A_3 亦可视为节点 A 的新位置。

（3）计算节点 A 的位移　由图 2-17b 可知，节点 A 的水平与铅垂位移分别为

$$\Delta_{Ax} = \overline{AA_2} = \Delta l_2 = 0.404 \text{ mm}$$

$$\Delta_{Ay} = \overline{AA_4} + \overline{A_4A_5} = \frac{\Delta l_1}{\sin 45°} + \frac{\Delta l_2}{\tan 45°} = 1.404 \text{ mm}$$

（4）讨论　与结构原尺寸相比为很小的变形，在小变形的条件下，通常即可按结构原有几何形状与尺寸计算约束力与内力，并可采用上述以切线代替圆弧的方法确定位移。因此，小变形为一重要概念，利用此概念，可使许多问题的分析计算大为简化。

第五节　材料在拉伸和压缩时的力学性能

为了进行构件的强度计算，必须了解材料的力学性能（machanical properties）。所谓材料的力学性能，就是指材料在受力过程中，在强度和变形方面所表现出的特性。

材料的力学性能是通过试验得出的，而且试验也是建立理论和验证理论的重要手段。

材料的力学性能首先由材料的内因来确定，其次还与外因有关，如温度、加载速度等。这里，主要介绍材料在常温（指室温）、静载（指加载速度缓慢平稳）情况下的拉伸和压缩试验所获得的力学性能，这也是材料的最基本力学性能。

由于材料的某些性能与试件的尺寸及形状有关，为了使试验结果能互相比较，在做拉伸试验和压缩试验时，必须将材料按国家标准做成标准试件。

拉伸试验常用的是如图 2-18a 所示圆形截面试件。试件中部等截面段的直径为 d，试件中段用来测量变形的工作长度为 l（又叫标距）。标距 l 与直径 d 的比例规定为 $l = 10d$ 或 $l = 5d$。标准压缩试件通常采用圆形截面的短柱体（图 2-18b），柱体的高度 h 与直径 d 之比规定为 $h/d = 1 \sim 3.5$。

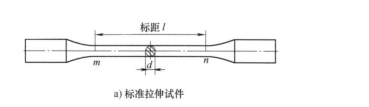

a) 标准拉伸试件　　　　　　　　　　　　　　b) 标准压缩试件

图 2-18

拉压试验的主要设备有两部分。一是加力与测力的机器，常用的是万能试验机（图 2-19a）；二是测量变形的仪器，常用的有杠杆变形仪、变形传感器（图 2-19b）、电阻应变仪等。

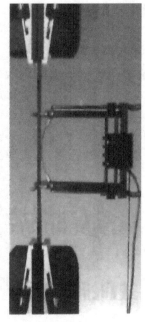

a) 实验装置　　　　　　　　　b) 变形传感器

图　2-19

一、拉伸时材料的力学性能

1. 低碳钢拉伸时的力学性能

低碳钢（如 Q235 钢）是指碳的质量分数在 0.3% 以下的碳素结构钢。这类钢材在工程中使用较广，同时在拉伸试验中表现出的力学性能也最为典型。现以低碳钢为例，阐述低碳钢拉伸时的力学性能。

试验时，首先将试样安装在材料试验机的上、下夹头内（图2-20a），并在标记 m 与 n 处安装测量轴向变形的仪器。然后开动机器，缓慢加载。随着载荷 F 的增大，试样逐渐被拉长，试验段的拉伸变形用 Δl 表示。拉力 F 与变形之间的关系曲线如图2-20b 所示，称为试样的力-伸长曲线或拉伸图。试验一直进行到试样断裂为止。

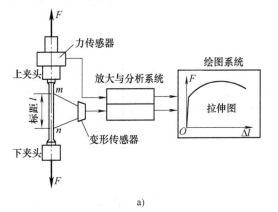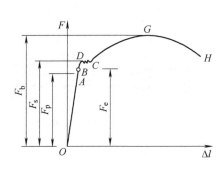

a)　　　　　　　　　　　　　　　b)

图　2-20

显然，拉伸图不仅与试样的材料有关，而且与试样的横截面尺寸 d 及标距 l 的大小有关。例如，试验段的横截面面积越大，将其拉断所需的拉力越大；在同一拉力作用下，标距越大，拉伸变形 Δl 也越大。因此，不宜用试样的拉伸图表征材料的力学性能。

将拉伸图的纵坐标 F 除以试样横截面的原面积 A，将其横坐标 Δl 除以试验段的原长 l（即标距），由此所得应力、应变的关系曲线，称为材料的应力-应变图（图 2-21）。

根据应力-应变图表示的试验结果，低碳钢拉伸过程可分成四个阶段：

（1）线弹性阶段　拉伸的初始阶段，σ 与 ε 的关系用通过原点的斜直线 OA 表示。在这一阶段内，应力 σ 与应变 ε 成正比。直线部分的最高点 A 所对应的应力称为比例极限（proportional limit），用 σ_p 表示。显然，只有应力低于比例极限时，应力与应变才成正比，材料服从胡克定律。Q235 钢的比例极限 $\sigma_p \approx 200$ MPa。图 2-21 中直线 OA 的斜率为

$$\tan\alpha = \frac{\sigma}{\varepsilon} = E$$

即直线 OA 的斜率等于材料的弹性模量 E。

试验表明，如果当应力小于比例极限时停止加载，并将载荷逐渐减小至零，即卸去载荷，则可以看到，在卸载过程中应力与应变之间仍保持正比关系，并沿直线 AO 回到 O 点（图 2-21），变形完全消失。这种仅产生弹性变形的现象，一直持续到应力-应变曲线的某点 B，与该点对应的正应力，称为材料的弹性极限（elastic limit），并用 σ_e 表示。

（2）屈服阶段　超过弹性极限点 B 后，应力的轻微增加将导致材料的损伤并产生永久变形，这种现象称为屈服（yield），图中近似水平线即为屈服阶段。引起屈服的应力称为屈服应力（yield stress）或屈服极限（yield limit），并用 σ_s 表示，低碳钢 Q235 的屈服应力 $\sigma_s \approx 235$ MPa。如果试样表面光滑，则当材料屈服时，试样表面将出现与轴线约成 45°的线纹（图 2-22）。如前所述，在杆件的 45°斜截面上，作用有最大切应力，因此，上述线纹可能是材料沿该截面产生滑移所造成的。材料屈服时试样表面出现的线纹，通常称为滑移线（slip-lines）。

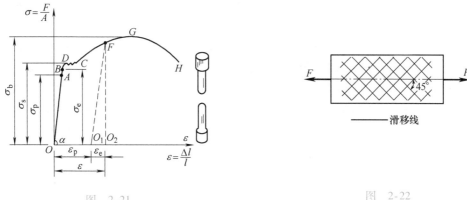

图 2-21　　　　　　　　　　　　　　　　　　图 2-22

材料屈服时出现显著的塑性变形，这是一般工程结构所不允许的。因此屈服极限 σ_s 是衡量材料强度的一个重要指标。

（3）硬化阶段　经过屈服阶段之后，材料又增强了抵抗变形的能力。这时，要使材料继续变形需要增大应力。经过屈服滑移之后，材料重新呈现抵抗继续变形的能力，称为应变硬化。硬化阶段的最高点 G 所对应的正应力，称为材料的强度极限（ultimate strength），并用

σ_b 表示。低碳钢 Q235 的强度极限 $\sigma_b \approx 380$ MPa。

（4）颈缩阶段　当应力增长至最大值 σ_b 之后，试样的某一局部显著收缩，产生所谓颈缩（图2-23a）。颈缩出现后，使试件继续变形所需之拉力减小，应力-应变曲线相应呈现下降，最后导致试样在颈缩处断裂（图2-23b）。图2-21中的 GH 段称为颈缩阶段。试件拉断后，断口呈杯锥状，即断口的一头向内凹而另一头则向外凸。

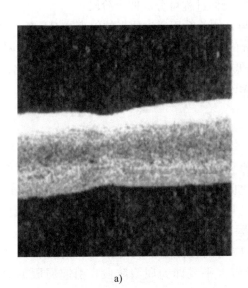

a)　　　　　　　　　　　　　　　　　　b)

图　2-23

综上所述，在整个拉伸过程中，材料经历了线弹性、屈服、硬化与颈缩四个阶段，并存在三个特征点，相应的应力依次为比例极限、屈服极限与强度极限。

（5）卸载规律与冷作硬化　若对试件加载到超过屈服阶段后的某一应力值如图2-24中的 F 点，然后逐渐将载荷卸去，则卸载路径几乎沿着与 OA 平行的直线 FO_1 回到 ε 轴上的 O_1 点。这说明在卸载过程中，应力和应变之间呈直线关系，这就是材料的卸载规律。载荷全部卸去后，图2-24中的 O_1O_2 是消失的弹性应变 ε_e，而 OO_1 则是残留下来的塑性应变 ε_p。

卸完载荷后，若立即进行第二次加载，则应力-应变曲线将沿 O_1F 发展，到 F 点后即折向 FGH，直到 H 点试件被拉断。这表明：在常温下将材料预拉力超过屈服极限后卸去载荷，再次加载时，材料的比例极限将得到提高，而断裂时的塑性变形将降低，这种现象称为冷作硬化。工程中常利用钢材的冷作硬化特性，对钢筋进行冷拉，以提高材料的弹性范围。但应指出，冷作硬化虽然提高了材料的弹性极限指标，而材料则因塑性降低而变脆，这对材料承受冲击或振动载荷是不利的。

（6）材料的塑性——伸长率（percent elongation）和断面收缩率（percent reduction of area）

试件拉断后，由于保留了塑性变形，试件长度由原来的 l（图2-18a）变为 l_1（图2-25），用百分比表示比值

$$\delta = \frac{l_1 - l}{l} \times 100\%$$

$$(2-12)$$

δ 称为伸长率。试件的塑性变形越大，δ 也就越大。因此，伸长率是衡量材料塑性的指标。

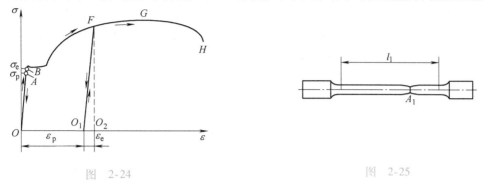

图 2-24　　　　　　　　　　　　　图 2-25

如果试验段横截面的原面积为 A，断裂后断口的横截面面积为 A_1（图 2-25），所谓断面收缩率即为

$$\psi = \frac{A - A_1}{A} \times 100\% \qquad (2-13)$$

低碳钢 Q235 的伸长率 $\delta \approx 25\% \sim 30\%$，断面收缩率 $\psi \approx 60\%$。

塑性好的材料，在轧制或冷压成形时不易断裂，并能承受较大的冲击载荷。在工程中，通常将伸长率较大（例如 $\delta \geqslant 5\%$）的材料称为<u>塑性材料</u>或<u>延性材料</u>，所以 Q235 钢是典型的塑性材料；伸长率较小的材料称为<u>脆性材料</u>，如灰铸铁与陶瓷等材料，它们的伸长率几近于零，则属于脆性材料。

2. 其他塑性材料在拉伸时的力学性能

前面着重讨论了塑性材料低碳钢的拉伸性能，对于其他的塑性材料的拉伸试验，做法基本相同。图 2-26a 给出了常用的一些材料的 $\sigma\text{-}\varepsilon$ 图。图 2-26a 中，锰钢和低碳钢一样，有明显的弹性阶段、屈服阶段、强化阶段和颈缩阶段。有些材料如铜和锌则没有屈服阶段，但有其他三个阶段。还有些材料如高碳钢，只有弹性阶段和强化阶段，而没有屈服和颈缩阶段。

对于没有明显屈服阶段的材料，在工程中规定，以试件产生 0.2% 的残余变形时的应力作为屈服极限，称为<u>名义屈服极限</u>，以 $\sigma_{0.2}$ 表示，如图 2-26b 所示。

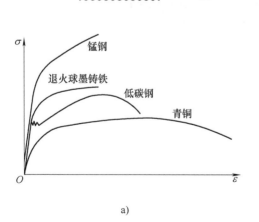

a)

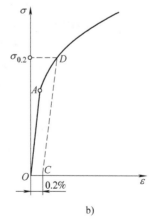

b)

图 2-26

3. 铸铁的拉伸

铸铁的拉伸过程具有以下特征：拉伸图（图2-27a）无明显的直线段；拉伸图无屈服阶段；无颈缩现象；伸长率远小于5%。铸铁的抗拉强度很低，$\sigma_b \approx 150$ MPa。伸长率δ远小于5%，属脆性材料。其拉断后无明显的变形，且断口粗糙（图2-27b）。

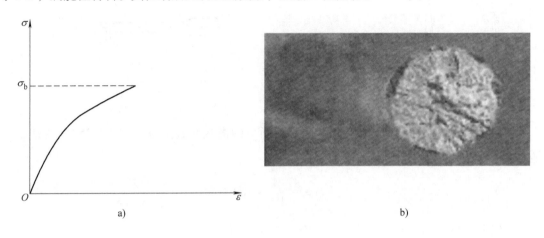

图　2-27

二、材料在压缩时的力学性能

1. 低碳钢压缩时的力学性能

低碳钢压缩时的$\sigma - \varepsilon$曲线如图2-28a实线所示。试验表明：低碳钢压缩时的弹性模量E和屈服极限σ_s都与拉伸时大致相同。应力超过屈服阶段以后，试件越压越扁，呈鼓形，横截面面积不断增大（图2-28b），试件抗压能力也继续增高，因而得不到压缩时的强度极限σ_b。由此，低碳钢的力学性能一般由拉伸试验确定，通常不必进行压缩试验。

对大多数塑性材料也存在上述情况。只有少数塑性材料，如铬钼硅合金钢，压缩与拉伸时的屈服强度不相同，这种情况需做压缩试验。

2. 铸铁压缩时的力学性能

图2-29a所示为铸铁压缩时的$\sigma - \varepsilon$曲线。试件仍然在较小的变形下突然破坏，破坏断面的法线与轴线大致呈45°~55°的倾角（图2-29b）。铸铁的抗压强度比它的抗拉强度高4~5倍，因此，铸铁广泛用于机床床身、机座等受压零部件。

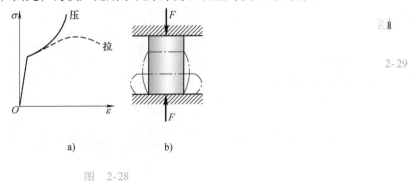

2-29

图　2-28

对于其他脆性材料，如石料、混凝土等的压缩试验表明，抗压能力都要比抗拉能力大得多，故工程中一般都把它们用作受压构件。

三、塑性材料与脆性材料的力学性能比较

两类材料的力学性能有明显区别，归纳如下：

（1）变形　塑性材料变形能力大，在破坏前往往已有明显变形，而脆性材料往往无明显变形就突然断裂。

（2）强度　塑性材料的抗拉、抗压性能基本相同，能用于受拉构件，也可用于承压构件；脆性材料的抗压能力远高于抗拉能力，故适宜作承压构件，不可用于受拉构件。

（3）抗冲击性　材料的 $\sigma - \varepsilon$ 曲线图下的面积（图2-29），表示单位体积材料在静载下破坏时需消耗的能量，由 $\sigma - \varepsilon$ 图知塑性材料破坏需消耗掉的能量大于脆性材料（图2-26a），因此，塑性材料抗冲击能力强。生活经验告诉我们，脆的物件易跌碎打破，因此，承受冲击的构件必须用塑性材料制作。

（4）应力集中敏感性　塑性材料进入屈服阶段，应变不断增大，应力保持为屈服应力，故截面形状的变化虽会导致应变急剧增大，而应力变化迟钝，对应力集中现象不敏感。脆性材料变形几乎全在弹性范围内，故对应力集中敏感，易导致破坏。因此，脆性材料制成的构件必须力避截面形状变化，塑性材料在常温静载下，孔边的应力集中有时可以不考虑，但脆性材料的应力集中影响必须考虑。

四、温度对材料力学性能的影响

试验表明，温度对材料的力学性能存在很大的影响。图2-30a所示为中碳钢的屈服应力与强度极限随温度 T 变化的曲线，总的趋势是：材料的强度随温度升高而降低。图2-30b所示为铝合金的弹性模量 E 与切变模量 G（关于切变模量第四章中会详细介绍）随温度变化的曲线，可以看出，随着温度的升高，材料的弹性常数 E 与 G 均降低。

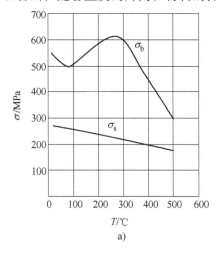
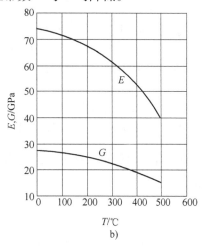

图　2-30

第六节　拉伸和压缩的强度计算

一、安全系数和许用应力

对拉伸和压缩的杆件，塑性材料以屈服为破坏标志，脆性材料以断裂为破坏标志。因此，应选择不同的强度指标作为材料所能承受的极限应力（limit stress）σ^0，即

$$\sigma^0 = \begin{cases} \sigma_s (\sigma_{0.2}) & \text{对塑性材料} \\ \sigma_b & \text{对脆性材料} \end{cases}$$

考虑到材料缺陷、载荷估计误差、计算公式误差、制造工艺水平以及构件的重要程度等因素，设计时必须有一定的强度储备。因此，应将材料的极限应力除以一个大于 1 的系数，所得的应力称为许用应力（allowable stress），用 $[\sigma]$ 表示，即

$$[\sigma] = \frac{\sigma^0}{n} \tag{2-14}$$

式中，n 称作安全系数（safety factor）。

安全系数的选取是个较复杂的问题，要考虑多方面的因素。一般机械设计中 n 的选取范围大致为

$$n = \begin{cases} 1.2 \sim 1.5 & \text{对塑性材料} \\ 2.0 \sim 4.5 & \text{对脆性材料} \end{cases}$$

脆性材料的安全系数一般取得比塑性材料要大一些。这是由于脆性材料的失效表现为脆性断裂，而塑性材料的失效表现为塑性屈服，两者的危险性显然不同，因此对脆性材料有必要多一些强度储备。

多数塑性材料拉伸和压缩时的 σ_s 相同，因此许用应力 $[\sigma]$ 对拉伸和压缩可以不加区别。

对脆性材料，拉伸和压缩的 σ_b 不相同，因而许用应力亦不相同。通常用 $[\sigma_t]$ 表示许用拉应力，用 $[\sigma_c]$ 表示许用压应力。

常用工程材料的许用应力值可在有关的设计规范或工程手册中查得。

二、拉伸和压缩时的强度条件

为保证轴向拉伸（压缩）杆件的正常工作，必须使杆件的最大工作应力不超过材料的许用拉（压）应力。因此，杆件受轴向拉伸（压缩）时的强度条件为

$$\sigma = F_N / A \leqslant [\sigma] \tag{2-15}$$

根据上式可以解决拉伸（压缩）杆件强度校核、截面设计、许用载荷确定等三类强度计算问题。

（1）强度校核　对给定的构件（结构）、载荷、许用应力 $[\sigma]$，计算构件的应力 σ 并与许用应力 $[\sigma]$ 比较，若 $\sigma \leqslant [\sigma]$，则构件是安全的，反之不安全。

（2）截面设计　对给定载荷、许用应力的结构，计算构件内力，由强度条件 $A \geqslant \dfrac{F_N}{[\sigma]}$ 确定构件横截面积

$$A = \frac{F_N}{[\sigma]}$$

（3）许用载荷确定　对给定的结构（材料，构件尺寸已定）、许用应力和加载方式，确定结构在安全的前提下能承受的最大载荷 $[F]$。构件的许用轴力 $[F_N] = A[\sigma]$，利用轴力 F_N 与载荷的关系，得到构件允许的载荷值，结构中各构件允许的载荷值里最小者，即结构的许用载荷。

三、拉伸和压缩强度的应用举例

下面举例说明上述三种类型的强度计算问题。

【例 2-7】　图 2-31a 所示杆 *ABCD*，$F_1 = 10$ kN，$F_2 = 18$ kN，$F_3 = 20$ kN，$F_4 = 12$ kN，*AB* 和 *CD* 段横截面积 $A_1 = 10$ cm²，*BC* 段横截面积 $A_2 = 6$ cm²，许用应力 $[\sigma] = 15$ MPa，校核该杆强度。

【解】 （1）计算内力

AB 段 $F_{N_1} = F_1 = 10\ kN$

BC 段 $F_{N_2} = F_1 - F_2 = 10\ kN - 18\ kN = -8\ kN$

CD 段 $F_{N_3} = F_4 = 12\ kN$

轴力图见图 2-31b 所示。

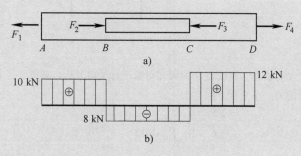

图 2-31

（2）判定危险截面 BC 段因截面面积最小，有可能是危险截面；CD 段轴力最大，也有可能是危险截面，故须两段都校核。下面分段进行校核。

BC 段 $\sigma = \dfrac{F_{N_2}}{A_2} = \dfrac{8 \times 10^3\ N}{6 \times 10^{-4}\ m^2} = 13.3\ MPa < [\sigma]$

CD 段 $\sigma = \dfrac{F_{N_3}}{A_1} = \dfrac{12 \times 10^3\ N}{10 \times 10^{-4}\ m^2} = 12\ MPa < [\sigma]$

两段应力都小于许用应力值，故满足强度条件，安全。

【例 2-8】 气动夹具如图 2-32a 所示，已知气缸内径 $D = 140\ mm$，缸内气压 $p = 0.6\ MPa$。活塞杆材料为 20 钢，$[\sigma] = 80\ MPa$，试设计活塞杆的直径 d。

【解】 （1）求轴力 活塞杆左端承受活塞上的气体压力，右端承受工件的反作用力，将发生轴向拉伸变形。拉力 F_P 可由气压乘活塞的受压面积求得（图2-32b）。在尚未确定活塞杆的横截面面积前，计算活塞的受压面积时，可将活塞杆横截面面积略去不计。

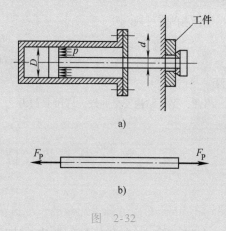

图 2-32

$F_P = p \times \dfrac{\pi}{4} D^2 = (0.6 \times 10^6 \times \dfrac{\pi}{4} \times 140^2 \times 10^{-6})\ N = 9.24\ kN$

活塞杆的轴力为 $F_N = F_P = 9.24\ kN$

（2）确定活塞杆直径 根据强度条件，活塞杆的横截面面积应满足

$$A = \dfrac{\pi}{4} d^2 \geqslant \dfrac{F_N}{[\sigma]} = \dfrac{9.24 \times 10^3}{80 \times 10^6}\ m^2 = 1.16 \times 10^{-4}\ m^2$$

由此可解出

$$d \geqslant 0.0122\ m$$

最后将活塞杆的直径取为 $d = 0.012\ m = 12\ mm$。

【例 2-9】 图 2-33a 为一钢木结构。AB 为木杆，其横截面面积 $A_{AB} = 10 \times 10^3\ mm^2$，许用应力 $[\sigma]_{AB} = 7\ MPa$，杆 BC 为钢杆，其横截面面积 $A_{BC} = 600\ mm^2$，许用应力 $[\sigma]_{BC} = 160\ MPa$。求 B 处可吊的最大许可载荷 $[F_P]$。

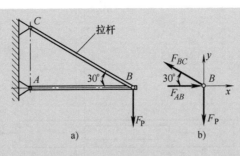

图　2-33

【解】　（1）求 AB、BC 轴力　取铰链 B 为研究对象进行受力分析，如图2-33b所示，AB、BC 均为二力杆，其轴力等于杆所受的力。由平衡方程

$$\sum F_x = 0,\ F_{AB} - F_{BC}\cos30° = 0$$

$$\sum F_y = 0,\ F_{BC}\sin30° - F_P = 0$$

得

$$F_{BC} = \frac{F_P}{\sin30°} = 2F_P$$

$$F_{AB} = F_{BC}\cos30° = 2F_P \cdot \frac{\sqrt{3}}{2} = \sqrt{3}F_P$$

（2）确定许可载荷　根据强度条件，木杆内的许可轴力为

$$F_{AB} \leqslant A_{AB}[\sigma]_{AB}$$

即

$$\sqrt{3}F_P \leqslant 10 \times 10^3 \times 10^{-6} \times 7 \times 10^6\ \text{N}$$

解得

$$F_P \leqslant 40.4\ \text{kN}$$

钢杆内的许可轴力为

$$F_{BC} \leqslant A_{BC}[\sigma]_{BC}$$

即

$$2F_P \leqslant 600 \times 10^{-6} \times 160 \times 10^6\ \text{N}$$

解得

$$F_P \leqslant 48\ \text{kN}$$

因此，保证结构安全的最大许可载荷为

$$[F_P] = 40.4\ \text{kN} \approx 40\ \text{kN}$$

第七节　拉伸和压缩超静定问题

一、拉伸和压缩静定和超静定问题的概念

在前面所讨论的拉压杆问题中，支座约束力与轴力均可通过静力平衡方程确定。由静力平衡方程可确定全部未知力（包括支座约束力与内力）的问题，称为拉压静定问题（the problem of static tension and compression set）。在工程实际中，有时为了增加构件和结构物的强度或刚度，或者由于构造上的需要，往往还给构件增加一些约束，或在结构物中增加一些杆件，这时构件的约束力或杆件的内力，仅用静力学平衡方程就不能求解了。例如，如图2-34a所示用三根钢丝绳吊运重物时，为计算三根钢丝绳所受的内力，可选取吊钩为研究对象（图2-34b）。这是一个平面汇交力系，可列出两个平衡方程（$\sum F_x = 0$、$\sum F_y = 0$），然而未知力却有三个（F_{T1}、F_{T2}、F_{T3}），故不能求解。

这种未知力多于平衡方程，只用静力学平衡方程不能求解的问题，称为超静定（statical-

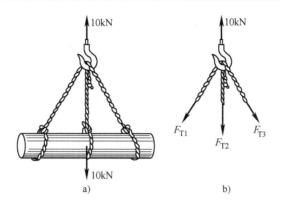

图 2-34

ly indeterminate）问题，或静不定问题。未知力数比平衡方程数多一个时，为一次超静定，多两个时为二次超静定，其余类推。

二、超静定问题的解法

现以图 2-35a 所示的一次超静定桁架结构为例，说明求解超静定问题的方法。取节点 A 为研究对象，画出受力图如图 2-35b 所示。节点 A 的静力平衡方程式为

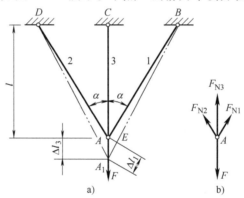

图 2-35

$$\left.\begin{array}{l} \sum F_x = 0, \quad F_{N1}\sin\alpha - F_{N2}\sin\alpha = 0 \\ \qquad\qquad\qquad\qquad F_{N1} = F_{N2} \\ \sum F_y = 0, \quad F_{N3} + 2F_{N1}\cos\alpha - F = 0 \end{array}\right\} \tag{a}$$

这里静力平衡方程只有 2 个，但未知力却有 3 个，可见仅由静力平衡方程不能求得全部轴力，所以是一次超静定问题。

为了寻求问题的解，在静力平衡方程之外，还必须寻求补充方程。设杆 1 和杆 2 的抗拉刚度相同，桁架变形是对称的，节点 A 垂直地移动到 A_1，位移 $\overline{AA_1}$ 也就是杆 3 的伸长 Δl_3（图 2-35a）。以 B 点为圆心，杆 1 的原长度 $l/\cos\alpha$ 为半径作圆弧，圆弧以外的线段即为杆 1 的伸长 Δl_1。由于变形很小，可用垂直于 A_1B 的线段 AE 代替上述弧线，并仍可认为 $\angle AA_1E = \alpha$。于是

$$\Delta l_1 = \Delta l_3 \cos\alpha \tag{b}$$

这是 1、2、3 三根杆件的变形必须满足的关系，只有满足了这一关系，它们才可能在变形后仍然在节点 A_1 联系在一起，三根杆的变形才是相互协调的。所以把这种几何关系称为变形

协调方程。

若杆 1、2 的抗拉刚度为 E_1A_1，杆 3 的抗拉刚度为 E_3A_3，由胡克定律

$$\Delta l_1 = \frac{F_{N1}l}{E_1A_1\cos\alpha},\ \Delta l_3 = \frac{F_{N3}l}{E_3A_3} \qquad (c)$$

这两个表示变形与轴力关系的式子可称为**物理方程**。将其代入式（b），得

$$\frac{F_{N1}l}{E_1A_1\cos\alpha} = \frac{F_{N3}l}{E_3A_3}\cos\alpha \qquad (d)$$

这是在静力平衡方程之外求出的补充方程。从（a）、（d）两式容易解出

$$F_{N1} = F_{N2} = \frac{F\cos^2\alpha}{2\cos^3\alpha + \dfrac{E_3A_3}{E_1A_1}},\quad F_{N3} = \frac{F}{1 + 2\dfrac{E_1A_1}{E_3A_3}\cos^3\alpha}$$

综上所述，求解超静定问题必须考虑以下三个方面：满足平衡方程；满足变形协调条件；符合力与变形间的物理关系（如在线弹性范围之内，即符合胡克定律）。

求解拉压超静定问题时一般可按以下步骤进行：

（1）根据约束的性质画出杆件或节点的受力图；

（2）根据静力平衡条件列出所有独立的静力平衡方程；

（3）画出杆件或杆系节点的变形-位移图；

（4）根据变形几何关系图建立变形几何方程；

（5）将力与变形间的物理关系（如胡克定律等）代入变形几何方程，便能得到解题所需的补充方程；

（6）将静力平衡方程与补充方程联立，解出全部的约束力及杆件内力。

应该指出的是，在超静定汇交杆系结构中，各杆的内力是受拉还是受压在解题前往往是未知的。为此，在绘受力图时，可假定各杆均受拉力，并以此画受力图、列静力平衡方程；根据杆件变形与内力一致的原则，绘制节点位移图，建立几何关系方程。最后解得的结果若为正，则表示杆件的轴力与假设的一致；若为负，则表示杆件中轴力与假设的相反。

下面再通过例题来说明超静定问题的解法和步骤。

【例2-10】 如图 2-36a 所示一平行杆系 1、2、3 悬吊着横梁 AB（AB 梁可视为刚体），在横梁上作用着载荷 F，如果杆 1、2、3 的长度、截面面积、弹性模量均相同，分别设为 l、A、E。试求 1、2、3 三杆的轴力。

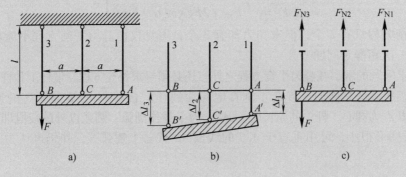

图 2-36

【解】　在载荷 F 作用下，假设一种可能变形，如图 2-36b 所示，则此时杆 1、2、3 均伸长，其伸长量分别为 Δl_1、Δl_2、Δl_3，与之相对应，杆 1、2、3 的轴力分别为拉力，如图 2-36c 所示。

（1）平衡方程

$$\sum F_y = 0, \quad F_{N1} + F_{N2} + F_{N3} - F = 0 \tag{a}$$

$$\sum M_B = 0, \quad F_{N1} \cdot 2a + F_{N2} \cdot a = 0 \tag{b}$$

在（a）、（b）两式中包含着 F_{N1}、F_{N2}、F_{N3} 三个未知力，故为一次超静定。

（2）变形几何方程（图 2-36b）

$$\Delta l_1 + \Delta l_3 = 2\Delta l_2 \tag{c}$$

（3）物理方程

$$\Delta l_1 = \frac{F_{N1} l}{EA}, \quad \Delta l_2 = \frac{F_{N2} l}{EA}, \quad \Delta l_3 = \frac{F_{N3} l}{EA} \tag{d}$$

将式（d）代入式（c）中，即得所需的补充方程

$$\frac{F_{N1} l}{EA} + \frac{F_{N3} l}{EA} = 2\frac{F_{N2} l}{EA} \tag{e}$$

将（a）、（b）、（e）三式联立求解，可得

$$F_{N1} = -\frac{F}{6}, \quad F_{N2} = \frac{F}{3}, \quad F_{N3} = \frac{5F}{6} \tag{f}$$

由此例题可以看出，假设各杆的轴力是拉力还是压力，要以假设的变形关系图中所反映的杆是伸长还是缩短为依据，两者之间必须一致，即变形与内力的一致性。

在以上例题中，假设一种可能变形，它不是唯一的，只要与结构的约束不发生矛盾即可；变形一旦假设后，其各杆的内力一定要与其变形保持一致性。

三、装配应力

在机械制造和结构工程中，零件或构件尺寸在加工过程中存在微小误差是难以避免的。这种误差在静定结构中，只不过造成结构几何形状的微小改变，不会引起内力的改变（图 2-37a）。但对超静定结构，加工误差却往往要引起内力。如图 2-37b 所示结构中，3 杆比原设计长度短了 δ，若将三根杆强行装配在一起，必然导致 3 杆被拉长，1、2

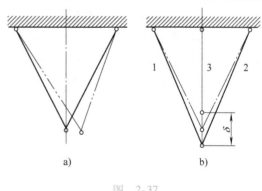

图　2-37

杆被压短，最终位置如图 2-37b 所示双点画线。这样，装配后 3 杆内引起拉应力，1、2 杆内引起压应力。在超静定结构中，这种在未加载之前因装配而引起的应力称为装配应力（assembly stress）。

装配应力的计算方法与解超静定问题的方法相同。

四、温度应力

温度变化将引起物体的膨胀或收缩，构件尺寸发生微小改变。静定结构可以自由变形，所以温度变化时在杆内不会产生温度应力。但在超静定结构中由于存在"多余"约束，构件不能自由变形，由温度引起的变形就会在杆内引起应力。例如在图 2-38 中，AB 杆代表蒸汽锅炉与原动机间的管道，两端可简化为固定端。当管道中通过高压蒸汽，就相当于两端固定杆的温度发生了变化。因为固定端杆件的膨胀或收缩，势必有约束力 F_{RA} 和 F_{RB} 作用于两

端。这将引起杆内的应力，这种应力称为热应力或温度应力（temperature stress）。温度应力与材料的拉压弹性模量 E、热膨胀率 α、温度变化量 Δt 等成正比，其计算公式为

$$\sigma = \alpha E \Delta t \tag{2-16}$$

例如某管道是钢制的，其 $\alpha = 12.5 \times 10^{-6}/℃$，$E = 200 \text{ GN/m}^2$，当温度升高 $\Delta t = 40 ℃$ 时，求得杆内的温度应力为

$$\sigma = \alpha E \Delta t = (12.5 \times 10^{-6} \times 200 \times 10^9 \times 40) \text{N/m}^2 = 100 \times 10^6 \text{ N/m}^2 = 100 \text{ MN/m}^2$$

由此可见，在超静定结构中，构件中的温度应力有时可达较大的数值，这时就不能忽略。在热电厂中高温管道通常插入膨胀节（图 2-39），使管道有部分自由伸缩的可能，以减小温度应力。

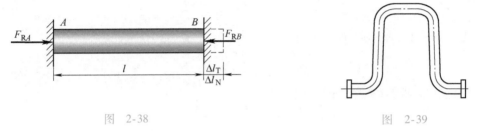

图 2-38　　　　　　　　　　　　　　　图 2-39

温度应力的计算方法与解超静定问题的方法相同。不同之处在于杆件的变形应包括弹性变形和由温度引起的变形两部分。

【例 2-11】　如图 2-40a 所示，阶梯形钢杆的两端在 $T_1 = -5 ℃$ 时被固定，钢杆上下两段的横截面面积分别为 $A_1 = 5 \text{ cm}^2$，$A_2 = 10 \text{ cm}^2$，若钢杆的 $\alpha = 12.5 \times 10^{-6}/℃$，$E = 200 \text{ GPa}$。试求当温度升高至 $T_2 = 25℃$ 时，杆内各部分的温度应力。

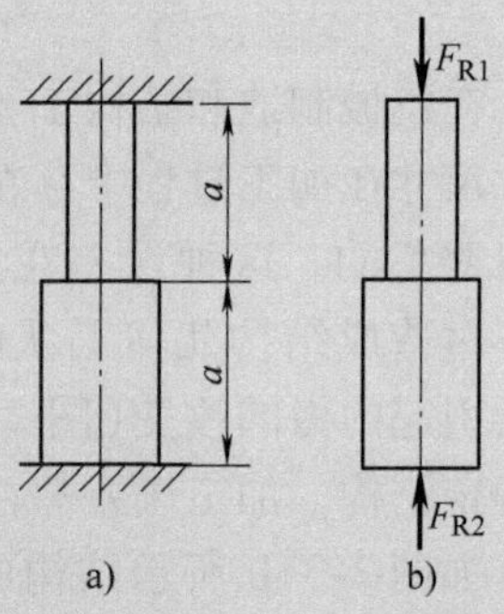

【解】　阶梯形钢杆的受力图如图 2-40b 所示，平衡条件为

$$\sum F_y = 0, \quad F_{R1} - F_{R2} = 0 \tag{a}$$

其变形协调方程为

$$\Delta l_1 + \Delta l_2 = \Delta l_T \tag{b}$$

将 $\Delta l_1 = \dfrac{F_{R1}a}{EA_1}$，$\Delta l_2 = \dfrac{F_{R2}a}{EA_2}$ 及 $\Delta l_T = 2a\alpha\Delta T$ 代入式（b），得

$$\frac{a}{E}\left(\frac{F_{R1}}{A_1} + \frac{F_{R2}}{A_2}\right) = 2a\alpha\Delta T \tag{c}$$

图　2-40

联立式（a）、式（c），解得　　　$F_{R2} = F_{R1} = 33.4 \text{ kN}$

杆各部分的应力分别为

$$\sigma_{上} = \frac{F_{R1}}{A_{上}} = \frac{33.4 \times 10^3}{5 \times 10^{-4}} \text{Pa} = 66.8 \text{ MPa （压）}$$

$$\sigma_{下} = \frac{F_{R1}}{A_{下}} = \frac{33.4 \times 10^3}{10 \times 10^{-4}} \text{Pa} = 33.4 \text{ MPa （压）}$$

然而事物总是有两面性，有时却又要利用它，就是根据需要有意识地使其产生适当的热应力。例如，火车轮缘与轮毂需要紧配合，装配时将轮毂加热膨胀，然后迅速压入轮缘中，这样轮缘与轮毂就紧紧抱在一起。工程上称之为是热应力配合。

五、超静定结构的特点

（1）在超静定结构中，各杆的内力与该杆的刚度及各杆的刚度比值有关，任一杆件刚

度的改变都将引起各杆内力的重新分配；

（2）温度变化或制造加工误差都将引起温度应力或装配应力；

（3）超静定结构的强度和刚度都有所提高。

思　考　题

1. 试辨别下列构件（图 2-41）哪些属于轴向拉伸或轴向压缩。

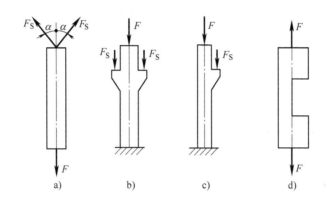

图　2-41

2. 根据自己的实践经验，举出工程实际中一些轴向拉伸和压缩的构件。

3. 指出下列概念的区别：

（1）内力与应力；（2）变形与应变；（3）弹性变形与塑性变形；（4）极限应力与许用应力。

4. 在静力学中介绍的力的可传性，在材料力学中是否仍然适用？为什么？

5. 何谓截面法？用截面法求内力的方法和步骤如何？

6. 轴力和截面面积相等而截面形状和材料不同的拉杆，它们的应力是否相等？

7. 轴力和截面面积相等，而材料和截面形状不同的两根拉杆，在应力均匀分布的条件下，它们的应力是否相同？

8. 在拉压杆中，轴力最大的截面一定是危险截面，这种说法对吗？为什么？

9. 何谓应力集中？应力集中对杆件的强度有何影响？

10. 何谓纵向变形？何谓横向变形？二者有什么关系？

11. 钢的弹性模量 $E = 200$ GPa，铝的弹性模量 $E = 71$ GPa。试比较在同一应力作用下，哪种材料的应变大？在产生同一应变的情况下，哪种材料的应力大？为什么？

12. 低碳钢在拉伸试验中表现为哪几个阶段？有哪些特征点？怎样从 $\sigma - \varepsilon$ 曲线上求出拉压弹性模量 E 的值？

13. 在低碳钢的应力-应变曲线上，试样断裂时的应力反而比开始颈缩时的应力低，为什么？

14. 经冷作硬化（强化）的材料，在性能上有什么变化？在应用上有什么利弊？

15. 在拉伸和压缩试验中，各种材料试样的破坏形式有哪些？试大致分析其破坏的原因。

16. 在钢材的力学性能中，有哪两项强度指标？有哪两项塑性指标？它们的意义何在？

17. 工作应力、许用应力和危险应力有什么区别？它们之间又有什么关系？

18. 根据轴向拉伸（压缩）时的强度条件，可以计算哪三种不同类型的强度问题？

19. 超静定问题有什么特点？在工程实际中如何利用这些特点？解超静定问题的一般步骤是什么？在画变形图和受力图时，要特别注意什么关系？

20. 在有输送热气管道的工厂里，其管道不是笔直铺设的，而是每隔一段距离，就将管道弯成一个伸缩节，为什么？

习　　题

2-1　试求题 2-1 图所示各杆 1—1、2—2、3—3 截面上的轴力。

2-2　试求题 2-2 图所示各杆 1—1、2—2、3—3 截面上的轴力，并作轴力图。

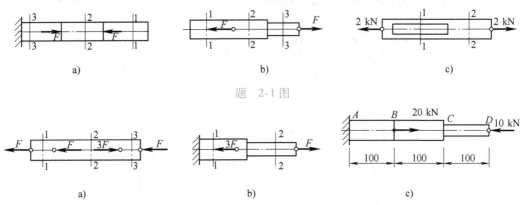

题　2-1 图

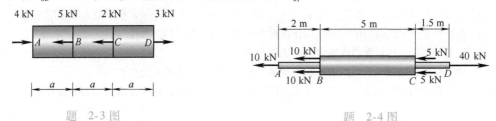

题　2-2 图

2-3　如题 2-3 图所示直杆，已知 $a = 1$ m，直杆的横截面面积为 $A = 400$ mm^2，材料的弹性模量 $E = 200$ GPa，试求各段的伸长（或缩短），并计算全杆的总伸长。

2-4　如题 2-4 图所示的阶梯形黄铜杆，受轴向载荷作用，若各段横截面尺寸分别为 $d_{AB} = 15$ mm、$d_{BC} = 40$ mm 和 $d_{CD} = 10$ mm，试求 A 端相对于 D 端的位移，已知 $E_{铜} = 105$ GPa。

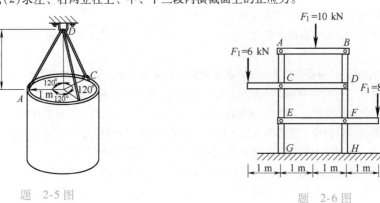

题　2-3 图　　　　　　　　　　　题　2-4 图

2-5　如题 2-5 图所示，用三根绳索将量为 3 kN 的混凝土管件悬挂起来，若 BD 和 CD 的直径为 10 mm，AD 的直径为 7 mm，试求每根绳索内的平均正应力。

2-6　木架受力如题 2-6 图所示，已知两立柱横截面均为 100 mm × 100 mm 的正方形。试求：(1) 绘左、右立柱的轴力图；(2) 求左、右两立柱上、中、下三段内横截面上的正应力。

2-7 如题 2-7 图所示压杆受轴向压力 $F = 5$ kN 的作用，杆件的横截面面积 $A = 100$ mm。试求 $\alpha = 0°$，$30°$，$45°$，$60°$，$90°$时，各斜截面上的正应力和切应力，并分别用图表示。

2-8 题 2-8 图所示结构中，梁 AB 为刚性杆。已知 AD 杆是钢杆，其面积 $A_1 = 1\,000$ mm^2，弹性模量 $E = 200$ GPa；BE 杆是木杆，其面积 $A_2 = 10\,000$ mm^2，弹性模量 $E_2 = 10$ GPa；CH 杆是铜杆，其面积 $A_3 = 3\,000$ mm^2，弹性模量 $E_3 = 100$ GPa。设在 H 点处的作用力 $F = 120$ kN。试求：（1）C 点和 H 点的位移；（2）AD 杆的横截面面积扩大一倍时 C 点和 H 点的位移。

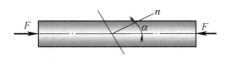
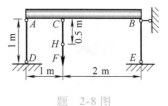

题 2-7 图　　　　　　　题 2-8 图

2-9 题 2-9 图所示的构架中，AB 为刚性杆，CD 杆的刚度为 EA，试求：（1）CD 杆的伸长；（2）C、B 两点的位移。

2-10 题 2-10 图所示结构中，若钢拉杆 BC 的横截面直径为 10 mm，试求拉杆内的应力。设由 BC 连接的 1 和 2 两部分均为刚体。

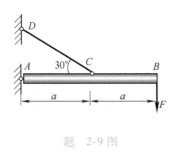
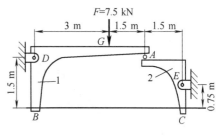

题 2-9 图　　　　　　　题 2-10 图

2-11 用绳索起吊重物如题 2-11 图所示。已知重物 $W = 10$ kN，绳索的直径 $d = 40$ mm，许用应力 $[\sigma] = 10$ MPa，试校核绳索的强度。绳索的直径 d 应为多大则更经济？

2-12 如题 2-12 图所示，钢板厚为 5 mm，在其中心钻一直径为 20 mm 的孔，为了保证该钢板能承受 15 kN 的轴向载荷，试确定钢板的合适宽度 w 的近似值。已知钢板的许用正应力 $[\sigma] = 155$ MPa。

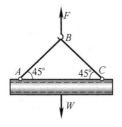
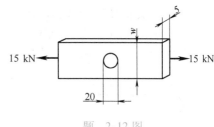

题 2-11 图　　　　　　　题 2-12 图

2-13 一块厚 10 mm、宽 200 mm 的钢板。其截面被直径 $d = 20$ mm 的圆孔所削弱，圆孔的排列对称于杆的轴线，如题 2-13 图所示。若轴向拉力 $F = 200$ kN，材料的许用应力 $[\sigma] = 170$ MPa，并设削弱的截面上应力为均匀分布，试校核钢板的强度。

2-14 题 2-14 图所示，某组件由直径为 30 mm 的铝棒 ABC

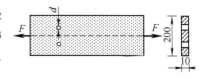

题 2-13 图

和直径为 10 mm 钢杆 CD 构成，其中铝棒 ABC 在 B 点有一轴套。试求在图示载荷作用下 D 点的位移，忽略轴套 B 和连接处 C 的尺寸影响，$E_{钢} = 200$ GPa，$E_{铝} = 70$ GPa。

2-15   如题 2-15 图所示，重 500 N 的均匀刚性横梁 AB 由两根钢杆 AC 和 BD 吊起，为了确保作用 1 500 N的载荷后横梁仍处于水平位置，试求图中 x 的值。已知每根杆直径为 12 mm。

2-16   如题 2-16 图所示的两根铝杆受到 $F = 20$ kN 的垂直力作用。若铝材的许用正应力$[\sigma] = 150$ MPa，试求两杆所需的直径。

2-17   如题 2-17 图所示的钢杆，许用正应力$[\sigma] = 120$ MPa，试求板能承受的最大轴向载荷。暂不考虑应力集中的影响（即不考虑 $r = 10$ mm）。

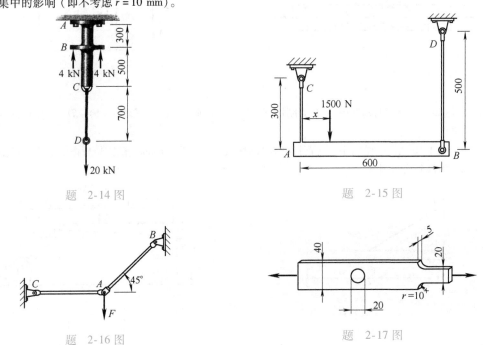

题 2-14 图   题 2-15 图

题 2-16 图   题 2-17 图

2-18   题 2-18 图所示的双杠杆夹紧机构，需产生一对 20 kN 的夹紧力，试求水平杆 AB 及二斜杆 BC 和 BD 的横截面直径。已知：该三杆的材料相同，$[\sigma] = 100$ MPa，$\alpha = 30°$。

2-19   题 2-19 图所示结构中，刚性杆 AC 受到均布载荷 $q = 20$ kN/m 的作用。若钢制拉杆 AB 的许用应力$[\sigma] = 150$ MPa，试求其所需的横截面面积。

2-20   题 2-20 图所示链条由两层钢板组成，每层钢板厚度 $t = 4.5$ mm，宽度 $H = 65$ mm，$h = 40$ mm，钢板材料许用应力$[\sigma] = 80$ MPa，若链条的拉力 $P = 25$ kN，校核它的拉伸强度。

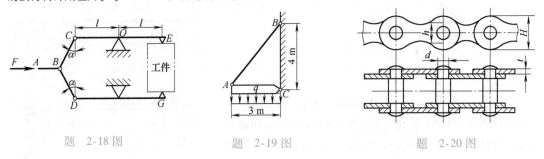

题 2-18 图   题 2-19 图   题 2-20 图

2-21   题 2-21 图所示为一水塔的结构简图，水塔重量 $G = 400$ kN，支承于杆 AB、BD 及 CD 上，并受

到水平方向的风力 $F = 100$ kN 作用。设各杆材料为钢，许用应力都为 $[\sigma] = 100$ MN/m^2，求各杆所需的横截面面积。

2-22　汽车离合器踏板如题 2-22 图所示。已知踏板受到压力 $F = 400$ N 作用，拉杆 1 的 $D = 9$ mm，杠杆臂长 $L = 330$ mm，$l = 56$ mm，拉杆的许用应力 $[\sigma] = 50$ MPa，校核拉杆 1 的强度。

2-23　题 2-23 图所示三角形构架，杆 AB 和 BC 都是圆截面的，杆 AB 直径 $d_1 = 20$ mm，杆 BC 直径 $d_2 = 40$ mm，两者都由 Q235 钢制成。设重物的重量 $G = 20$ kN，钢的许用应力 $[\sigma] = 160$ MPa，问此构架是否满足强度条件。

题　2-21 图　　　　　　题　2-22 图　　　　　　题　2-23 图

2-24　题 2-24 图为一手动压力机，在物体 C 上所加最大压力为 150 kN，已知手动压力机的立柱 A 和螺杆 B 所用材料为 Q235 钢，许用应力 $[\sigma] = 160$ MPa。

（1）试按强度要求设计立柱 A 的直径 D；

（2）若螺杆 B 的内径 $d = 40$ mm，试校核其强度。

2-25　曲柄滑块机构如题 2-25 图所示。工作时连杆接近水平位置，承受的镦压力 $F = 1\,100$ kN。连杆截面是矩形截面，高度与宽度之比为 $h/b = 1.4$。材料为 45 钢，许用应力 $[\sigma] = 58$ MPa，试确定截面尺寸 h 及 b。

2-26　某拉伸试验机的结构示意图如题 2-26 图所示。设试验机的 CD 杆与试件 AB 的材料同为低碳钢，其 $\sigma_p = 200$ MPa，$\sigma_s = 240$ MPa，$\sigma_b = 400$ MPa。试验机最大拉力为 100 kN。试问：（1）用这一试验机作拉断试验时，试样直径最大可达多大？（2）若设计时取试验机的安全系数 $n = 2$，则 CD 杆的横截面面积为多少？（3）若试件直径 $d = 10$ mm，今欲测弹性模量 E，则所加载荷最大不能超过多少？

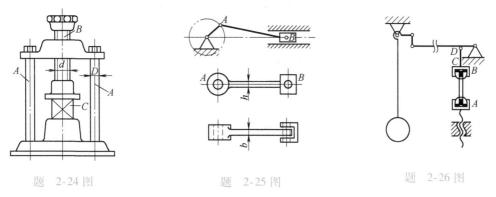

题　2-24 图　　　　　　题　2-25 图　　　　　　题　2-26 图

2-27　题 2-27 图所示卧式拉床的油缸内径 $D = 186$ mm，活塞杆直径 $d_1 = 65$ mm，材料为 20 Cr 并经过热处理，$[\sigma] = 130$ MPa。缸盖由 6 个 M20 的螺栓与缸体连接，M20 螺栓的内径 $d = 17.3$ mm，材料为 35 钢，经热处理后 $[\sigma] = 110$ MPa。试按活塞杆和螺栓强度确定最大油压 p。

2-28　题 2-28 图所示简易吊车中，BC 为钢杆，AB 为木杆。木杆 AB 的横截面面积 $A_1 = 100$ cm^2，许用应力 $[\sigma] = 7$ MPa，钢杆 BC 的横截面面积 $A_1 = 6$ cm^2，许用应力 $[\sigma] = 60$ MPa。试求许可吊重 F。

2-29　题 2-29 图所示刚性杆 AB 重 35 kN，挂在三根等长度、同材料钢杆的下端。各杆的横截面面积分

别为 $A_1 = 1\ cm^2$、$A_2 = 1.5\ cm^2$、$A_3 = 2.25\ cm^2$。试求各杆的应力。

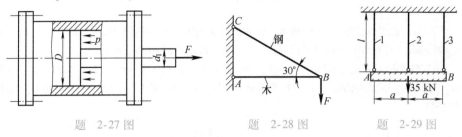

题 2-27 图　　　　　　　　　　　题 2-28 图　　　　　　　　　　题 2-29 图

*2-30　题 2-30 图所示刚性横梁 *ACE*，被 *AB*、*CD* 和 *EF* 三根板拉住。*AB* 和 *CD* 材料相同、弹性模量和热膨胀系数分别为 E_1 和 α_1，板 *EF* 弹性模量和热膨胀系数分别为 E_2 和 α_2，三块板长度和截面积均为 L 和 A。若刚性横梁在初始温度 t_1 时处于水平位置，试确定当温度上升到 t_2 时其相对于水平面的倾角。

2-31　题 2-31 图所示结构中钢杆 1、2、3 的横截面面积均为 $A = 200\ mm^2$，长度 $l = 1\ m$，$E = 200\ GPa$。杆 3 因制造不准而比其余两杆短了 $\delta = 0.8\ mm$。试求将杆 3 安装在刚性梁上后三杆的轴力。

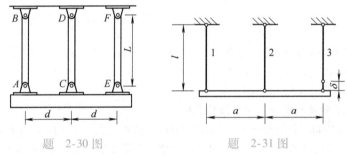

题 2-30 图　　　　　　　　　　题 2-31 图

2-32　如题 2-32 图所示，杆 1 为钢杆，$E_1 = 210\ GPa$，$\alpha_1 = 12.5 \times 10^{-6}/℃$，$A_1 = 30\ cm^2$。杆 2 为铜杆，$E_2 = 105\ GPa$，$\alpha_2 = 19 \times 10^{-6}/℃$，$A_2 = 30\ cm^2$。载荷 $F = 50\ kN$。若 *AB* 为刚杆，且始终保持水平，试问加载后温度是升高还是降低？并求温度的改变量 ΔT。

*2-33　题 2-33a 图所示超静定结构中，若杆 1、2 的伸长量分别为 Δl_1 和 Δl_2，且 *AB* 为刚性梁，则求解超静定问题的变形协调方程有下列 4 种答案，试判断哪一种是正确的：

（1）$\Delta l_1 \sin \beta = 2\Delta l_2 \sin\alpha$　　　　　（2）$\Delta l_1 \cos \beta = 2\Delta l_2 \cos \alpha$

（3）$\Delta l_1 \sin \alpha = 2\Delta l_2 \sin\beta$　　　　　（4）$\Delta l_1 \cos \alpha = 2\Delta l_2 \cos \beta$

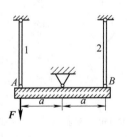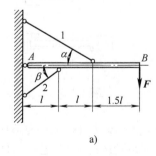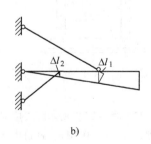

a)

b)

题 2-32 图　　　　　　　　　　　　　　题 2-33 图

第三章　剪切和挤压

本章将介绍剪切构件的受力和变形特点以及可能的破坏形式，并通过铆钉、键等连接件讨论剪切和挤压强度计算。

第一节　剪切的概念及剪切强度条件

一、剪切变形的概念及工程实例

剪切变形(shearing deformation)是杆件的基本变形之一，即当杆件受到一对垂直于杆轴、大小相等、方向相反、作用线相距很近的外力 F 作用后引起的变形(图 3-1)。此时，在外力 F 作用线之间的各横截面都将发生相对错动，即产生了剪切变形。

若此时外力过大，杆件就可能在两力之间的某一截面，如 m—m 处被剪断，m—m 截面称为剪切面(shear surface)。

工程中构件之间起连接作用的构件称为连接件(铆钉、销钉、螺栓、键等)，它们担负着传递力或运动的任务。如钢板间钢接头的销轴连接(图 3-2b)；木接头的榫连接(图 3-2c)等。这些连接构件都是发生剪切变形的工程实例。

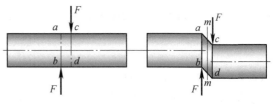

图　3-1

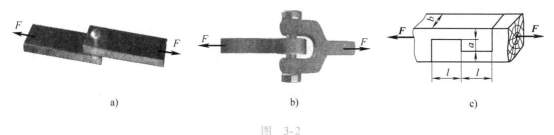

a)　　　　　　　　b)　　　　　　　　c)

图　3-2

二、剪切的实用计算

1. 剪切面上的内力

现以图 3-3a 所示铆钉连接为例，用截面法分析剪切面上的内力。选铆钉为研究对象，进行受力分析，画受力图，如图 3-3b 所示。假想将铆钉沿 m—m 截面截开，分为上下两部分，如图 3-3c 所示，任取一部分为研究对象，由平衡条件可知，在剪切面内必然有与外力 F 大小相等、方向相反的内力存在，这个作用在剪切面内部与剪切面平行的内力称为剪力(shear force)，用 F_Q 表示(图 3-3c)。剪力 F_Q 的大小可由平衡方程求得

$$\Sigma F_x = 0, \quad F_Q = F$$

2. 剪切面上的切应力

剪切面上内力 F_Q 分布的集度称为切应力(shear stress)，其方向平行于剪切面与 F_Q 相同，用符号 τ 表示，如图 3-3d 所示。切应力的实际分布规律比较复杂，很难确定，工程上

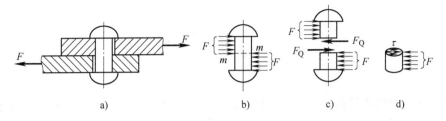

图　3-3

通常采用建立在实验基础上的实用计算法，即假定切应力在剪切面上是均匀分布的。故

$$\tau = \frac{F_Q}{A} \tag{3-1}$$

式中，F_Q 是剪切面上的剪力，单位为 N；A 是剪切面面积，单位为 mm^2。

三、剪切强度条件

为了保证构件在工作中不被剪断，必须使构件的工作切应力不超过材料的许用切应力，即

$$\tau = \frac{F_Q}{A} \leqslant [\tau] \tag{3-2}$$

式中，$[\tau]$ 是材料的许用切应力，其大小等于材料的抗剪强度 τ_b 除以安全系数 n，即

$$[\tau] = \frac{\tau_b}{n}$$

式（3-2）称为剪切强度条件。

工程中常用材料的许用切应力，可从有关手册中查取，也可按下列经验公式确定：

塑性材料　　　　　　　　$[\tau] = (0.6 \sim 0.8)[\sigma]$

脆性材料　　　　　　　　$[\tau] = (0.8 \sim 1.0)[\sigma]$

式中，$[\sigma]$ 是材料拉伸时的许用应力。

与拉伸（或压缩）强度条件一样，剪切强度条件也可以解决剪切变形的三类强度计算问题：强度校核、设计截面尺寸和确定许可载荷。

【例 3-1】　将图 3-4a 所示吊杆的直径 $d = 20$ mm，其上端部为圆盘。吊杆穿过一个直径为 40 mm 的孔，当吊杆承受 $F = 20$ kN 的力作用时，试确定圆盘厚度 t 的最小值。已知吊杆的圆盘的许用切应力 $[\tau] = 35$ MPa。

【解】　吊杆圆盘中心部分的受力如图 3-4b 所示，在直径为 $D = 40$ mm 的截面处有剪切力 F_Q，从而有切应力 τ 产生。材料必须能够承受切应力的作用，以防止盘从孔中脱出。假定该切应力沿剪切面均匀分布，已知载荷 $F = 20$ kN，由平衡条件得 $F_Q = F = 20$ kN，由式 (3-1) 有

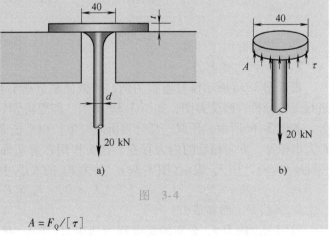

图　3-4

$$A = F_Q / [\tau]$$

故
$$A = F_Q / [\tau] = \frac{20 \times 10^3 \text{ N}}{35 \times 10^6 \text{ N/m}^2} = 0.5714 \times 10^{-3} \text{ m}^2$$

由于剪切面面积 $A = \pi dt$，所以所需的圆盘厚度为

$$t = \frac{0.5714 \times 10^{-3} \text{ m}^2}{\pi \times 0.04 \text{ m}} = 4.55 \times 10^{-3} \text{ m} = 4.55 \text{ mm}$$

【例3-2】 控制臂承受如图 3-5a 所示的载荷。若钢的许用切应力为 $[\tau] = 55$ MPa，试确定 C 点处钢质销钉所需的直径大小。注意图中销钉受到双剪面剪力的作用。

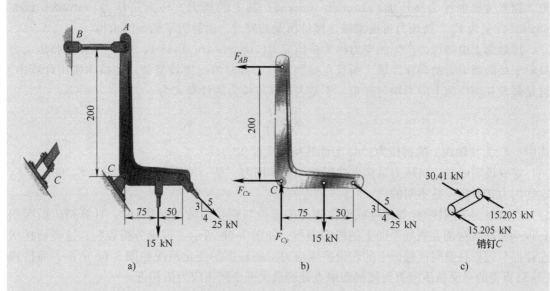

图 3-5

【解】 (1)剪切内力 控制臂的受力图如图 3-5b 所示。由平衡方程得

$$\sum M_C = 0, \ F_{AB} \times 0.2 \text{ m} - 15 \text{ kN} \times 0.075 \text{ m} - 25 \text{ kN} \times \frac{3}{5} \times 0.125 \text{ m} = 0$$

$$F_{AB} = 15 \text{ kN}$$

$$\sum F_x = 0, \ -15 \text{ kN} - F_{Cx} + 25 \text{ kN} \left(\frac{4}{5}\right) = 0, F_{Cx} = 5 \text{ kN}$$

$$\sum F_y = 0, \ F_{Cy} - 15 \text{ kN} - 25 \text{ kN} \left(\frac{3}{5}\right) = 0, F_{Cy} = 30 \text{ kN}$$

因此，C 处承受的合力为

$$F_C = \sqrt{(5 \text{ kN})^2 \times (30 \text{ kN})^2} = 30.41 \text{ kN}$$

由于销钉受到双剪面剪力的作用，所以作用在销钉上的控制臂与每个支撑耳片之间的横截面上的剪切力为 15.205 kN，如图 3-5c 所示。

(2)所需要的面积 结果 A 为

$$\frac{15.205 \text{ kN}}{55 \times 10^3 \text{ kN/m}^2} = 276.45 \times 10^{-6} \text{ m}^2$$

$$\pi \left(\frac{d}{2}\right)^2 = 276.45 \text{ mm}^2$$

$$d = 18.8 \text{ mm}$$

所采用的销钉直径取为
$$d = 20 \text{ mm}$$

第二节 挤压的概念及挤压强度条件

一、挤压变形的概念及名义挤压应力

连接件除承受剪切外，在连接件和被连接件的接触面上还将产生局部承压的现象。如在图 3-3a 所示的铆钉连接中，在铆钉与钢板相互接触的侧面上，将发生彼此间的局部承压现象。相互接触面称为**挤压面**（extrusion surface），其上的压力，称为**挤压力**（extrusion pressure），并记为 F_{jy}。挤压力可根据被连接件所受的外力，由静力平衡条件求得。

接触面上由挤压力产生的应力称为**挤压应力**（compressive stress），用 σ_{jy} 表示。挤压应力只限于接触面附近的局部区域，而且在接触面上的分布情况比较复杂。在挤压实用计算中，也是假设在挤压面上应力均匀分布。于是名义挤压应力的计算式为

$$\sigma_{jy} = \frac{F_{jy}}{A_{jy}} \tag{3-3}$$

式中，F_{jy} 为接触面上的挤压力；A_{jy} 为计算挤压面面积。

需要说明的是，挤压力是构件之间的相互作用力，是一种外力，它与轴力 F_N 和剪力 F_Q 这些内力在本质上是不同的。

当接触面为圆柱面（如螺栓或铆钉连接中螺栓与钢板间的接触面）时，计算挤压面面积 A_{jy} 取为实际接触面在直径平面上的投影面积，如图 3-6b 所示。理论分析表明，这类圆柱状连接件与钢板孔壁间接触面上的理论挤压应力沿圆柱面的变化情况如图 3-6c 所示，而按式 (3-3) 算得的名义挤压应力与接触面中点处的最大理论挤压应力值相近。

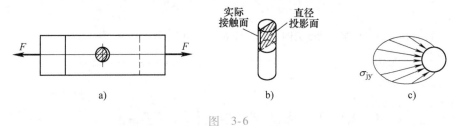

图 3-6

当连接件与被连接构件的接触面为平面，如例 3-3 之图 3-7a 所示键连接中，在计算键与轴或轮毂间的接触面时，挤压面面积 A_{jy} 即为实际接触面的面积（$A_{jy} = h \times b/2$）。

二、挤压强度条件

为了保证构件不产生局部挤压塑性变形，必须使构件的工作挤压应力不超过材料的许用挤压应力。许用挤压应力是通过直接试验，并按名义挤压应力公式得到材料的极限挤压应力，再除以适当的安全系数从而确定许用挤压应力 $[\sigma_{jy}]$。

于是，挤压的强度条件可表示为

$$\sigma_{jy} = \frac{F_{jy}}{A_{jy}} \leqslant [\sigma_{jy}] \tag{3-4}$$

式中，$[\sigma_{jy}]$ 是材料的许用挤压应力，设计时可由有关手册中查取。

根据实验积累的数据，一般情况下，许用挤压应力 $[\sigma_{jy}]$ 与许用拉应力 $[\sigma]$ 之间存在下述关系：

塑性材料 $\qquad [\sigma_{jy}] = (1.5 \sim 2.5)[\sigma]$

脆性材料 $\qquad [\sigma_{jy}] = (0.9 \sim 1.5)[\sigma]$

应当注意，当连接件和被连接件材料不同时，应对材料的许用应力低者进行挤压强度计算，这样才能保证结构安全可靠地工作。

应用挤压强度条件仍然可以解决三类问题，即：强度校核，设计截面尺寸和确定许可载荷。由于挤压变形总是伴随剪切变形产生的，因此在进行剪切强度计算的同时，也应进行挤压强度计算，只有既满足剪切强度条件又满足挤压强度条件，构件才能正常工作，既不被剪断也不被压溃。

需要说明的是，尽管剪切和挤压实用计算是建立在假设基础上的，但它以实验为依据，以经验为指导，因此剪切和挤压实用计算方法在工程中具有很高的实用价值，被广泛采用，并已被大量的工程实践证明是安全可靠的。

[例 3-3] 如图 3-7a 所示，某齿轮用平键与轴联接（图中未画出齿轮），已知轴的直径 $d = 56$ mm，键的尺寸为 $l \times b \times h = 80$ mm $\times 16$ mm $\times 10$ mm，轴传递的扭转力矩 $M = 1$ kN·m，键的许用挤压应力 $[\sigma_{jy}] = 100$ MPa，试校核键联接的挤压强度。

[解] 以键和轴为研究对象，其受力如图 3-7a 所示，键所受的力由平衡方程得

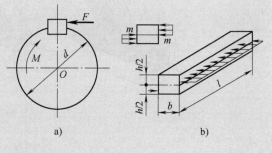

$$F = \frac{2M}{d} = \frac{2 \times 1 \times 10^3}{0.056} \text{N}$$

$$= 35.71 \times 10^3 \text{ N}$$

$$= 35.71 \text{ kN}$$

从图 3-7b 中可以看出，键的破坏可能是沿 m—m 截面被剪断或与键槽之间发生挤压塑性变形。然而一般情况下，键的失效主要是发生挤压塑性变形，一般不会被剪断，故在工程实际中不必计算键的剪切强度，只需对键进行挤压强度计算即可。如本题中没有给出许用切应力，意味着键的剪切强度足够，不必校核。

图 3-7

挤压强度校核键的强度 用截面法可求得挤压力

$$F_Q = F_{jy} = F = 35.71 \text{ kN}$$

挤压面积为 $A_{jy} = h \times b/2$，得挤压应力为

$$\sigma_{jy} = \frac{F_{jy}}{A_{jy}} = \frac{35.71 \times 10^3}{5 \times 80 \times 10^{-6}} \text{Pa} = 89.3 \times 10^6 \text{ Pa} = 89.3 \text{ MPa} \leqslant [\sigma_{jy}]$$

所以键的挤压强度足够。

第三节 剪切和挤压计算的应用举例

在大多数的工程实际中，一般既要考虑剪切，又要考虑挤压计算。下面举例说明。

[例 3-4] 如图 3-8a 所示的倾斜构件上，受到 3 000 N 的压力作用。试求光滑接触面 AB 和 BC 上的挤压应力，以及水平面 EDB 上的切应力。

[解] （1）受力情况分析

1）倾斜构件的受力如图 3-8b 所示。作用于两个接触面上的力可用平衡方程求得

$$\sum F_x = 0, \quad F_{AB} - 3000 \text{ N} \times \frac{3}{5} = 0 \quad F_{AB} = 1\,800 \text{ N}$$

$$\sum F_y = 0, \quad F_{BC} - 3000 \text{ N} \times \frac{4}{5} = 0, \quad F_{BC} = 2\,400 \text{ N}$$

此即为两个接触面上的挤压力。

2）结构底部构件上半部分的受力情况如图 3-8c 所示。作用于水平截面 EDB 上的力为

$$\sum F_x = 0, \quad F_Q = 1\,800 \text{ N}$$

F_Q 即为作用于水平截面 EDB 上的剪切力。

（2）应力情况分析

1）倾斜构件沿水平面和竖直面上，由 F_{AB} 和 F_{BC} 而产生的挤压应力分别为

$$\sigma_{jyAB} = \frac{1800 \text{ N}}{25 \text{ mm} \times 40 \text{ mm}} = 1.80 \text{ N/mm}^2 = 1.8 \text{ MPa}$$

$$\sigma_{jyBC} = \frac{2400 \text{ N}}{50 \text{ mm} \times 40 \text{ mm}} = 1.20 \text{ N/mm}^2 = 1.2 \text{ MPa}$$

这些应力的分布如图 3-8d 所示。

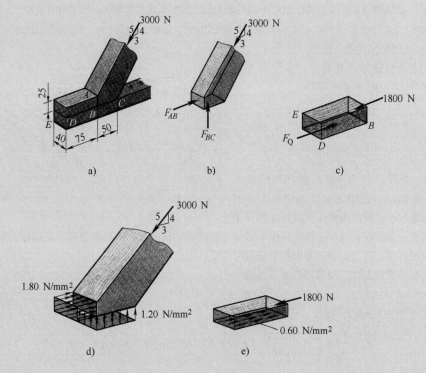

图 3-8

2）作用在水平面 EDB 上的剪切力 F_Q 而产生的切应力为

$$\tau = \frac{1800 \text{ N}}{75 \text{ mm} \times 40 \text{ mm}} = 0.60 \text{ N/mm}^2 = 0.6 \text{ MPa}$$

该应力在截面上的分布图 3-8e 所示。

【例 3-5】 汽车与拖车之间用挂钩的销钉连接如图 3-9a 所示，已知挂钩的厚度 $t = 8$ mm，销钉材料的许用切应力 $[\tau] = 60$ MPa，许用挤压应力 $[\sigma_{jy}] = 200$ MPa，机车的牵引力 $F = 20$ kN。试设计销钉的直径。

【解】 （1）选销钉为研究对象，进行受力分析 画受力图如图 3-9b 所示，由图中可知销钉受双剪。

（2）根据剪切强度条件，设计销钉直径 d 如图 3-9c 所示，用截面法求剪切面上的内力 F_Q，由图中可得两个剪切面上的内力相等，均为

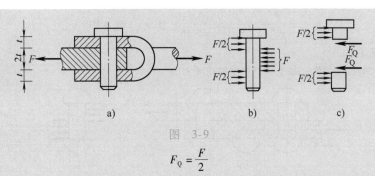

图 3-9

$$F_Q = \frac{F}{2}$$

由剪切强度条件得

$$\tau = \frac{F_Q}{A} = \frac{F/2}{\pi d_1^2/4} \leqslant [\tau]$$

故

$$d_1 \geqslant \sqrt{\frac{2F}{\pi [\tau]}} = \sqrt{\frac{2 \times 20 \times 10^3}{\pi \times 60}} \text{ mm} = 14.57 \text{ mm}$$

（3）根据挤压强度条件设计销钉直径 d 由图 3-9b 可见，有三个挤压面，分析可得三个挤压面上的挤压应力均相等，故可取任意一个挤压面进行计算，这里取中间的挤压面（力 F 的作用面）进行挤压强度计算。由挤压强度条件得

$$\sigma_{jy} = \frac{F_{jy}}{A_{jy}} = \frac{F}{d_2 \times 2t} \leqslant [\sigma_{jy}]$$

故

$$d_2 \geqslant \frac{F}{[\sigma_{jy}] \times 2t} = \frac{20 \times 10^3}{200 \times 2 \times 8} \text{ mm} = 6.25 \text{ mm}$$

因为 $d_1 > d_2$，销钉既要满足剪切强度条件又要满足挤压强度条件，故其直径应取大者，d_1 圆整取 $d = 15$ mm。

第四节 综合强度计算举例及其他剪切计算

一、剪切、挤压与拉伸（或压缩）综合强度计算举例

在对连接结构的强度计算中，除了要进行剪切、挤压强度计算外，有时还应对被连接件进行拉伸（或压缩）强度计算，因为在连接处被连接件的横截面受到削弱，往往成为危险截面。在受到削弱的截面上存在着应力集中现象，故对这样的截面进行的拉伸（或压缩）强度计算也是必需的。通常也是用实用计算法。

【例3-6】 两块钢板用四只铆钉连接，如图 3-10a 所示，钢板和铆钉的材料相同，其许用拉应力 $[\sigma] = 175$ MPa，许用切应力 $[\tau] = 140$ MPa，许用挤压应力 $[\sigma_{jy}] = 320$ MPa，铆钉的直径 $d = 16$ mm，钢板的厚度 $t = 10$ mm，宽度 $b = 85$ mm。当拉力 $F = 110$ kN 时，校核铆接各部分的强度（假设各铆钉受力相等）。

【解】 （1）选铆钉和钢板为研究对象，进行受力分析 分别画受力图如图 3-10b、c 所示。分析可知，此连接结构有三种可能的破坏形式：1）铆钉被剪断；2）铆钉与钢板的接触面上发生挤压破坏；3）钢板被拉断。

（2）校核铆钉的剪切强度 因为假定每个铆钉受力相同，所以每个铆钉受力均为 $F/4$，如图 3-10b 所示。用截面法求得剪切面上的内力

$$F_Q = \frac{F}{4}$$

由剪切强度条件得

$$\tau = \frac{F_Q}{A} = \frac{F/4}{\pi d^2/4} = \frac{F}{\pi d^2} = \frac{110 \times 10^3}{\pi \times 16^2} \text{ MPa} = 136.8 \text{ MPa} < [\tau]$$

故铆钉的剪切强度足够。

（3）校核铆钉的挤压强度　每个铆钉所受的挤压力为

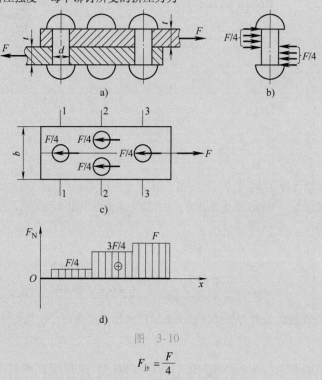

图 3-10

$$F_{jy} = \frac{F}{4}$$

由挤压强度条件得

$$\sigma_{jy} = \frac{F_{jy}}{A_{jy}} = \frac{F/4}{dt} = \frac{110 \times 10^3}{4 \times 16 \times 10} \text{ MPa} = 171.9 \text{ MPa} < [\sigma_{jy}]$$

故铆钉挤压强度足够。

（4）校核钢板的拉伸强度　两块钢板的受力情况相同，故可校核其中任意一块，本例中校核上面一块。根据图 3-10c 所示受力图，画出轴力图如图 3-10d 所示。图中可见，1—1 截面和 3—3 截面的面积相同，但后者轴力较大，故 3—3 截面比 1—1 截面应力大；2—2 截面的轴力较 3—3 截面的轴力小，但其截面面积也小，所以此两截面都可能是危险截面，需同时校核。

由拉伸强度条件得

2—2 截面　　　$\sigma_2 = \dfrac{F_{N2}}{A_2} = \dfrac{3F/4}{(b-2d)t} = \dfrac{3 \times 110 \times 10^3/4}{(85 - 2 \times 16) \times 10} \text{ MPa} = 155.7 \text{ MPa} < [\sigma]$

3—3 截面　　　$\sigma_3 = \dfrac{F_{N3}}{A_3} = \dfrac{F}{(b-d)t} = \dfrac{110 \times 10^3}{(85 - 16) \times 10} \text{ MPa} = 159.4 \text{ MPa} < [\sigma]$

故钢板的拉伸强度足够。

二、其他剪切计算

1. 冲床冲力计算

【例 3-7】　在厚度 $t = 8$ mm 的钢板上冲裁直径 $d = 25$ mm 的工件，如图 3-11 所示，已知材料的抗剪强度 $\tau_b = 314$ MPa。问最小冲裁力为多大？冲床所需冲力为多大？

【解】　冲床冲压工件时，工件产生剪切变形，其剪切面为冲压件圆柱体的外表面，如图 3-11 所示。剪

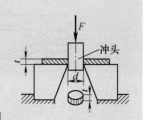

图 3-11

切面面积 $A = \pi dt$ 剪切面上的内力

$$F_Q = F$$

由式(3-1)得

$$\tau = \frac{F_Q}{A} = \frac{F}{\pi dt} > \tau_b$$

则最小冲裁力 $F_{min} = \pi dt \tau_b = (\pi \times 25 \times 8 \times 314)\,N = 1.97 \times 10^5\,N = 197\,kN$

为保证冲床工作安全，一般将最小冲裁力加大30%计算冲床所需冲力。因此，冲床所需冲力为

$$F = 1.3 F_{min} = 256\,kN$$

*2. 焊接焊缝的实用计算

对于主要承受剪切的焊接焊缝，如图 3-12 所示，假定沿焊缝的最小断面即焊缝最小剪切面发生破坏，并假定切应力在剪切面上是均匀分布的。若一侧焊缝的剪力 $F_Q = F/2$，于是，焊缝的剪切强度准则为

$$\tau_{max} = \frac{F_Q}{A_{min}} = \frac{F_Q}{\delta l \cos 45°} \leqslant [\tau] \tag{3-5}$$

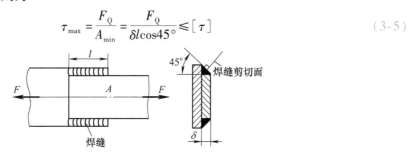

图 3-12

思 考 题

1. 剪切变形的形式是什么？构件在怎样的外力作用下才会发生剪切变形？
2. 剪切和挤压分别发生在连接件的哪些部分？
3. 在连接件上，剪切面和挤压面与外力方向的关系如何？
4. 连接件切应力的实用计算是以什么假设为基础的？
5. 在连接件中，强度校核时使用平均应力的依据是什么？
6. 连接件的实用计算中，单剪与双剪的区别是什么？

习 题

3-1 夹剪的尺寸如题 3-1 图所示，销子 C 的直径 $d = 0.5\,cm$。作用力 $F = 200\,N$，在夹剪直径与销子 C 直径相同的铜丝 A 时，若 $a = 2\,cm$，$b = 15\,cm$。试求铜丝与销子横截面上的剪应力各为多少。

3-2 题 3-2 图所示两块钢板用 3 个铆钉连接。已知 $F = 50\,kN$，板厚 $t = 6\,mm$，材料的许用应力为 $[\tau] = 100\,MPa$，$[\sigma_{jy}] = 280\,MPa$。试求铆钉直径 d。若利用现有的直径 $d = 12\,mm$ 的铆钉，则铆钉数 n 应该是多少？

3-3 题 3-3 图所示为一个直径 $d = 40\,mm$ 的拉杆，上端为直径 $D = 60\,mm$，高为 $h = 10\,mm$ 的圆头。受力 $F = 100\,kN$。已知 $[\tau] = 50\,MPa$，$[\sigma_{jy}] = 90\,MPa$，$[\sigma] = 80\,MPa$，试校核拉杆的强度。

3-4 如题 3-4 图所示接头受到楔形构件30 kN的轴向力作用，试求作用于截面 AB 和 BC 上的应力。假设构件接触面光滑，宽度为30 mm。

| 题 3-1 图 | 题 3-2 图 |

3-5　如题 3-5 图所示宽为 $b = 0.1$ m 的两矩形木杆互相连接。若载荷 $F = 50$ kN，木杆的许用切应力为 $[\tau] = 1.5$ MPa，许用挤压应力 $[\sigma_{jy}] = 12$ MPa，试求尺寸 a 和 l。

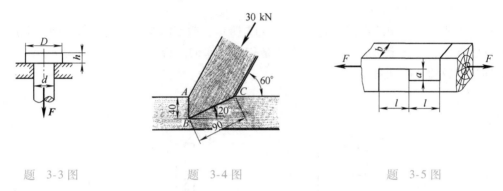

| 题 3-3 图 | 题 3-4 图 | 题 3-5 图 |

3-6　销钉式安全联轴器如题 3-6 图所示，允许传递的力偶矩 $M = 300$ N·m。销钉材料的剪切强度极限 $\tau_b = 320$ MPa，轴的直径 $D = 30$ mm。预保证 $M > 300$ N·m，销钉就被剪断，问销钉直径应为多少？

3-7　如题 3-7 图所示为测定剪切强度极限的试验装置。若已知低碳钢试件的直径 $d = 10$ mm，剪断试件时的外力 $F = 50.2$ kN，试问材料的剪切强度极限为多少？

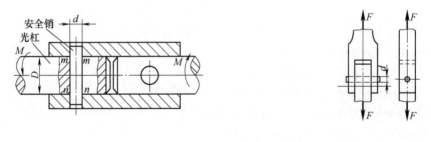

| 题 3-6 图 | 题 3-7 图 |

3-8　题 3-8 图所示为由螺栓、螺帽以及两个垫片组成的螺栓体装置。已知螺栓直径为 8 mm，垫片的外径为 20 mm，内径（孔的直径）为 12 mm。若板的许用挤压应力 $[\sigma_{jy}] = 14$ MPa，螺栓体 S 的许用拉（压）应力为 $[\sigma] = 120$ MPa，试求螺栓体所能承受的最大许用拉力。

3-9　题 3-9 图所示齿轮与轴通过平键连接。已知轴的直径 $d = 70$ mm，所用平键的尺寸为：$b = 20$ mm，$h = 12$ mm，$l = 100$ mm。传递的力偶矩 $M = 2$ kN·m。键材料的许用应力 $[\tau] = 80$ MPa，$[\sigma_{jy}] = 220$ MPa。试校核平键的强度。

3-10　题 3-10 图所示减速机上齿轮与轴通过平键连接。已知平键受外力 $F = 12$ kN，所用平键的尺寸为 $b = 28$ mm，$h = 16$ mm，键的许用应力 $[\tau] = 87$ MPa，$[\sigma_{jy}] = 100$ MPa。试设计平键的长度 l。

3-11　题 3-11 图所示手柄与轴用平键联接，已知键的长度 $l = 35$ mm，横截面为正方形，边长 $a = 5$ mm，轴的直径 $d = 20$ mm。材料的许用剪应力 $[\tau] = 100$ MPa，许用挤压应力 $[\sigma_{jy}] = 220$ MPa，试求作

用在手柄上外力 F 的最大许可值。

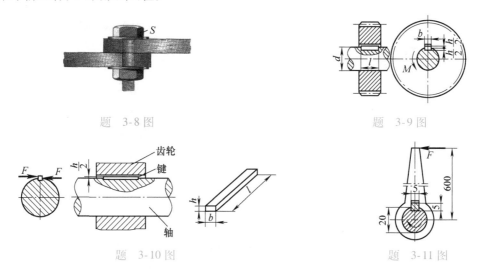

题 3-8 图   题 3-9 图

题 3-10 图   题 3-11 图

3-12 题 3-12 图所示一螺栓将拉杆与厚为 8 mm 的两块盖板相连接。各零件材料相同,其许用应力为 $[\sigma]=80$ MPa,$[\tau]=60$ MPa,$[\sigma_{jy}]=160$ MPa。若拉杆的厚度 $t=15$ mm,拉力 $F=120$ kN。试设计螺栓直径 d 及拉杆宽度 b。

*3-13 题 3-13 图所示铝质悬架 A 受到通过其中心的 40 kN 的力作用,若它各处的厚度均为 12 mm,为防止剪切失效,试求高度 h 的最小值。已知失效切应力为 $\tau_{bl}=60$ MPa,取剪切安全系数为 $n=2.5$。

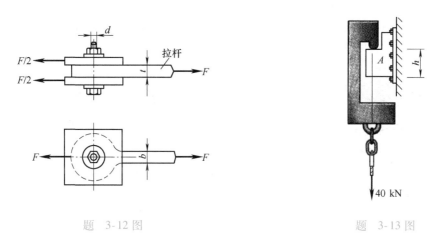

题 3-12 图   题 3-13 图

*3-14 如题 3-14 图所示结构,为了使 A 和 B 处直径为 12 mm 的螺栓内的切应力不超过许用切应力 $[\tau]=100$ MPa,以及直径 $d=15$ mm 的杆 AB 内的拉应力不超过许用拉应力 $[\sigma]=150$ MPa,试求托架装置所能承受的分布载荷的最大集度 q。

*3-15 某钢材板形试件如题 3-15 图所示,受到拉伸试验机 10 kN 的拉力作用。若钢材的许用拉应力 $[\sigma]=120$ MPa,许用切应力 $[\tau]=100$ MPa,为了使试件内的应力同时达到上述应力值,试求所需的尺寸 b 和 t 的大小。假设试件的宽为 40 mm。

*3-16 如题 3-16 图所示结构,若支座 A,B 下面材料的许用挤压应力为 $[\sigma_{jy}]=2\,800$ kPa,当承受载荷作用时,试求方板 A' 和 B' 所需的尺寸。支座处的约束力为垂直方向,$q=7\,500$ N/m。

*3-17 题 3-17 图所示带式搭接装置,受到 800 N 的拉力作用。(a)若材料的许用拉应力 $[\sigma]=10$ MPa,试求所需的皮带厚度 t;(b)若黏合剂所能承受的许用切应力为 $[\tau]=0.75$ MPa,试求所需的搭接长度 d_1;

（c）若销钉的许用切应力为 $[\tau]=30$ MPa，试求所需的销钉直径 d_r。

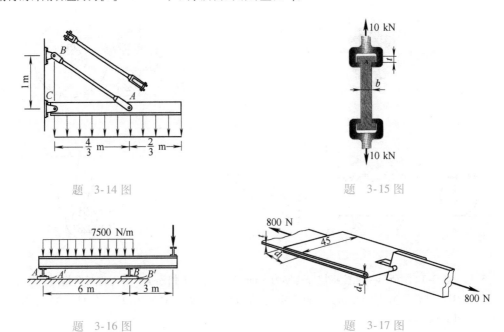

题 3-14 图　　　　　　　　　　　　　题 3-15 图

题 3-16 图　　　　　　　　　　　　　题 3-17 图

3-18　题 3-18 图所示机床花键轴有 8 个齿，轴与轮的配合长度 $l=60$ mm，外力偶矩 $M_e=4$ kN·m。轮与轴的挤压许用应力为 $[\sigma_{jy}]=104$ MPa，试校核花键轴的挤压强度。

3-19　在厚度 $\delta=5$ mm 的钢板上，冲出一个形状如题 3-19 图所示的孔，钢板剪断时的剪切极限应力 $\tau_b=300$ MPa，求冲床所需的冲力 F。

题 3-18 图 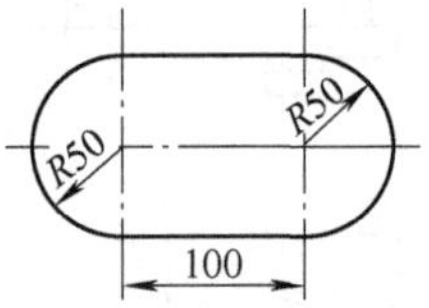　　　　　　　　　　　　　题 3-19 图

第四章 扭 转

扭转是杆的又一种基本变形形式。以扭转为主要变形的杆件，工程中常称作轴。本章主要讨论工程中最常见的圆杆(简称圆轴)的扭转问题。对于矩形截面轴与薄壁截面轴的扭转问题也做了简单介绍。

第一节 扭转概念和工程实例

先举几个工程实例来说明扭转变形的特点。用汽车方向盘的转向轴 AB 为例(图 4-1)。驾驶员通过方向盘把力偶作用于转向轴的 A 端，在转向轴的 B 端，则受到来自转向器给它的约束力偶。这样，就使转向轴 AB 产生扭转。再如搅拌机中的搅拌轴(图 4-2)，电动机施加一主动力偶 M 带动搅拌轴旋转，其上的搅拌翅受到被搅拌物料的一对大小相等、方向相反的阻力 F 作用，使搅拌轴产生扭转变形。又如用丝锥攻丝时(图 4-3)，要在手柄两端加上大小相等、方向相反的力，这两个力在垂直于丝锥轴线的平面内构成一个矩为 M 的力偶，使丝锥转动。下面丝扣的阻力则形成转向相反的力偶，阻碍丝锥的转动。丝锥在这一对力偶的作用下将产生扭转变形。

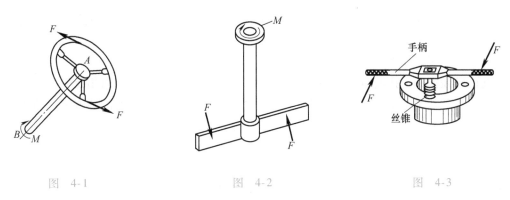

图 4-1   图 4-2   图 4-3

这些杆件的外力特征是：杆件受外力偶 M 作用，力偶作用面在与轴线垂直的平面内。其受力简图如图 4-4 所示。任意两横截面上相对转过的角度，称为扭转角(torsion angle)，用 φ 表示。图中的 φ_{AB} 表示截面 B 对截面 A 的相对扭转角。具有这种形式特征的变形形式称为扭转变形(torsional deflection)。轴的截面形状是圆形称为圆轴(circular shaft)，工程大部分轴是圆轴。轴的

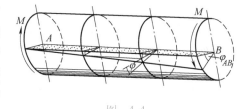

图 4-4

截面形状非圆形，称为非圆轴(con- circular shaft)，如方轴(图4-5)，工字形轴等。

在工程实际中，有些发生扭转变形的杆件往往还伴随着其他形式的变形。例如图 4-6 所示的轴，轴上每个齿轮都承受圆周力 F_1、F_2 和径向力 F_{r1}、F_{r2} 作用，将每个齿轮上的力向

圆心简化，附加力偶 M_e 使各横截面绕轴线作相对转动，而横向力 F_1、F_{r1}、F_2 和 F_{r2} 使轴产生弯曲。工程上将既有扭转又有弯曲的轴称为**转轴**（spindle），属于组合变形（将在第十章中讨论）。但如果两个齿轮离轴承很近，则轴的弯曲小可以忽略，这时仍可按轴扭转变形计算。

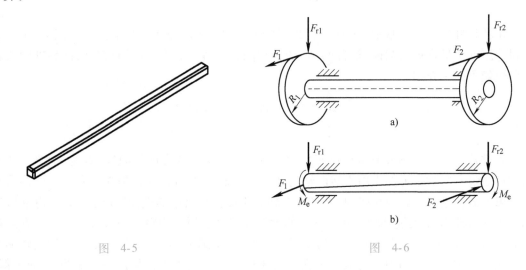

图 4-5   图 4-6

第二节   外力偶矩和扭矩的计算

研究轴扭转时的强度和刚度问题，首先必须计算作用于轴上的外力偶矩及横截面上的内力。

一、外力偶矩 M_e 的计算

前面已经提到，扭转时，作用在轴上的外力是一对大小相等、转向相反的力偶。但在工程实际中，常常是并不直接给出外力偶矩的大小，而是给定轴所传递的功率和轴的转速。这时可根据理论力学中所述传递的功率、转速和力偶矩之间的关系，求出作用在轴上的外力偶矩，即

$$M = 9549P/n \tag{4-1}$$

式中，M 为外力偶矩（N·m）；P 为轴传递的功率（kW）；n 为轴的转速（r/min）。

当功率 P 为马力（1 马力 = 765.5 N·m/s）时，外力偶矩 M 的计算式为

$$M = 7024P/n \tag{4-2}$$

在确定外力偶矩的方向时，应注意输入力偶矩为主动力矩时，其方向与轴的转向相同；输出力偶矩为阻力矩，其方向与轴的转向相反。

二、圆轴扭转时的内力

求出作用于轴上的所有外力偶矩以后，就可运用截面法计算横截面上的内力。图 4-7a 所示的轴，两端作用着一对大小相等、转向相反的外力偶 M，如要求任意横截面 n—n 上的内力，可以假想将轴沿该截面切开，分为左、右两段，并取左段为研究对象，如图 4-7b 所示。为保持平衡，n—n 截面上的分布内力必组成一个力偶 T，它是右段对左段作用的力偶。由平衡条件 $\sum M_x = 0$，$T - M = 0$

得 $$T = M$$

上式中 T 是横截面上的内力偶矩,称为**扭矩**(torsional moment)。

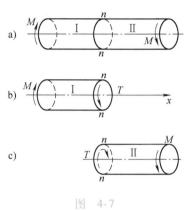

图 4-7

同样,由右段的平衡(图 4-7c),也可得扭矩 $T = M$ 的结果,只是扭矩 T 的方向与由左段得出的方向相反。

为了使圆轴左、右两段在同一横截面上的扭矩符号都一致,故将扭矩 T 的正负号按右手螺旋法则作出规定:以右手握圆轴之四指代表扭矩的转向,当大拇指的指向与横截面外法线方向一致时,扭矩为正(图 4-8a),反之为负(图 4-8b)。按照此规定,对于图 4-7 中横截面 $n—n$ 上的扭矩的方向,无论是在左段还是在右段上,均为正号。

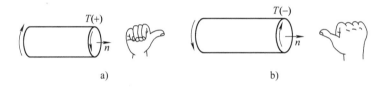

图 4-8

三、扭矩图

以上研究了轴上受两个外力偶作用的情况,这时各横截面上的扭矩是相同的。若轴上有多于两个外力偶作用时,各横截面上的扭矩不尽相同,这时应以外力偶作用平面为界,分段计算扭矩。例如某轴受到三个外力偶作用,则应分两段,依次类推,同一段内扭矩相同。为了清楚地表示扭矩随横截面位置的变化情况,通常画**扭矩图**(torque diagram)。现举例说明扭矩的计算和扭矩图的画法。

【例 4-1】 传动轴如图 4-9a 所示。已知主动轮 A 输入功率为 $P_A = 36\,000$ W,从动轮 B、C、D 输出功率分别为 $P_B = P_C = 11\,000$ W,$P_D = 14\,000$ W。轴的转速为 $n = 300$ r/min。试画出传动轴的扭矩图。

【解】 先将功率单位换算成 kW,按式(4-1)算出作用于各轮上外力偶的力偶矩大小

$$M_A = 9549\frac{P_A}{n} = 9549 \times \frac{36}{300} \text{ N} \cdot \text{m} = 1146 \text{ N} \cdot \text{m}$$

$$M_B = M_C = 9549 \times \frac{P_B}{n} = 9549 \times \frac{11}{300} \text{ N} \cdot \text{m} = 350 \text{ N} \cdot \text{m}$$

$$M_D = 9549 \times \frac{P_D}{300} = 9549 \times \frac{14}{300} \text{ N} \cdot \text{m} = 446 \text{ N} \cdot \text{m}$$

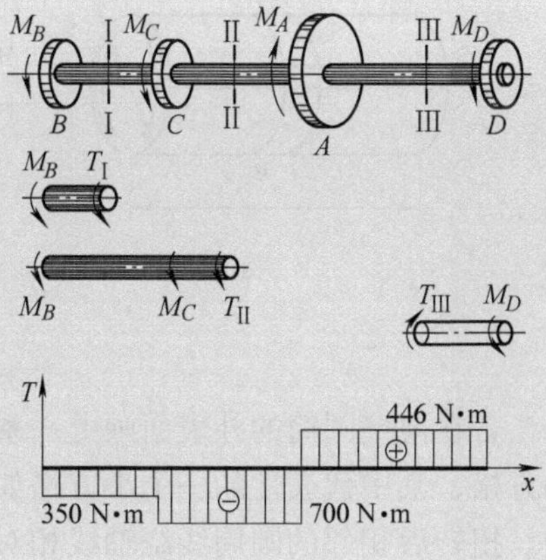

图 4-9

将传动轴分为 BC、CA、AD 三段。先用截面法求出各段的扭矩。在 BC 段内,以 T_I 表示横截面 I—I 上的扭矩,并设扭矩的方向为正(图 4-9b)。由平衡方程

$$\sum M_x = 0, \quad T_I + M_B = 0$$

即得

$$T_{\mathrm{I}} = -M_B = -350 \ \mathrm{N} \cdot \mathrm{m}$$

式中，负号表示扭矩 T_{I} 的实际方向与假设方向相反。可以看出，在 BC 段内各横截面上的扭矩均为 T_{I}。

在 CA 段内，设截面 Ⅱ—Ⅱ 的扭矩为 T_{II}，由图 4-9c，得

$$\sum M_x = 0, \quad T_{\mathrm{II}} + M_C + M_B = 0$$

$$T_{\mathrm{II}} = -M_C - M_B = -700 \ \mathrm{N} \cdot \mathrm{m}$$

式中，负号表示扭矩 T_{II} 的实际方向与假设方向相反。

在 AD 段内，扭矩 T_{III} 由截面 Ⅲ—Ⅲ 以右的右段的平衡（图 4-9d）求得，即

$$T_{\mathrm{III}} = M_D = 446 \ \mathrm{N} \cdot \mathrm{m}$$

为了能够形象直观地表示出轴上各横截面扭矩的大小，用平行于杆轴线的 x 坐标表示横截面的位置，用垂直于 x 轴的坐标 T 表示横截面扭矩的大小，把各截面扭矩表示在 $x\text{-}T$ 坐标系中，描画出截面扭矩随着截面坐标 x 的变化曲线，称为扭矩图（图 4-9e）。由图可见，该传动轴的绝对值最大扭矩 $|T|_{\max} = T_{\mathrm{II}} = 700 \ \mathrm{N} \cdot \mathrm{m}$。

第三节　切应力互等定理与剪切胡克定律

扭转应力的分析是一个比较复杂的问题。为了讨论扭转时的应力和变形，先考察薄壁圆筒的扭转，使之产生所谓的纯剪切状态，从而得到切应力和切应变两者间的关系，以及切应力的若干重要性质。

一、薄壁圆筒扭转时的切应力

各个点均处于纯剪切状态的实际构件是很少见的，为了研究纯剪切的变形规律与材料在剪切下的力学性质，通常用非常接近纯剪切状态的薄壁圆筒的纯扭转来进行研究，取薄壁圆筒的平均半径为 r，厚度为 t，长为 l，如图 4-10a 所示。

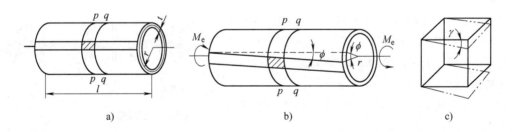

a)　　　　　　　　　b)　　　　　　　　　c)

图　4-10

若在薄壁圆筒的外表面画上一系列互相平行的纵向直线和横向圆周线，将其分成一个个小方格，其中代表性的一个小方格如图 4-10a 中阴影所示。这时使筒在外力偶 M_e 作用下扭转。扭转后相邻的圆周线绕轴线相对转过一微小转角 γ，纵线均倾斜一个微小倾角从而使小方格变成菱形。在图 4-10b 中的阴影部分取出一个小单元体，如图 4-10c 所示。根据以前的定义，我们可以看出，转角 γ 其实就是圆筒中的切应变。

同时，我们还可以看出，圆筒沿轴线及周线的长度都没有发生变化。这表明，当薄壁圆筒扭转时，其横截面和包含轴线的纵向截面上都没有正应力，横截面上只有切于截面的切应

力 τ。因为筒壁的厚度很小，可以认为沿筒壁厚度的切应力不变，又根据圆截面的轴对称性，横截面上的切应力沿圆环处处相等。

由截面法沿 $q—q$ 截面切开，以薄壁圆筒的左段为研究对象（图 4-11b），根据平衡方程，

有
$$M_e = \int_A r\tau \mathrm{d}A = 2\pi r^2 t\tau \tag{4-3}$$

得
$$\tau = \frac{M_e}{2\pi r^2 t} \tag{4-4}$$

式（4-4）中 τ 为薄壁圆筒扭转产生的切应力。

二、切应力互等定理

如果从薄壁圆筒上取出相应于图 4-11a 上带阴影的小方块作为研究单元体（图 4-11b）它的厚度为壁厚 t，宽度和高度分别为 $\mathrm{d}x$、$\mathrm{d}y$。当薄壁圆筒受到扭矩时，此单元体分别相应于 $p—p$、$q—q$ 圆周面的左、右侧面上有切应力，因此在这两个侧面上有剪力，而且这两个侧面上剪力的大小相等而方向相反，形成一个力偶，其力偶矩为 M_e。为了平衡这一力偶，上、下水平面上也必须有一对剪应力 τ' 作用。对整个单元体，必须满足平衡条件，即 $\sum M_z = 0$，有

$$\tau t\mathrm{d}y\mathrm{d}x = \tau' t\mathrm{d}x\mathrm{d}y \tag{4-5}$$
$$\tau = \tau' \tag{4-6}$$

式（4-6）表明，在一对相互垂直的微面上，与棱线正交的切应力应该大小相等，其方向共同指向或背离两个截面的交线，这就是切应力互等定理（shear stress reciprocal theorem）。

三、剪切胡克定律

切应力 τ 切应变 γ 的关系可由实验确定。如图 4-12 是实验给出的低碳钢薄圆筒的切应力切应变曲线（τ-γ 曲线），它与拉伸试验得到的 σ-ε 曲线相仿，也存在比例极限 τ_p、屈服极限 τ_s 等。在 $\tau \leqslant \tau_p$ 时，切应力 τ 与切应变 γ 成正比，比例系数记为 G。

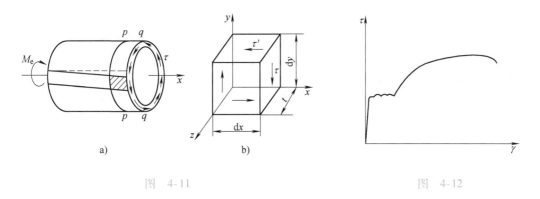

图 4-11　　　　　　　　　　　　　　　　　图 4-12

薄圆筒扭转试验表明，在切应力为一定的范围内，切应变与切应力成正比，即

$$\tau = G\gamma \tag{4-7}$$

式（4-7）称为剪切胡克定律（Hooke's law in shear）。G 为材料切变模量（shear modulus of elasticity），单位是 Pa 或 MPa 或 GPa。材料的切变模量 G 和材料的 E 及 μ 一样，是表明材料弹性性质的常数，这三个常数都可以由试验确定。但是，分析物体中一个单元体的应力与变形的一般关系后，可以推导出这三个常数之间的一定关系，即

$$G = \frac{E}{2(1 + \mu)} \tag{4-8}$$

各种材料的切变模量 G 可由材料手册中查到，表 4-1 给出几种材料的 G 值。

表 4-1　几种材料的切变模量值

材料名称	G/MPa	材料名称	G/MPa
碳　钢	8.0×10^4	铅	0.7×10^4
灰铸铁	4.4×10^4	玻　璃	2.2×10^4
压延铜	4.0×10^4	顺纹木材	0.054×10^4
压延铝	$(2.6 \sim 2.7) \times 10^4$	—	—

第四节　圆轴扭转时横截面上的应力

一、圆轴扭转应力的推导

为了研究圆轴扭转横截面上的应力，需要从圆轴扭转时的变形几何关系、材料的应力应变关系（又称物理关系）以及静力平衡关系等三个方面进行综合考虑。这种研究方法也是材料力学中通用的研究方法。

1. 变形几何关系

（1）观察受扭圆轴的变形　为了便于观察，如图 4-13a 所示，在圆轴表面画上纵向线和横向线（圆周线）。在外力矩作用下圆轴变形如图 4-13b 所示，可看到下面现象：

圆周线：圆周线之间的距离保持不变。圆周线仍保持圆周线，直径不变，只是转动了一个角度，轴端面保持平面，无翘曲。

纵向线：直线变成螺旋线，保持平行，纵向线与圆周线不再垂直，角度变化为 γ。

（2）平面假设　根据看到的变形，假定内部变形也如此。从而提出平面假设：圆轴横截面始终保持平面，只是刚性地绕轴线转动一个角度。由平面假设可知，各轴向线段长度不变，$\Delta l = 0$，因而横截面上正应力 $\sigma = 0$；半径为 ρ 的圆周变形后仍是半径为 ρ 的圆周，如同看到的外圆周的变化，所以横截面内同一半径 ρ 各点的切应力方向相同，就是外圆处切应力的方向，即与圆周周线相切，与所在点半径垂直。

如对图 4-14a 所示的受扭圆轴上取长 $\mathrm{d}x$ 一微段（图 4-14b），视左截面为相对静止的面，右截面相对左截面转过 $\mathrm{d}\varphi$ 角。轴表面纵向线段 ab 变为 ab'，切应变 γ；横截面上 b 点位移

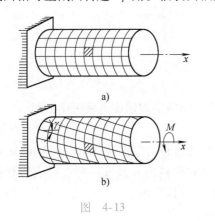

图　4-13

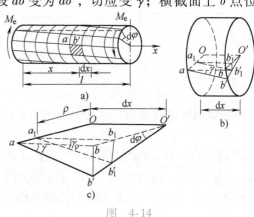

图　4-14

bb'，有

$$\overline{bb'} = \gamma\mathrm{d}x = \frac{d}{2}\mathrm{d}\varphi \tag{a}$$

内部变形同表面所见，如图 4-14c，右截面上半径为 ρ 处的点 b_1 的周向位移 b_1b_1'，有关系式

$$\overline{b_1b_1'} = \gamma_\rho\mathrm{d}x = \rho\mathrm{d}\varphi \tag{b}$$

γ_ρ 是半径 ρ 处纵向线与横向线夹角的变化值，即切应变。上式改写为

$$\gamma_\rho = \rho\frac{\mathrm{d}\varphi}{\mathrm{d}x} = \rho\theta \tag{4-9}$$

$\theta = \mathrm{d}\varphi/\mathrm{d}x$ 称为单位扭转角（unit angle of twist），表示轴扭转变形剧烈的程度。式（4-9）表达了横截面上切应变的分布规律，γ_ρ 与半径 ρ 成正比，如图 4-14c 所示，表示空心圆轴横截面内切应变分布图。

2. 物理关系

由剪切胡克定律可得
$$\tau_\rho = G\gamma_\rho \tag{c}$$

将式（4-9）代入（c），得
$$\tau_\rho = G\rho\frac{\mathrm{d}\varphi}{\mathrm{d}x} \tag{d}$$

上式表明：扭转切应力沿截面径向线性变化。实心圆轴与空心圆轴横截面上的切应力分布规律，如图 4-15 和图 4-16 所示。

式（d）虽然表示了切应力的分布规律，但因式中的 $\mathrm{d}\varphi/\mathrm{d}x$ 尚未知道，要求得切应力，还必须借助圆轴横截面上的静力学关系。

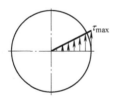

图 4-15

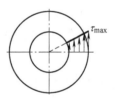

图 4-16

3. 静力学关系

圆轴扭转时，平衡外力偶矩的扭矩，是由横截面上无数的微剪力组成的。如图 4-17 所示，在距圆心为 ρ 的点处，取一微面积 $\mathrm{d}A$，则此微面积上的微剪力为 $\tau_\rho\mathrm{d}A$。各微剪力对轴线之矩的总和为该截面上的扭矩，即

$$\int_A \rho\tau_\rho\mathrm{d}A = T \tag{e}$$

将式（d）代入式（e），则

$$\int_A \rho\tau_\rho\mathrm{d}A = \int_A G\rho^2\frac{\mathrm{d}\varphi}{\mathrm{d}x}\mathrm{d}A = T$$

上式中的 A 是整个横截面的面积，而 G 和 $\dfrac{\mathrm{d}\varphi}{\mathrm{d}x}$ 均为常数，可以将其提到积分号外。得

$$G\frac{\mathrm{d}\varphi}{\mathrm{d}x}\int_A \rho^2\mathrm{d}A = T \tag{f}$$

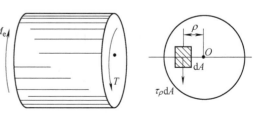

图 4-17

其中，$\int_A \rho^2 \mathrm{d}A$ 是一个只与横截面的几何形状、尺寸有关的量，称为横截面对形心的<u>极惯性矩</u>（polar moment of inertia），用 I_p 表示，即令

$$\int_A \rho^2 \mathrm{d}A = I_\mathrm{p} \tag{4-10}$$

I_p 常用的单位是 cm^4，对于任一已知的截面，I_p 为常数，因此式(f)可写为

$$\frac{\mathrm{d}\varphi}{\mathrm{d}x} = \frac{T}{GI_\mathrm{p}} \tag{4-11}$$

式中的 $\mathrm{d}\varphi/\mathrm{d}x$ 是扭转角沿 x 轴的变化率，GI_p 称为圆轴的<u>抗扭刚度</u>（torsional rigidity），它反映了圆轴抵抗扭转变形的能力。将式(4-11)代入式(d)

$$\tau_\rho = G\rho\,\frac{\mathrm{d}\varphi}{\mathrm{d}x} = \frac{T\rho}{I_\mathrm{p}} \tag{4-12}$$

式(4-12)就是圆轴扭转时横截面上任意点的切应力表达式。式中的 T 为该截面上的扭矩，ρ 为该点到圆心的距离。横截面上圆杆在扭转时任一横截面上最大切应力必然发生在 $\rho = \rho_{\max}$，即该横截面周边各点处。如令 $W_\mathrm{p} = I_\mathrm{p}/\rho_{\max}$，则(4-12)可写为

$$\tau_{\max} = \frac{T}{W_\mathrm{p}} \tag{4-13}$$

式中，W_p 称为<u>抗扭截面模量</u>（wrest resistant section modulus）。

实验表明，圆轴横截面切应力计算公式是正确的。剩下的问题是 I_p 和 W_p 如何计算。

二、圆轴极惯性矩 I_p 和抗扭截面模量 W_p 的计算

圆轴的横截面通常采用实心圆和空心圆两种形状。它们的极惯性矩 I_p 和抗扭截面模量 W_p，都是反映圆轴横截面几何性质的量。计算公式如下：

1. 实心圆截面（图4-18a）

若在距圆心 ρ 处取微面积 $\mathrm{d}A = 2\pi\rho\mathrm{d}\rho$ 实心圆截面的极惯性矩为

$$I_\mathrm{p} = \int_A \rho^2 \mathrm{d}A = 2\pi \int_0^{\frac{D}{2}} \rho^3 \mathrm{d}\rho = \frac{\pi D^4}{32} \tag{4-14a}$$

抗扭截面模量为

$$W_\mathrm{p} = \frac{I_\mathrm{p}}{\rho_{\max}} = \frac{\dfrac{\pi D^4}{32}}{\dfrac{D}{2}} = \frac{\pi D^3}{16} \tag{4-14b}$$

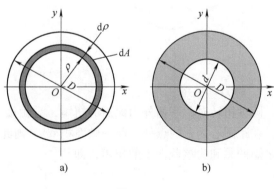

图 4-18

2. 空心圆截面（图4-18b）

同理，空心圆截面的极惯性矩为

$$I_\mathrm{p} = 2\pi \int_{\frac{d}{2}}^{\frac{D}{2}} \rho^3 \mathrm{d}\rho = \frac{\pi}{32}(D^4 - d^4) = \frac{\pi D^4}{32}(1 - \alpha^4) \tag{4-15a}$$

式中，$\alpha = \dfrac{d}{D}$ 为内、外径之比。

抗扭截面模量为

$$W_\mathrm{p} = \frac{I_\mathrm{p}}{\rho_{\max}} = \frac{\pi D^3}{16}(1 - \alpha^4) \tag{4-15b}$$

这里的 α 是内径和外径之比，D 和 d 分别为空心圆截面的外径和内径。

至此，圆轴扭转时横截面上任意点处的切应力便可计算了。

【例4-2】 图4-19a给出了实心轴上沿任意三个径向线的切应力分布，试计算截面上的扭矩。

【解】 截面极惯性矩 $I_p = \pi D^4/32$，则

$$I_p = 9.82 \times 10^6 \text{ mm}^4$$

应用截面上最大扭转应力公式

$$\tau_{max} = T\rho/I_p$$

代入已给出的 $\tau_{max} = 56 \text{ N/mm}^2$ 和 $\rho = 50 \text{ mm}$（图4-19a），则

$$56 \text{ N/mm}^2 = \frac{T \times 50 \text{ mm}}{9.82 \times 10^6 \text{ mm}^4}$$

解得 $T = 11.0 \text{ kN} \cdot \text{m}$

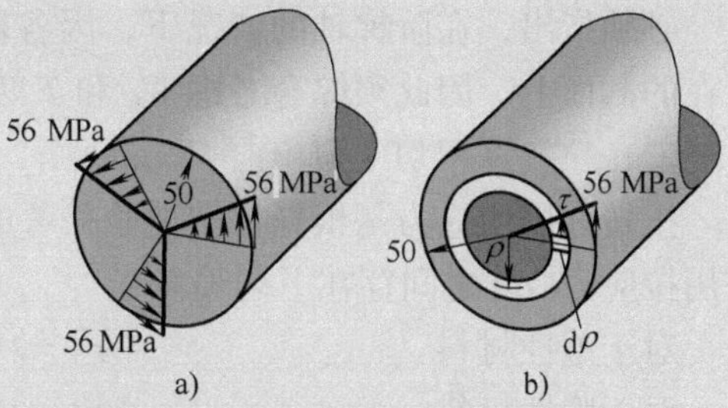

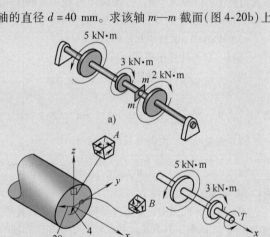

图 4-19

【例4-3】 传动轴的受力情况如图4-20a所示，轴的直径 $d = 40 \text{ mm}$。求该轴 m—m 截面（图4-20b）上 A、B 点处的应力（B 点距中心为 4 mm）。

【解】 （1）计算 m—m 截面上的扭矩 利用截面法（图4-20c），依 $\sum M_x = 0$，有

$$5 \text{ kN} \cdot \text{m} - 3 \text{ kN} \cdot \text{m} + T = 0$$

得 $T = -2 \text{ kN} \cdot \text{m}$

（2）计算 A、B 点处的应力

$$I_p = \frac{\pi d^4}{32} = \frac{\pi \times 0.04^4}{32} \text{ m}^4$$
$$= 25.1 \times 10^{-8} \text{ m}^4$$

$$W_p = \frac{I_p}{R} = \frac{25.1 \times 10^{-8}}{0.02} \text{ m}^3$$
$$= 1255 \times 10^{-8} \text{ m}^3$$

所以

$$\tau_A = \tau_{max} = \frac{|T|}{W_p}$$
$$= \frac{2 \times 10^3}{1255 \times 10^{-8}} \text{ Pa} = 159.4 \times 10^6 \text{ Pa} = 159.4 \text{ MPa}$$

$$\tau_B = \frac{|T|\rho}{I_p} = \frac{2 \times 10^3 \times 0.004}{25.1 \times 10^{-8}} \text{ Pa} = 31.9 \times 10^6 \text{ Pa} = 31.9 \text{ MPa}$$

图 4-20

A、B 点的应力方向如图4-20b所示。

第五节   圆轴扭转时的强度计算

一、圆轴扭转时的强度条件

为了使承受扭转变形的圆轴能正常工作，要求轴内的最大切应力 τ_{max} 必须小于材料的许用切应力 $[\tau]$，因此，圆轴扭转时的强度条件为

$$\tau_{max} \leqslant [\tau] \tag{4-16}$$

显然，等截面圆轴的最大切应力发生在绝对值最大的扭矩所在截面的周边各点处。

此时，$\rho = \rho_{max} = r$，切应力强度条件为

$$\tau_{\max} = \frac{T}{I_p} r = \frac{T}{I_p/r} = \frac{T}{W_p} \le [\tau] \tag{4-17}$$

式中，扭矩 T 为 $|T|_{\max}$；$[\tau]$ 是轴的扭转许用切应力。

必须指出，在阶梯轴的情况下，因各段的 W_p 不同，$\tau_{\max}$ 不一定发生在绝对值最大扭矩所在的截面上。因此须综合考虑 W_p 和 T 两个因素确定阶梯轴中的 $\tau_{\max}$。

二、扭转许用切应力 $[\tau]$ 的确定

扭转许用切应力是根据扭转试验并考虑适当的安全系数确定的。在静载荷作用下，它与许用拉应力 $[\sigma]$ 之间存在下列关系：

对于塑性材料　　　　　　　　　$[\tau] = (0.5 \sim 0.6)[\sigma]$

对于脆性材料　　　　　　　　　$[\tau] = (0.8 \sim 1.0)[\sigma]$

【例 4-4】　解放牌汽车主传动轴 AB（图 4-21），传递的最大扭矩 $T = 1930$ N·m，传动轴外径 $D = 89$ mm，壁厚 $\delta = 2.5$ mm 的钢管制成，材料为 20 号钢，其许用剪应力 $[\tau] = 70$ MN/m²。试校核此轴的强度。

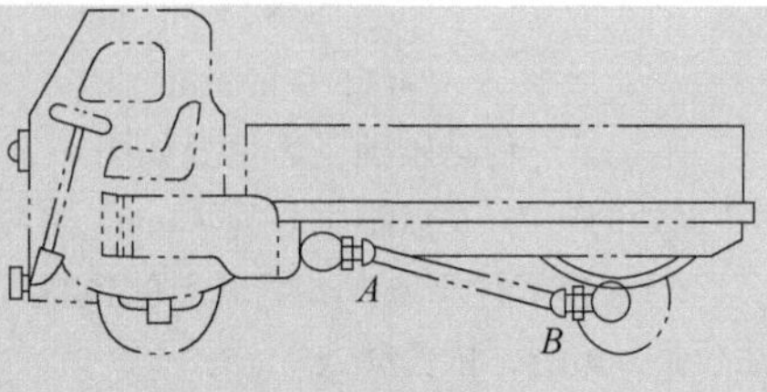

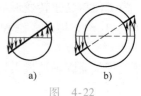

图　4-21

【解】　（1）计算扭矩截面模量

$$\alpha = \frac{d}{D} = \frac{8.9 - 2 \times 0.25}{8.9} = 0.945$$

得

$$W_p = \frac{\pi \times 8.9^3}{16}(1 - 0.945^4) \text{ cm}^3 = 28.1 \text{ cm}^3$$

（2）强度校核　由强度条件式（4-17）

$$\tau_{\max} = \frac{T}{W_p} = \frac{1930}{28.1 \times 10^{-6}} \text{ N/m}^2 = 68.7 \times 10^6 \text{ N/m}^2 = 68.7 \text{ MN/m}^2 < [\tau]$$

所以 AB 轴满足强度条件。

（3）讨论　此例中，如果传动轴不用钢管而采用实心圆轴，使其与钢管有同样的强度（即两者的最大应力相同），试确定其直径，并比较实心轴和空心轴的重量。由

$$\tau_{\max} = \frac{T}{W_p} = \frac{T}{\pi d^3/16} = 68.7 \times 10^6 \text{ N/m}^2$$

可得

$$d = \sqrt[3]{\frac{1930 \times 16}{\pi \times 68.7 \times 10^6}} \text{ m} = 0.0523 \text{ m}$$

实心轴横截面面积为

$$A_实 = \frac{\pi d^2}{4} = \frac{\pi \times 0.0523^2}{4} \text{ m}^2 = 21.5 \times 10^{-4} \text{ m}^2$$

空心轴截面面积为

$$A_空 = \frac{\pi (D^2 - d^2)}{4} = \frac{\pi}{4}(89^2 - 84^2) \times 10^{-6} \text{ m}^2 = 6.79 \times 10^{-4} \text{ m}^2$$

在两轴长度相等，材料相同的情况下，两轴重量之比等于截面面积之比，得

$$\frac{G_空}{G_实} = \frac{A_空}{A_实} = \frac{6.79}{21.5} = 0.316$$

由此可见，在材料相同，载荷相同的条件下，空心轴的重量只有实心轴的 31.6%，其减轻重量节约材料是非常明显的。这是因为圆轴扭转时横截面上的切应力沿半径按线性规律分布（图 4-22a），当截面边缘处的最大切应力达到许用切应力值时，圆心附近各点处的切应力还很小，这部分材料没有充分发挥作

a)　　　　b)

图　4-22

用。如果将轴心附近的材料移向边缘处，即制成空心轴（图 4-22b），同样的截面面积，其 I_p 和 W_p 都将大幅增大，从而大大提高了轴的承载能力，充分利用材料。因此，工程中应尽量采用空心圆轴。

第六节　扭转变形和刚度条件

一、圆轴扭转时的变形计算

圆轴的扭转变形，是以两横截面间相对的扭转角来度量的，如图 4-23 所示的等截面直轴 AB，长为 l_{AB}，两端受到外力偶 M 的作用，显然，圆轴 AB 要发生扭转变形。前已提及，圆轴扭转时的变形可用相对转角 φ 来度量，由第四节中式（4-11）可得

$$\mathrm{d}\varphi = \frac{T}{GI_p}\mathrm{d}x \qquad (4\text{-}18a)$$

将式（4-18a）沿轴线 x 积分，即可求得距离为 l 的两个横截面 A、B 之间的<u>相对转角</u>（relative angle）φ_{AB} 为

$$\varphi_{AB} = \int_{x_A}^{x_B}\mathrm{d}\varphi = \int_{x_A}^{x_B}\frac{T}{GI_p}\mathrm{d}x \qquad (4\text{-}18b)$$

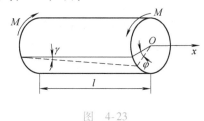

图 4-23

对等截面直轴 AB 来说，在 AB 段里若扭矩 T 是常数，且横截面形状也不变化，I_p 也是常数，可提到积分号外，此时长为 l_{AB} 轴的两端面的相对扭转角 φ_{AB} 可表示为

$$\varphi_{AB} = \frac{Tl_{AB}}{GI_p}$$

或写成一般式

$$\varphi = \frac{Tl}{GI_p} \qquad (4\text{-}19)$$

式（4-19）就是等直圆轴扭转变形的计算公式。

用式（4-19）计算得到的 φ，其单位是弧度，当工程上需要用角度表示时，应再乘 180°/π。图 4-23 所示的等截面直轴 AB，若 A 面不转动的话，φ_{AB} 就是 B 面的扭转角 φ_B（角位移）。

【例 4-5】　一等直钢制传动轴（图 4-24），材料的切变模量 $G = 80$ GPa。试计算扭转角 φ_{AB}、φ_{BC}、φ_{AC}。

【解】　在计算 φ_{AB} 和 φ_{BC} 时，可直接应用公式（4-18b），因为在 BC 段和 BA 段分别有常量的扭矩。但计算 φ_{AC} 时，就必须利用 φ_{AB} 和 φ_{BC} 来求得。

（1）计算扭矩　用截面法并按扭矩正、负号的规定，可算得 AB、BC 段任一横截面上的扭矩为

$$T_{AB} = +1000 \text{ N} \cdot \text{m}$$

$$T_{BC} = -500 \text{ N} \cdot \text{m}$$

由此可作扭矩图（图 4-24）。

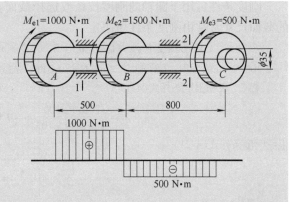

图 4-24

（2）A 轮对 B 轮的扭转角

$$I_p = \pi d^4 / 32 = \pi \times (35 \times 10^{-3})^4 / 32 \ m^4 = 1.47 \times 10^{-7} \ m^4$$

$$\varphi_{AB} = \frac{T_{AB} l_{AB}}{GI_p} = \frac{1000 \times 500 \times 10^{-3}}{80 \times 10^9 \times 1.47 \times 10^{-7}} \ rad = 4.25 \times 10^{-2} \ rad$$

（3）B 轮对 C 轮的扭转角为

$$\varphi_{BC} = \frac{T_{BC} l_{BC}}{GI_p} = \frac{-500 \times 800 \times 10^{-3}}{80 \times 10^9 \times 1.47 \times 10^{-7}} \ rad = -3.40 \times 10^{-2} \ rad$$

（4）A 轮对 C 轮的扭转角　　计算 φ_{AC}，只需将 φ_{BC}、φ_{BA} 代数相加，即可求得 A 轮、C 轮之间的扭转角

$$\varphi_{AC} = \varphi_{AB} + \varphi_{BC} = (4.25 \times 10^{-2} - 3.40 \times 10^{-2}) \ rad = 8.5 \times 10^{-3} \ rad$$

二、刚度条件

强度条件仅保证构件不破坏，要保证构件正常工作，有时还要求扭转变形不要过大，即要求构件必须有足够的刚度。通常规定受扭圆轴的最大单位扭转角 $|\theta|_{max}$ 不得超过规定的许用单位扭转角 $[\theta]$，因此刚度条件可写为

$$|\theta|_{max} = \frac{|T|_{max}}{GI_p} \leqslant [\theta] \tag{4-20}$$

式中，θ 的单位是弧度/米（rad/m），而工程上 $[\theta]$ 的单位常用度/米（°/m）表示，因此刚度条件也可写为

$$|\theta|_{max} = \frac{|T|_{max}}{GI_p} \times 180° / \pi \leqslant [\theta] \tag{4-21}$$

圆轴 $[\theta]$ 的数值，可根据轴的工作条件和机器的精度要求，按实际情况从有关手册中查得

这里列举常用的一般数据：

精密机械的轴　　　　$[\theta] = 0.25 \sim 0.5 \ (°/m)$

一般传动轴　　　　　$[\theta] = 0.5 \sim 1.0 \ (°/m)$

精密较低传动轴　　　$[\theta] = 2 \sim 4 \ (°/m)$

这里仍需指出，式（4-21）是对等截面轴刚度条件，对于阶梯轴，其 θ_{max} 值还可能发生在较细的轴段上，要加以比较判断。

刚度条件可用于圆轴的刚度校核或选择截面。对于要求精密的轴，其 $[\theta]$ 值较小，故它的截面尺寸常常由刚度条件所决定。

【例 4-6】　传动轴受到外力偶矩 $M_e = 2\,300 \ N \cdot m$ 的作用，若 $[\tau] = 40 \ MN/m^2$，传动轴受到扭矩 $T = 2\,300 \ N \cdot m$ 的作用，$[\theta] = 0.8°/m$，$G = 80 \ GPa$，试按强度条件和刚度条件设计轴的直径。

【解】　根据强度条件式（4-17）

$$d \geqslant \sqrt[3]{\frac{16 \times 2300}{\pi \times 40 \times 10^6}} \ m = 0.0664 \ m = 66.4 \ mm$$

根据刚度条件式（4-21）

$$\theta_{max} = \frac{T}{GI_p} \times \frac{180°}{\pi} \leqslant [\theta]$$

将 $I_p = \dfrac{\pi d^4}{32}$ 代入，得

$$d \geqslant \sqrt[4]{\frac{32 T \times 180°}{G \pi^2 [\theta]}} = \sqrt[4]{\frac{32 \times 2300 \times 180°}{80 \times 10^9 \times \pi^2 \times 0.8}} \ m = 0.0677 \ m = 67.7 \ mm$$

为了同时满足强度和刚度的要求，应在两个直径中选择较大者，即取轴的直径 $d = 68$ mm。

【例4-7】 钢制空心圆轴的外径 $D = 100$ mm，内径 $d = 50$ mm。若要求轴在 2 m 长度内的最大相对扭转角不超过 $1.5°$，材料的剪切弹性模量 $G = 80.4$ GPa。①求该轴所能承受的最大扭矩。②确定此时轴内的最大切应力。

【解】 （1）确定轴所能承受的最大扭矩 由已知条件，单位长度的许用扭转角为

$$[\theta] = \frac{1.5°}{2\ m} = \frac{1.5°}{2} \times \frac{\pi}{180°}\ \text{rad/m}$$

空心轴横截面的极惯性矩

$$I_p = \frac{\pi D^4}{32}(1 - \alpha^4), \quad \alpha = \frac{d}{D} = \frac{50}{100} = 0.5$$

由刚度条件

$$\theta = \frac{T}{GI_p} \leqslant [\theta]$$

得

$$T \leqslant [\theta]GI_p = \frac{1.5}{2} \times \frac{\pi}{180°} \times 80.4 \times 10^9 \times \frac{\pi \times 100^4 \times 10^{-12}}{32}(1 - 0.5^4)\ \text{N} \cdot \text{m}$$

$$T \leqslant 9.688 \times 10^3\ \text{N} \cdot \text{m} = 9.688\ \text{kN} \cdot \text{m}$$

（2）轴承受最大扭矩时，横截面上的最大切应力

$$\tau_{max} = \frac{T}{W_p} = \frac{T}{\pi D^3(1 - \alpha^4)/16} = \frac{16 \times 9.688 \times 10^3}{\pi \times 100^3 \times 10^{-9}(1 - 0.5^4)}\ \text{Pa} = 52.6\ \text{MPa}$$

最后特别提醒，以上导出的扭转切应力公式和扭转变形公式等，仅适用于圆形截面的受扭构件，且最大切应力不超过材料剪切比例极限的情况。因非圆截面杆扭转时，横截面发生了翘曲，平面假设不再成立，所以公式不再适用。

*第七节　圆柱形密圈螺旋弹簧

圆柱形密圈螺旋弹簧在工程中应用甚广，它可用于缓冲减振，如车辆轮轴上的弹簧；又可用于控制机械运动，如内燃机的气门弹簧等；还可用以测力，如弹簧秤等。

螺旋弹簧丝的轴线是一空间螺旋线（图4-25a），其应力和变形的精确分析比较复杂。但当螺旋角 α 很小，例如 $\alpha < 5°$ 时，便可不计 α 的影响，认为簧丝横截面与弹簧轴线（亦即与 F 力）在同一平面内。这种弹簧称为密圈螺旋弹簧(tightly coiled helical spring)。此外，当簧丝横截面的直径 d 远小于弹簧圈的平均直径 D 时，还可不计簧丝曲率的影响，近似地使用直杆公式。以下讨论就以上述简化为基础。

一、弹簧丝横截面上的应力

以簧丝横截面将弹簧分成两部分，截面以上部分如图 4-25b 所示。如上所述，可认为 F 与簧丝横截面在同一平面内。为保持截出部分的平衡，要求横截面上有一个与截面相切的内力系。这个内力系简化成一个通过截面形心的力 F_Q（即剪力）和一个矩为 T 的力偶（即扭矩）。由平衡方程

$$F_Q = F, \quad T = FD/2 \tag{a}$$

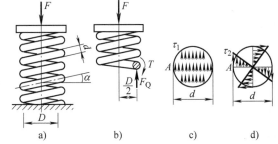

图 4-25

与剪力 F_Q 对应的切应力 τ_1 可认为均匀分布于横截面上，即

$$\tau_1 = F_Q/A = 4F/\pi d^2 \tag{b}$$

与扭矩 T 对应的切应力 τ_2 可用圆截面直杆扭转公式计算

$$\tau_{2,max} = \frac{T}{W_p} = \frac{8FD}{\pi d^3} \tag{c}$$

τ_1 和 τ_2 的分布状况已分别表示于图 4-26c 和图 4-26d 中。在横截面的任意点上，总的切应力是剪切和

扭转两种切应力的矢量和。在靠近轴线的内侧点 A，切应力为最大值，且

$$\tau_{max} = \tau_1 + \tau_{2,max} = \frac{8FD}{\pi d^3}\left(\frac{d}{2D} + 1\right) \tag{d}$$

式中，括号内的第一项代表剪切的影响，当 $\frac{D}{d} \geqslant 10$ 时，$\frac{d}{2D}$ 与 1 相比不超过 5% ，一般可以忽略，即

$$\tau_{max} = \frac{8FD}{\pi d^3} \tag{4-22}$$

以上分析中，用直杆扭转公式计算 τ_2，未考虑簧丝实际上是一根曲杆，这在 D/d 较小时会引起较大误差。还有，认为剪切引起的切应力 τ_1 在截面上均匀分布也是一个假定。在考虑了簧丝曲率和 τ_1 并非均匀分布这两个因素后，求得计算最大切应力的修正公式如下：

$$\tau_{max} = \left(\frac{4c-1}{4c-4} + \frac{0.615}{c}\right)\frac{8FD}{\pi d^3} = \kappa\,\frac{8FD}{\pi d^3} \tag{4-23}$$

式中

$$c = \frac{D}{d},\ \kappa = \frac{4c-1}{4c-4} + \frac{0.615}{c} \tag{e}$$

c 称为弹簧指数（spring index），κ 称为曲度因数（curvature factor），是对近似公式（4-22）的一个修正因数。c 越小则 κ 越大。当 $c = 4$ 时，$\kappa = 1.40$。这表明如按公式（4-22）计算，误差将高达 40% 。

以上分析表明，弹簧危险点处于纯剪切应力状态，所以，弹簧的强度条件为

$$\tau_{max} \leqslant [\tau] \tag{4-24}$$

式中，$[\tau]$ 为弹簧丝的许用切应力。簧丝一般用高强度弹簧钢制成，其许用切应力 $[\tau]$ 的数值颇高，约在 210 ~ 690 MPa 之间。

二、弹簧变形计算

弹簧在轴向压力（或拉力）作用下，轴线方向的压缩（或伸长）量 λ 就是弹簧的变形（图 4-26a）。试验表明，在线弹性范围内压力 F 与变形 λ 成正比，即 F 与 λ 的关系是一斜直线（图 4-26b）。早期的胡克定律就是这样表述的。当 F 从零增加到最终值时，它所做的功等于斜直线下的面积，即

$$W = \frac{1}{2}F\lambda$$

根据能量原理，可以推导（略）出计算弹簧变形的公式如下：

$$\lambda = \frac{8FD^3n}{Gd^4} = \frac{64FR^3n}{Gd^4} \tag{4-25}$$

式中，$R = D/2$ 是弹簧圈的平均半径。

令

$$k = \frac{Gd^4}{8D^3n} = \frac{Gd^4}{64R^3n} \tag{4-26}$$

则式（4-25）可以写成

$$\lambda = \frac{F}{k} \tag{4-27}$$

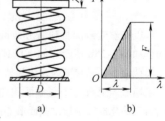

图 4-26

显然 F 一定时，k 越大则 λ 越小，所以 k 代表弹簧抵抗变形的能力，称为弹簧刚度（spring rate）。从式（4-27）可看出，如希望弹簧有较好的减振与缓冲作用，即要求它有较大的变形和比较柔软时，应使簧丝直径尽可能小一些。此外，增加圈数 n 和加大平均直径 D，都可以取得增加 λ 的效果。

【例 4-8】 某柴油机气门弹簧的簧圈平均半径 $R = 18$ mm，簧丝横截面直径 $d = 4$ mm，有效圈数 $n = 5$。弹簧工作时总压缩变形（包括预压变形）为 $\lambda = 18.5$ mm。材料的 $[\tau] = 350$ MPa，$G = 80$ GPa。试校核弹簧的强度。

【解】 由式（4-25）求出弹簧所受压力为

$$F = \frac{\lambda Gd^4}{64R^3n} = \frac{(18.5 \times 10^{-3}\ \text{m})(80 \times 10^9\ \text{Pa})(4 \times 10^{-3}\ \text{m})^4}{64 \times (18 \times 10^{-3}\ \text{m})^3 \times 5} = 203\ \text{N}$$

由 R 及 d 求出

$$c = \frac{D}{d} = \frac{2R}{d} = \frac{2 \times (18 \times 10^{-3} \text{ m})}{4 \times 10^{-3} \text{ m}} = 9$$

代入式(e)求出

$$\kappa = \frac{4 \times 9 - 1}{4 \times 9 - 4} + \frac{0.615}{9} = 1.16$$

由式(4-23)

$$\tau_{\max} = \kappa \frac{8FD}{\pi d^3} = 1.16 \times \frac{8 \times (203 \text{ N})(2 \times 18 \times 10^{-3} \text{ m})}{\pi (4 \times 10^{-3} \text{ m})^3} = 337 \times 10^6 \text{ Pa} = 337 \text{ MPa} < [\tau]$$

弹簧满足强度要求。

*第八节　矩形截面杆扭转理论简介

工程实际中也能遇到非圆截面杆的情况，其中较常见的是矩形截面。现在简要讨论矩形截面杆的自由扭转(Free torsion)问题。

前面讨论圆截面杆的扭转时，注意到变形前和变形后其圆截面的平面特征并没有改变，半径仍保持为直线。对于矩形截面杆(图 4-27a)，在扭转时其横截面不再保持为平面，而发生翘曲(图 4-27b)。因此，由圆截面杆扭转时根据平面假设导出的公式对于非圆截面杆扭转就不再适用了。本节将对矩形截面杆在自由扭转时的应力及变形作一简单介绍。

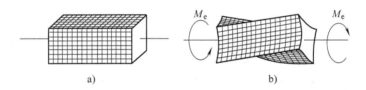

图　4-27

矩形截面杆自由扭转时，横截面上的切应力分布如图 4-28 所示，它具有以下特点：
（1）截面周边的切应力方向与周边平行；
（2）角点的切应力为零；
（3）最大的切应力发生在长边的中点处，其计算式为

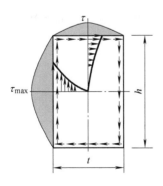

图　4-28

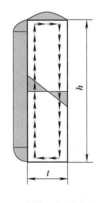

图　4-29

$$\tau_{\max} = \frac{T}{\alpha h t^2} \tag{4-28}$$

单位长度扭转角的计算公式为

$$\theta = \frac{T}{\beta G h t^3} \tag{4-29}$$

式中，T 为杆横截面上的扭矩；t 为矩形截面短边长度；h 为矩形截面长边长度；G 为切变模量；α、β 为与截面的边长比 h/t 有关的系数，其值可查表 4-2。

当矩形截面的 $h/t > 10$ 时（狭长矩形），由表 4-2 可查得 $\alpha = \beta = 0.333$，可近似地认为 $\alpha = \beta = 1/3$。于是横截面上长边中点处的最大切应力为

表 4-2　矩形截面杆扭转的系数 α、β

$\dfrac{h}{t}$	1.0	1.2	1.5	2.0	2.5	3.0	4.0	6.0	8.0	10.0	∞
α	0.208	0.219	0.231	0.246	0.258	0.267	0.282	0.299	0.307	0.313	0.333
β	0.141	0.166	0.196	0.229	0.249	0.263	0.281	0.299	0.307	0.313	0.333

$$\tau_{\max} = \frac{T}{\dfrac{1}{3} h t^2} \tag{4-30}$$

这时，横截面周边上的切应力分布规律如图 4-29 所示。

而杆件的单位扭转角则为

$$\theta = \frac{T}{\dfrac{1}{3} h t^3 G} \tag{4-31}$$

【例 4-9】　某柴油机曲轴的曲柄中，横截面 m—m 可认为是矩形（图 4-30）。其扭转切应力近似地按矩形截面杆受扭计算。若 $b = 22$ mm，$h = 102$ mm，且已知该截面上的扭矩为 $T = M_e = 281$ N·m。试求该截面上的最大切应力。

【解】　由截面 m—m 的尺寸求得

$$\frac{h}{b} = \frac{102 \text{ mm}}{22 \text{ mm}} = 4.64$$

利用直线插值法和表 4-2 中的数值，求出

$$\alpha = 0.287$$

于是由式（4-28）得

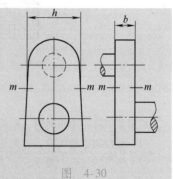

图 4-30

$$\tau_{\max} = \frac{T}{\alpha h b^2} = \frac{281 \text{ N·m}}{0.287 \times (102 \times 10^{-3} \text{ m}) \times (22 \times 10^{-3} \text{ m})^2} = 19.8 \times 10^6 \text{ Pa} = 19.8 \text{ MPa}$$

思 考 题

1. 扭转的受力和变形各有何特点？

2. 试判别如图 4-31 所示各圆杆分别发生什么变形。

3. 轴的转速、所传递功率和外力偶矩之间有何关系，各物理量应选取什么单位？

4. 何谓扭矩？扭矩的正负号是如何规定的？怎样计算扭矩？怎样作扭矩图？

5. 切应力互等定理的条件和结论各是什么？

6. 何谓剪切胡克定律？该定律的应用条件是什么？

7. 圆轴扭转时横截面上的切应力是如何分布的？圆轴扭转切应力公式是如何建立的？其应用条件是什么？

8. 怎样计算圆截面的极惯性矩和抗扭截面系数？两者的量纲各是什么？

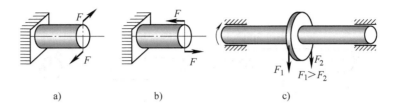

图　4-31

9. 空心圆轴的外径为 D，内径为 d；抗扭截面模量能否用下式计算？为什么？

$$W_p = \pi D^3/16 - \pi d^3/16$$

10. 从扭转强度考虑，为什么空心圆截面轴比实心轴更合理？

11. 何谓扭转角？如何计算圆轴的扭转角？扭转角的单位是什么？

12. 应用圆轴扭转刚度条件时应注意什么？

13. 矩形截面受扭时，横截面上的切应力分布有何特点？最大切应力发生在什么地方？其值如何计算？

习　题

4-1　试求题 4-1 图所示各轴 1—1、2—2 截面上的扭矩，并在各截面表示出扭矩的转向。

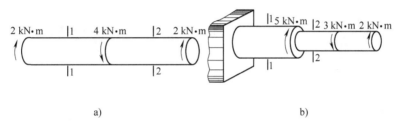

题　4-1 图

4-2　试作题 4-2 图所示各轴的扭矩图。

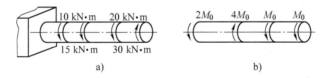

题　4-2 图

4-3　一直径为 $d = 20$ mm 的钢轴，若 $[\tau] = 100$ MN/m^2，求此轴能承受的扭矩。如转速为 100 转/分，求此轴能传递的功率是多少 kW。

4-4　题 4-4 图所示为圆杆横截面上的扭矩，试画出截面上与 T 对应的切应力分布图。

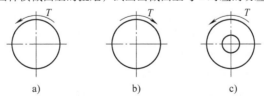

题　4-4 图

4-5　如题 4-5 图所示实心圆轴的直径 $d = 100$ mm，长 $l = 1$ m，两端受力偶矩 $M = 14$ kN·m 作用，设材料的切变模量 $G = 80$ GPa，求：

（1）最大切应力及两端截面间的相对扭转角；

（2）图示截面上 A、B、C 三点切应力的数值及方向。

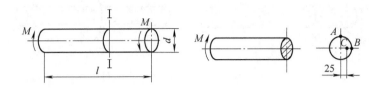

题 4-5 图

4-6　题 4-6 图所示粗细管两钢管通过一过渡连接器连接于 B 点。细管外径为 15 mm，内径为 13 mm；粗管外径为 20 mm，内径为 17 mm。若管在 C 处固定于墙上，试求在图示手柄力的作用下，每段管内的最大切应力。

4-7　题 4-7 图所示空心轴外径为 25 mm，内径为 20 mm，承受的外力偶矩如图示。假设 A、B 两处的支撑轴承不产生阻力偶矩。试求：(1)该轴上的最大切应力；(2)试绘出轴上 EA 段任一横截面沿径向的切应力分布图。

题 4-6 图　　　　　　　　　　　　题 4-7 图

4-8　题 4-8 图所示的实心钢轴 AB，从与其相连的电动机上传递功率 3 750 W。若轴的转动的角速度 $\omega = 18.33$ rad/s，钢的许用切应力 $[\tau] = 100$ MPa，试确定该轴所需的直径。

4-9　题 4-9 图所示轴上的齿轮承受扭矩作用。试求齿轮 C 相对于齿轮 B 的扭转角。已知轴实心，直径为 36 mm，$G = 76$ GPa。

题 4-8 图　　　　　　　　　　　　题 4-9 图

4-10　题 4-10 图所示的钢轴由空心轴 AB 和 CD 以及实心轴 BC 构成，光滑轴承允许其自由转动。若在 A、D 端作用 85 N·m 的力偶矩，试求实心部分 B 端相对于 C 端的扭转角。已知空心轴外径为 30 mm，内径为 20 mm，实心轴直径为 40 mm，$G = 75$ GPa。

4-11　阶梯形圆轴直径 $d_1 = 4$ cm，$d_2 = 7$ cm。轴上装有三个皮带轮如题 4-11 图所示。已知由轮 3 输入的功率为 $P_3 = 30\ 000$ W，轮 1 输出的功率为 $P_1 = 13\ 000$ W，轴作匀速转动，转速 $n = 200$ 转/分，材料的许用剪应力 $[\tau] = 60$ MN/m²，$G = 80$ GPa，许用单位扭转角 $[\theta] = 2°/m$。试校核轴的强度和刚度。

4-12　如题 4-12 图所示的传动轴，转速 $n = 500$ r/min，主动轮 A 输入功率 $P_A = 368$ kW，从动轮 B、C 分别输出功率 $P_B = 147$ kW，$P_C = 221$ kW。已知 $[\tau] = 70$ MPa，$[\theta] = 1°/m$，$G = 80$ GPa。(1)试确定 AB 段的直径 d_1 和 BC 段的直径 d_2。(2)若 AB 和 BC 两段选用同一直径，试确定直径 d。(3)主动轮和从动轮应如何安排才比较合理？

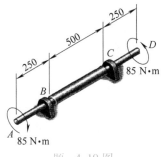

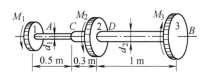

题 4-10 图 题 4-11 图

4-13 如题 4-13 图所示，在一直径为 75 mm 的等截面圆轴上，作用着外力偶矩：$M_1 = 1$ kN · m，$M_2 = 0.6$ kN · m，$M_3 = 0.2$ kN · m，$M_4 = 0.2$ kN · m。

（1）求作轴的扭矩图；

（2）求出每段内的最大切应力；

（3）求出轴两端截面的相对扭转角，设材料的切变模量 $G = 80 \times 10^9$ N/m^2；

（4）若 M_1 和 M_2 的位置互换，试问最大切应力将怎样变化？

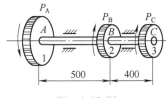

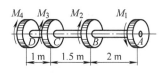

题 4-12 图 题 4-13 图

4-14 材料、横截面积与长度均相同的两根轴，一为圆形截面，一为正方形截面。若作用在轴端的扭力偶矩 M 也相同，试计算上述二轴的最大扭转切应力与扭转变形，并进行比较。

4-15 圆柱形密圈螺旋弹簧，簧丝的直径 $d = 18$ mm，弹簧的平均直径 $D = 125$ mm，材料的 $G = 80$ GPa。如弹簧所受拉力 $F = 500$ N，试求：

（1）簧丝的最大切应力；

（2）要使伸长等于 6 mm，弹簧需要有几圈？

4-16 油泵分油阀门的弹簧丝直径为 2.25 mm，簧圈外径 18 mm，有效圈数 $n = 8$，轴向压力 $F = 89$ N，弹簧材料的 $G = 82$ GPa。试求弹簧的最大切应力和变形 λ。

4-17 拖拉机通过方轴带动悬挂在后面的旋耕机。方轴转速 $n = 720$ r/min，传递的最大功率 $P = 25.7$ kW，截面为 30 mm × 30 mm，材料的 $[\tau] = 100$ MPa。试校核方轴的强度。

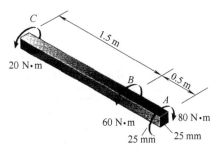

题 4-18 图

4-18 题 4-18 图所示铝棒的截面为 25 mm × 25 mm 的正方形，长为 2 m，试求图示扭矩作用下棒上的最大切应力，以及一端相对于另一端的扭转角。已知 $G = 26$ GPa。

第五章　弯　曲　内　力

弯曲是工程中最常见的一种基本变形。弯曲问题内容十分丰富，篇幅较多，为方便研究，分为三章，即第五、六、七章。本章介绍梁弯曲概念分类，横截面内力的计算及绘制内力图等。

第一节　弯曲和平面弯曲的概念与实例

在机械工程结构中，经常遇到发生弯曲变形的杆件。如图 5-1a 所示桥式吊车的横梁在被吊物体的重力 G 和横梁自重 q 的作用下发生弯曲变形；火车轮轴在车厢重力的作用下发生弯曲变形（图 5-1b）；悬臂管道支架在管道重物作用下发生的变形（图 5-1c）等，都是机械中常见到的弯曲变形的实例。在其他的工程实际和日常生活实践中，也存在着很多弯曲变形的问题，例如房屋建筑的楼面梁，在楼面载荷 q 作用下发生弯曲变形（图 5-2）；跳水运动员站在跳板上，跳板也发生弯曲变形。

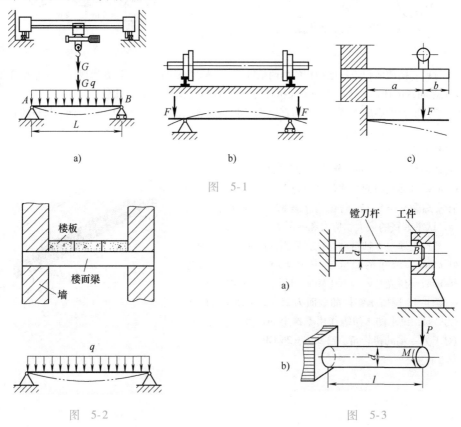

图　5-1

图　5-2　　　　　　　　图　5-3

观察这些杆件，尽管形状各异，加载的方式也不尽相同，但它们所发生的变形却有共同的特点，即所有作用于这些杆件上的外力都垂直于杆的轴线，这种外力称为横向力；在横向力作用下，杆的轴线将弯曲成一条曲线。这种变形形式称为弯曲(bending)。凡是以弯曲变形为主的杆件习惯上称为梁(beams)。某些杆件，如图5-3a所示镗床用镗刀加工工件内孔时，镗刀柄在切削力作用下，不但有弯曲变形，还有扭转变形(图5-3b)。当我们讨论其弯曲变形时，仍然把这类杆件作为梁来处理。工程中的梁，包括结构物中的各种梁，也包括机械中的转轴和齿轮轴等。

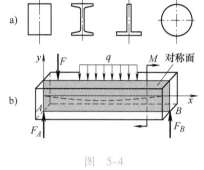

图 5-4

工程中的梁一般都具有纵向对称平面(图5-4a)，当作用于梁上的所有外力(包括支座约束力)都作用在此纵向对称平面(图5-4b)内时，梁的轴线就在该平面内弯成一平面曲线，这种弯曲称为对称弯曲(symmetric bending)或平面弯曲(plane bending)。对称弯曲是弯曲中较简单的情况。本章主要讨论对称弯曲问题。

第二节 梁的计算简图及分类

工程中梁的截面形状、载荷及支承情况都比较复杂，为了便于分析和计算，必须对梁进行简化，包括梁本身的简化、载荷的简化以及支座的简化等。

对于梁的简化，不管梁的截面形状有多复杂，都简化为一直杆，如图5-1~图5-3所示。并用梁的轴线来表示。

一、载荷的简化

作用于梁上的外力(包括载荷和支座约束力)，可以简化为集中力、分布载荷和集中力偶三种形式。当载荷的作用范围较小时，简化为集中力；若载荷连续作用于梁上，则简化为分布载荷，沿梁轴线单位长度上所受到的力称为载荷集度(load sets degrees)，以$q(\text{N/m})$表示；如图5-4所示，集中力偶可理解为力偶的两力分布在很短的一段梁上。

二、支座的简化

最常见的支座及相应约束力如下：

(1) 可动铰支座 如图5-5a所示，可动铰支座仅限制梁支承处垂直于支承平面的线位移，与此相应，仅存在垂直于支承平面的反作用力F_R。在图5-5a中同时还绘出了用铰杆表示的可动铰支座的简图。

(2) 固定铰支座 如图5-5b所示，固定铰支座限制梁在支承处沿任何方向的线位移，因此，相应约束力可用两个分力表示。例如，沿梁轴方向的约束力F_{Rx}与垂直于梁轴的约束力F_{Ry}。

(3) 固定端 如图5-5c所示，固定端限制梁端截面的线位移与角位移，因此，相应约束力可用三个分量表示：沿梁轴方向的约束力F_{Rx}、垂直于梁轴方向的约束力F_{Ry}，以及位于梁轴平面内的约束力偶矩M。

梁的实际支座通常可简化为上述三种基本形式。但是，支座的简化往往与对计算的精度要求、或与所有支座对整个梁的约束情况有关。例如，图5-6a所示的插入砖墙内的过梁，由于插入端较短，因而梁端在墙内有微小转动的可能；此外当梁有水平移动趋势时，其一端将与砖墙接触而限制了梁的水平移动。因此，两个支座可分别简化为固定铰支座和可动铰支座(图 5-6b)。图 5-1b 中车辆轴的支座也具有类似的情况。

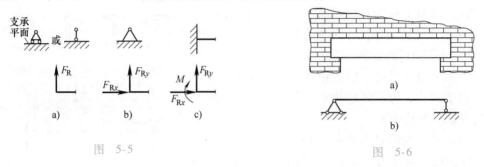

图　5-5　　　　　　　　　　　　　　　图　5-6

从以上的分析可知，如果梁具有 1 个固定端，或具有 1 个固定铰支座和 1 个可动铰支座，则其 3 个约束力可由平面力系的 3 个独立的平衡方程求出，这种梁称为静定梁(statically determinate beam)。图 5-7a、b、c 所示为工程上常见的三种基本形式的静定梁，分别称为简支梁、外伸梁和悬臂梁。如图 5-1a、b、c 所示梁即为这三种梁的实例。梁在两支座间的部分称为跨，其长度则称为梁的跨长。

有时为了工程上的需要，对梁设置较多的支座(图 5-8)，因而梁的支座约束力数目多于独立的平衡方程的数目，此时仅用平衡方程就无法确定其所有的支座约束力，这种梁称为超静定梁(statically indeterminate beam)。关于超静定梁的解法将在第七章中介绍。

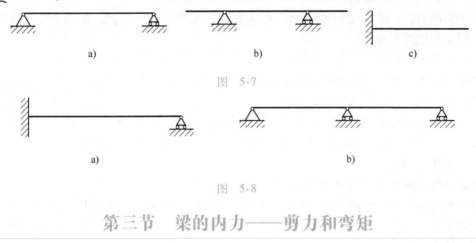

a)　　　　　　　　　　　　b)　　　　　　　　　　　　c)

图　5-7

a)　　　　　　　　　　　　　　　　　　b)

图　5-8

第三节　梁的内力——剪力和弯矩

为了计算梁的应力和变形，首先应该确定梁在外力作用下任意横截面上的内力。为此，应先根据平衡条件求得静定梁在载荷作用下的全部约束力。当作用在梁上的全部载荷(包括外力和支座约束力)均为已知时，用截面法就可以求出任意截面上的内力。

一、求梁截面内力的基本方法——截面法

如图 5-9a 所示的简支梁，已知 $F_1 = 1$ kN，$F_2 = 2$ kN，$l = 5$ m，$a = 1.5$ m，$b = 3$ m。用平面平行力系的平衡方程求得两端支座的约束力 $F_{NA} = 1.5$ kN，$F_{NB} = 1.5$ kN。现欲求距 A 端 $x = 2$ m 处的横截面 m—m 上的内力。用截面法假想将梁沿截面 m—m 截开，分为左右两部分，因为梁原来处于平衡状态，所以截开以后任意一部分也必然处于平衡状态。现取左部分为研究对象，画受力图，如图 5-9b 所示。显然左部分梁在 F_1 和 F_{NA} 的作用下不能保持平衡。

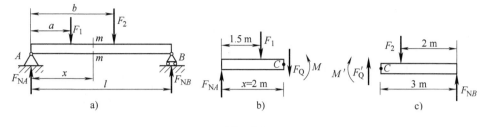

图 5-9

为了保持左部分梁的平衡，截面 m—m 上必然存在两个内力分量：

（1）内力：作用在截面内部与截面相切，其作用线平行于外力，称为剪力（shear force），用 F_Q（或 F_s）表示。

（2）内力偶矩：其作用面垂直于横截面，称为弯矩（bending moment），用 M 表示。

现在讨论剪力和弯矩的求法。确定梁中截面上剪力和弯矩的基本方法仍然是截面法。

剪力 F_Q 和弯矩 M 的大小和方向可根据平面平行力系的平衡方程确定。

由

$$\sum F_y = 0, \quad F_{NA} - F_1 - F_Q = 0$$

得

$$F_Q = F_{NA} - F_1 = 1.5 \text{ kN} - 1 \text{ kN} = 0.5 \text{ kN}$$

由

$$\sum M_C(F) = 0, \quad -F_{NA}x + F_1(x - a) + M = 0$$

得

$$M = F_{NA}x - F_1(x - a)$$
$$= 1.5 \times 2 \text{ kN} \cdot \text{m} - 1 \times (2 - 1.5)\text{kN} \cdot \text{m}$$
$$= 2.5 \text{ kN} \cdot \text{m}$$

如果取右部分梁为研究对象，如图 5-9c 所示，则 m—m 截面上的剪力和弯矩以 F_Q' 和 M' 表示，可以求得 $F_Q' = F_Q = 0.5 \text{ kN}$，$M' = M = 2.5 \text{ kN} \cdot \text{m}$，即它们大小相等、方向相反。这是因为它们之间是作用与反作用的关系。

为了使上述两种算法得到的同一截面上的剪力和弯矩不仅数值相同而且符号也一致，我们把剪力和弯矩的符号规则与梁的变形联系起来，规定如下：

（1）剪力的符号规则：剪力 F_Q 绕保留部分顺时针方向为正（图 5-10a），反之为负（图 5-10b）。

（2）弯矩的符号规则在截面：n—n 处弯曲变形向下凸或使梁的上表面纤维受压时（图 5-11a），截面 n—n 上的弯矩规定为正；反之为负（图 5-11b）。

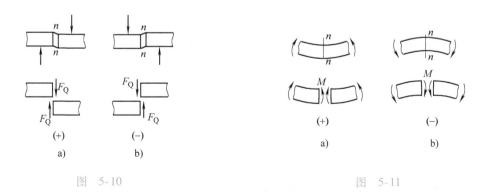

图 5-10   图 5-11

按上述关于符号的规定，任意截面上的剪力和弯矩，无论根据这个截面左侧还是右侧来计算，所得结果的数值和符号都是一样的。

【例 5-1】　求图 5-12a 所示简支梁截面 1—1 及 2—2 剪力和弯矩。

【解】　（1）计算梁的支座约束力　由平衡方程

$$\sum M_A = 0,\ F_B \times 10 - F \times 6 - q \times 10 \times 5 = 0$$

得
$$F_B = 34\ \text{kN}$$

$$\sum F_y = 0,\ F_A + F_B - 40\ \text{kN} - 2 \times 10\ \text{kN} = 0$$

得
$$F_A = 26\ \text{kN}$$

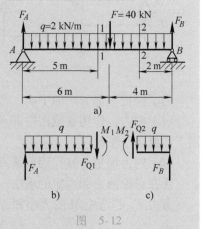

图　5-12

（2）求截面 1—1 的剪力 F_{Q1} 及弯矩 M_1　截面 1—1 左边部分梁段上的外力和截面上正向剪力 F_{Q1} 和正向弯矩 M_1 如图 5-12b 所示，由平衡方程可得

$$F_{Q1} = (26 - 2 \times 5)\ \text{kN} = 16\ \text{kN}$$

$$M_1 = \left(26 \times 5 - 2 \times 5 \times \frac{5}{2}\right)\ \text{kN}\cdot\text{m} = 105\ \text{kN}\cdot\text{m}$$

（3）求截面 2—2 的剪力 F_{Q2} 及弯矩 M_2　截面 2—2 右边部分梁段上外力较简单，故求截面 2—2 的剪力和弯矩时，取该截面的右边梁段为研究对象较适宜。设截面 2—2 上有正向剪力 F_{Q2} 和正向弯矩 M_2，如图 5-12c 所示，由平衡方程可得

$$F_{Q2} = (2 \times 2 - 34)\ \text{kN} = -30\ \text{kN}$$

$$M_2 = (34 \times 2 - 2 \times 2 \times 1)\ \text{kN}\cdot\text{m} = 64\ \text{kN}\cdot\text{m}$$

F_{Q2} 得负值，说明与图示假设方向相反，即为负剪力。

由上面的例子可以总结出计算梁的内力—剪力 F_Q 和弯矩 M 的一般步骤如下：

（1）用假想截面从被指定的截面处将梁截为两部分；

（2）以其中任意部分为研究对象，在截开的截面上按 F_Q 和 M 的符号规则先假设为正，画出未知的 F_Q 和 M 的方向；

（3）应用平衡方程 $\sum F_y = 0$ 和 $\sum M_O = 0$，计算 F_Q 和 M 的值，其中 O 点一般取截面的形心；

（4）根据计算结果，结合题意判断 F_Q 和 M 的方向。

二、直接由外力求剪力和弯矩的方法

由上例可以看出，用截面法求梁任意截面上的剪力和弯矩时一般比较繁琐。然而根据截面法求得任意截面上的剪力和弯矩的结果，可以得到下述两个规律：

（1）某一截面的剪力等于此截面一侧（左侧或右侧）所有外力（包括载荷和约束力）沿着与杆轴垂直方向投影的代数和，即 $F_Q = \sum F_{一侧}$。

（2）某一截面的弯矩等于此截面一侧（左侧或右侧）所有外力（包括载荷和约束力）对此截面形心的力矩的代数和，即 $M = \sum \left(m_O(F)_{一侧}\right)$。

这样我们就可以利用这两个规律，直接写出任意截面上的剪力和弯矩。

为了使所求得的剪力和弯矩的正负号也符合上述规定，应注意：

（1）按此规律列剪力计算式时，"凡截面左侧梁上所有向上的外力，或截面右侧梁上所有向下的外力，都将产生正的剪力，故均取正号；反之为负"。

（2）在列弯矩计算式时，"凡截面左侧梁上外力对截面形心之矩为顺时针转向，或截面右侧外力对截面形心之矩为逆时针转向，都将产生正的弯矩，故均取正号；反之为负"。

上述这个规则可以概括为"左上右下，剪力为正；左顺右逆，弯矩为正"的口诀。

利用上述规律，在求弯曲内力时，可不再列出平衡方程，而是直接根据截面左侧或右侧梁上的外力来确定横截面上的剪力和弯矩，从而简化了求内力的计算步骤。

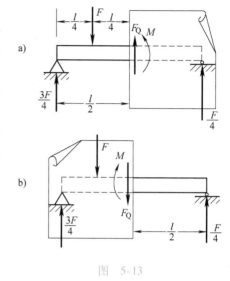

例如图 5-13a 所示的简支梁，已知所受载荷为 F，并且已求得左、右端的支座约束力分别为 $3F/4$ 和 $F/4$。若用这一方法求中间截面的剪力和弯矩时，如欲取左段梁为研究对象，只需假想用一张纸将右段盖住（图 5-13a）根据左段梁上的外力，即可直接写出

$$F_Q = (3F/4) - F = -F/4$$
$$M = (3F/4) \times (l/2) - Fl/4 = Fl/8$$

如欲取右段梁为研究对象，可假想将左段梁盖住（图 5-13b），也可直接得出

$$F_Q = (F/4) - F = -F/4$$
$$M = (F/4) \times (l/2) = Fl/8$$

图 5-13

可见计算过程简化了不少。

【例 5-2】 外伸梁受载如图 5-14 所示，已知 q、a。试求图中各指定截面上的剪力和弯矩。图中截面 2、3 分别为约束力（F_A）作用处的左、右邻截面（即面 2、3 间的间距趋于无穷小量），截面 4、5 亦为集中力偶矩 M_{T0} 的左、右邻截面。截面 6 为约束力（F_B）作用处的左邻截面。

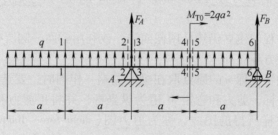

图 5-14

【解】 （1）求支反力 设支反力 F_A 和 F_B 均向上，由平衡方程 $\sum M_B(F) = 0$ 和 $\sum M_A(F) = 0$，得 $F_A = -5qa$，$F_B = qa$。F_A 为负值，说明其实际方向与原设方向相反。

（2）求指定截面上的剪力和弯矩 考虑 1—1 截面左段上的外力，得

$$F_{Q1} = qa$$
$$M_1 = qa\frac{a}{2} = \frac{qa^2}{2}$$

考虑 2—2 截面左段上的外力，得

$$F_{Q2} = 2qa$$
$$M_2 = 2qaa = 2qa^2$$

考虑 3—3 截面左段上的外力，得

$$F_{Q3} = 2qa + F_A = 2qa + (-5qa) = -3qa$$
$$M_3 = 2qaa + F_A \times 0 = 2qa^2$$

考虑 4—4 截面右段上的外力，得

$$F_{Q4} = -qa - F_B = -qa - qa = -2qa$$

$$M_4 = F_B a + \frac{qaa}{2} - M_{T0} = qa^2 + \frac{qa^2}{2} - 2qa^2 = -\frac{qa^2}{2}$$

考虑 5—5 截面右段上的外力，得

$$F_{Q5} = -qa - F_B = -qa - qa = -2qa$$

$$M_5 = F_B a + qa\,\frac{a}{2} = qaa + \frac{qa^2}{2} = \frac{3}{2}qa^2$$

考虑 6—6 截面右段上的外力，得

$$F_{Q6} = -F_B = -qa$$

$$M_6 = 0$$

第四节　剪力图和弯矩图

由以上的分析计算可以看出，一般来说，弯曲时任一截面上既有剪力 F_Q，又有弯矩 M。而且不同的截面上有不同的剪力和弯矩，情况是比较复杂的。为了了解全梁中剪力和弯矩变化情况并获得梁中最大剪力和最大弯矩，一般需画剪力图和弯矩图。绘制梁的剪力图和弯矩图方法很多，本节先介绍绘制的基本方法——列出梁的剪力和弯矩方程，按方程绘图。

如果以横坐标 x 表示横截面在梁轴线上的位置，则各横截面上的剪力和弯矩，可以表示为 x 的函数，即

$$F_Q = F_Q(x)\,; \quad M = M(x)$$

以上函数式分别称为梁的<u>剪力方程</u>（equation of shear force）和<u>弯矩方程</u>（equation of bending moment）。

剪力方程和弯矩方程的建立仍然是用截面法，或利用截面一侧所有外力直接写出任意梁段上的剪力方程和弯矩方程。

在列方程时，一般将坐标 x 的原点取在梁的左端。作图时，要选择一个适当的比例尺，以横截面位置 x 为横坐标，剪力和弯矩 M 值为纵坐标，并将正剪力和正弯矩画在 x 轴的上边。负的画在下面，这样所得的图线，称为<u>剪力图</u>（shear force diagram）和<u>弯矩图</u>（bending moment diagram）。

下面用例题来说明这个方法。

【例 5-3】　如图 5-15a 所示，一悬臂梁 AB 在自由端受集中力 F 作用。试作此梁的剪力图和弯矩图。

【解】　（1）列剪力方程和弯矩方程　以梁左端 A 点取作坐标原点，在求此梁距离左端为 x 的任意横截面上剪力和弯矩时，不必求出梁支座约束力，而可根据截面左侧梁的平衡求得

$$F_Q = -F \quad (0 < x < l) \tag{a}$$

$$M = -Fx \quad (0 \le x < l) \tag{b}$$

式（a）和式（b）这就是此梁的剪力方程和弯矩方程。

（2）画剪力图和弯矩图　式（a）表明，剪力 F_Q 与 x 无关，故剪力图是水平线（图 5-15c）；式（b）表明，弯矩 M 是 x 的一次函数，故弯矩图是一条倾斜直线，需要由图线的两个点来

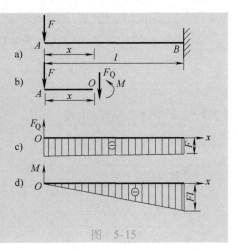

图　5-15

确定这条直线。当 $x=0$ 时，$M=0$；当 $x=l$ 时，$M=-Fl$（图 5-15d）。由此可画出梁的剪力图和弯矩图，分别如图 5-15c、d 所示。

由图 5-15d 可见，此悬臂梁的弯矩的最大值出现在固定端 B 处，其绝对值为 $|M|_{max}=Fl$。可见，此弯矩在数值上等于梁固定端的约束力偶矩

$$|M|_{max}=|M_B|=Fl$$

【例 5-4】 图 5-16a 所示的简支梁，在 C 处作用一集中力偶 M_e。试作此梁的剪力图和弯矩图。

【解】 （1）计算梁的支座约束力 由平衡方程 $\sum M_A=0$

得

$$F_B=-\frac{M_e}{l}$$

由

$$\sum M_B=0,\quad -F_A l+M_e=0$$

得

$$F_A=\frac{M_e}{l}$$

F_B 为负值，表示其方向与原设方向相反，F_B 指向向下。实际上 F_A 和 F_B 正好构成一个力偶与外力偶相平衡。

（2）列剪力方程和弯矩方程 在集中力偶作用处将梁分为 AC 和 CB 两段，分别在两段内取截面，根据截面左侧梁上的外力列出梁的剪力方程和弯矩方程。

AC 段：

$$F_{Q1}=F_A=\frac{M_e}{l}\quad (0<x\leq a)\tag{a}$$

$$M_1=F_A x=\frac{M_e}{l}x\quad (0\leq x<a)\tag{b}$$

CB 段：

$$F_{Q2}=F_A=\frac{M_e}{l}\quad (a\leq x<l)\tag{c}$$

$$M_2=F_A x-M_e=\frac{M_e}{l}x-M_e\quad (a<x\leq l)\tag{d}$$

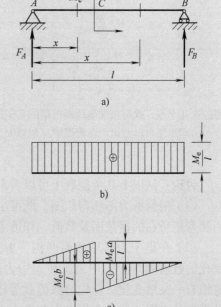

图 5-16

（3）画剪力图和弯矩图 由式（a）、式（c）知道，AC 段和 CB 段各横截面上的剪力相同，两段的剪力图为同一水平线；由式（b）、式（d）知道，两段梁的弯矩图为倾斜直线。可作出梁的剪力图和弯矩图如图 5-16b、c 所示。由图可见，全梁各横截面上的剪力均为 $\frac{M_e}{l}$；在 $a<b$ 的情况下，绝对值最大的弯矩在 C 点稍右的截面上，其值为

$$|M|_{max}=\frac{M_e b}{l}$$

【例 5-5】 如图 5-17a 所示，简支梁 AB 受均布载荷 q 的作用。试作此梁的剪力图和弯矩图。

【解】 （1）求支座约束力 由载荷及支座约束力的对称性可知两个支座约束力相等，故

$$F_A=F_B=\frac{ql}{2}$$

（2）列剪力方程和弯矩方程 以梁左端 A 点为坐标原点，距左端为 x 的任意横截面（图 5-17b）上的剪力和弯矩为

$$F_Q=F_A-qx\quad (0<x<l)\tag{a}$$

$$M=F_A x-qx\frac{x}{2}=\frac{ql}{2}x-\frac{qx^2}{2}\quad (0\leq x\leq l)\tag{b}$$

式（a）和式（b）即为梁的剪力方程和弯矩方程。

（3）作剪力图和弯矩图　由剪力方程知剪力 F_Q 是 x 的一次函数，故剪力图是一条斜直线，只需确定两点的剪力值（如截面 A 和 B），剪力方程为

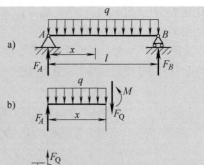

$$F_{QA} = \frac{ql}{2}, \quad F_{QB} = -\frac{ql}{2}$$

由剪力图（图 5-17c）可知，最大剪力在 A、B 两截面处，其值为

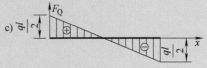

$$|F_Q|_{max} = \frac{ql}{2}$$

由弯矩方程知弯矩 M 是 x 的二次函数，故弯矩图是一条二次抛物线。为了画出此抛物线，要适当地确定曲线上几个点的弯矩值，即

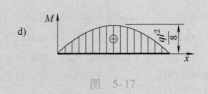

$$x = 0, M = 0$$

$$x = \frac{l}{4}, M = \frac{ql}{2} \cdot \frac{l}{4} - \frac{q}{2}\left(\frac{l}{4}\right)^2 = \frac{3}{32}ql^2$$

$$x = \frac{l}{2}, M = \frac{ql}{2} \cdot \frac{l}{2} - \frac{q}{2}\left(\frac{l}{2}\right)^2 = \frac{1}{8}ql^2$$

$$x = \frac{3}{4}l, M = \frac{ql}{2} \cdot \frac{3l}{4} - \frac{q}{2}\left(\frac{3}{4}l\right)^2 = \frac{3}{32}ql^2$$

$$x = l, M = \frac{ql}{2}l - \frac{q}{2}l^2 = 0$$

图　5-17

通过这几个点，就可较准确地画出梁的弯矩图，如图 5-17d 所示。

由弯矩图可以看出，在跨度中点横截面上的弯矩最大，其值为

$$M_{max} = \frac{ql^2}{8}$$

讨论： 从以上几个例题中可以看出：

（1）根据剪力图和弯矩图，既可了解全梁中弯矩变化情况，而且很容易找出梁内最大剪力和弯矩所在的横截面及数值，知道了这些数据之后，才能进行梁的强度计算和刚度计算。

（2）在集中力作用截面两侧，剪力有一突然变化，变化的数值就等于集中力。在集中力偶作用截面两侧，弯矩有一突然变化，变化的数值就等于集中力偶矩。这种现象的出现，好像在集中力和集中力偶矩作用处的横截面上剪力和弯矩没有确定的数值。但事实上并非如此。这是因为：所谓集中力实际上不可能"集中"作用于一点，它实际上是分布于一个微段 Δx 内的分布力经简

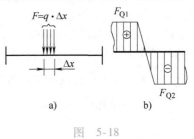

图　5-18

化后得出的结果（图 5-18a）。若在此范围内把载荷看做是均布的，则剪力将连续地从 F_{Q1}，变到 F_{Q2}（图 5-18b）。对集中力偶作用的截面，也可做同样的解释。

第五节　载荷集度、剪力和弯矩的微分关系

研究表明，梁上任意截面上的弯矩、剪力和作用于该截面处的载荷集度之间存在着一定的微分关系。

如图 5-19a 所示简支直梁，设梁上作用着任意载荷，坐标原点选在梁的左端截面形心（即支座 A 处），x 轴向右为正，分布载荷以向上为正。在距坐标原点为 x 和 x+dx 的两处以两个横截面切取微段 dx（图 5-19b），并规定梁上分布载荷的方向与 y 轴方向一致为正。今设在 x 处的横截面上有剪力 $F_Q(x)$ 和弯矩 $M(x)$，当 x 有一定增量 dx 时，相应的剪力和弯矩增量为 $dF_Q(x)$ 和 $dM(x)$，则在 x+dx 处横截面上的剪力和弯矩为 $F_Q(x)+dF_Q(x)$ 和 $M(x)+dM(x)$，现列出所取微段的平衡方程，得

$$\sum F_y=0, \quad F_Q(x)-[F_Q(x)+dF_Q(x)]+q(x)dx=0 \tag{a}$$

$$\sum M_C(F)=0, \quad M(x)+dM(x)-M(x)-F_Q(x)dx-q(x)dx\frac{dx}{2}=0 \tag{b}$$

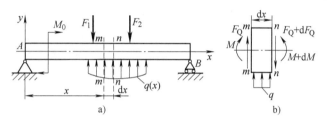

图 5-19

将式（a）和式（b）略去二阶微量后，化简可得

$$\left.\begin{array}{c}\dfrac{dF_Q(x)}{dx}=q(x)\\[2mm]\dfrac{dM(x)}{dx}=F_Q(x)\end{array}\right\}\dfrac{d^2M}{dx^2}=\dfrac{dF_Q(x)}{dx}=q(x) \tag{5-1}$$

式（5-1）表明了同一截面处 $M(x)$、$F_Q(x)$ 与 $q(x)$ 三者之间的微分关系。式表明：剪力图上某点处的斜率等于所对应横截面处的载荷集度；弯矩图上某点处的斜率等于所对应横截面处的剪力；弯矩图上某点处的二阶导数等于所对应横截面处的载荷集度。

根据上述导数关系，容易得出下面一些推论。这些推论对绘制或校核剪力图和弯矩图是很有帮助的。

（1）在梁的某一段时，若无分布载荷作用，即 $q(x)=0$，由 $dF_Q(x)/dx=q(x)=0$ 可知，在这一段内 $F_Q(x)=$ 常数，即剪力图是平行于 x 轴的直线。由 $dM(x)/dx=F_Q(x)=$ 常数可知，$M(x)$ 是 x 的一次函数（当 $F_Q(x)=0$，$M(x)=$ 常数），弯矩图是斜直线（当 $F_Q(x)=0$ 时，弯矩图为水平线）。

（2）在梁的某一段内，若作用均布载荷，即 $q(x)=$ 常数，则由 $d^2M(x)/dx^2=dF_Q(x)/dx=q(x)=$ 常数，可知在这一段内 $F_Q(x)$ 是 x 的一次函数，$M(x)$ 是 x 的二次函数。因而剪力图是斜直线，弯矩图是二次抛物线。

若均布载荷 $q(x)$ 是向下作用的，则因向下的 $q(x)$ 为负，故 $d^2M(x)/dx^2=q(x)<0$，这表明弯矩图应为向上凸的抛物线；反之，若均布载荷 $q(x)$ 是向上作用的，则弯矩图应为向下凸的抛物线。

（3）在梁的某一截面上，若 $dM(x)/dx=F_Q(x)=0$，则在这一截面上弯矩取极值（极大值或极小值），即弯矩的极值发生在剪力为零的截面上。

（4）利用微分关系式（5-1），设 $q(x)$ 及 $F_Q(x)$ 在 x_1 与 x_2 之间是连续数，经积分得

$$F_Q(x_2) - F_Q(x_1) = \int_{x_1}^{x_2} q(x)\,\mathrm{d}x \tag{5-2}$$

$$M(x_2) - M(x_1) = \int_{x_1}^{x_2} F_Q(x)\,\mathrm{d}x \tag{5-3}$$

式(5-2)、式(5-3)表明，对于如图5-19所示的坐标系，当 $x_2 > x_1$ 时，任意两截面上的剪力之差，等于该两截面间载荷图的面积；任意两截面上的弯矩之差，等于该两截面间剪力图的面积。以上所述的关系，亦称为"面积增量法"，此方法可用于剪力图和弯矩图的绘制与校核。

（5）在集中力作用截面的左、右两侧，剪力图有一突然变化，变化量为集中力的数值；在集中力偶作用的左、右两侧，弯矩图有一突然变化，变化量为集中力偶矩的数值。

现将上述的均布载荷、剪力和弯矩之间的关系以及剪力图、弯矩图的一些特征汇总整理为表5-1，以供参考。注意表中所述的规律要求从左向右绘制剪力图和弯矩图。

表5-1 梁在均布载荷、集中力和集中力偶作用下剪力图和弯矩图

梁上外力情况	无载荷作用段	有均布载荷作用段	集中力 F 作用截面	集中力偶矩 M_e 作用截面
剪力方程	常数	一次函数	无定义	有定义
剪力图的特征	与轴线平行的直线⊕或⊖（或为零）	斜直线 q 向下作用，F_Q 图向下斜＼ q 向上作用，F_Q 图向上斜／	有突变，突变值为 F，突变方向与 F 的作用方向一致	左右无变化
弯矩方程	一次函数（或为常数）	二次函数	有定义	无定义
弯矩图的特征	斜直线／或＼（或——）	二次抛物线 q 向下，M 图向上凸； q 向上，M 图向下凸； 即：q：↓ M：⌒ 　　q：↑ M：⌣	有折角 ∨ 或 ∧	有突变，突变值为 M_e，突变方向为： M_e 顺时针，M 图向上突变； M_e 逆时针，M 图向下突变
剪力图与弯矩图之间的关系	F_Q 图为正，M 图递增； F_Q 图为负，M 图递减； F_Q 图为零，M 图不增不减为水平线	F_Q 图为正，M 图递增； F_Q 图为负，M 图递减； F_Q 图由正变负，在 $F_Q = 0$ 的截面，M 图取极大值； F_Q 图由负变正，在 $F_Q = 0$ 的截面，M 图取极小值		

在第四节中我们介绍了绘制剪力图和弯矩图的基本方法，即根据剪力方程和弯矩方程绘制剪力图和弯矩图。但是，当梁上作用的载荷很多时，相应的剪力方程和弯矩方程就要分成许多段来考虑，这样一来，要想绘制出该梁的剪力图和弯矩图，就必须写出各段上的剪力方程和弯矩方程，从而使得绘制剪力图和弯矩图的工作量大大增加。下面，我们通过例题来介

绍一下，利用 $q(x)$，$F_Q(x)$ 和 $M(x)$ 间的微分关系及如表 5-1 所示的剪力图和弯矩图的特征，在不写出梁各段的剪力方程和弯矩方程的情况下，直接绘制剪力图和弯矩图。

【例 5-6】 作如图 5-20a 所示外伸梁的剪力图和弯矩图，并求 $|F_Q|$ 和 $|M|$，设 $M_e = ql^2$。

【解】 由静力平衡方程，求得支座约束力为

$$F_{Ay} = 2ql, \quad F_{By} = -2ql$$

根据梁所受的外力，将该梁分为四段，即 CA、AD、DB 和 BE。再根据表 5-1 可知：在 CA 和 BE 两段，剪力图为斜直线，弯矩图为二次抛物线；在 AD 和 DB 两段剪力图为水平线，弯矩图为斜直线，在 A、B 两截面，有集中力 F_{Ay}、F_{By} 作用，故剪力图有突变；在 D 截面，有集中力偶矩 M_e 作用，故弯矩图有突变。各截面的坐标值可根据

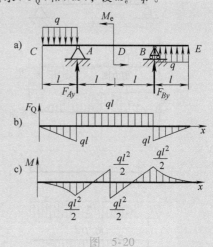

图 5-20

$$F_Q(x_2) - F_Q(x_1) = \int_{x_1}^{x_2} q(x)\,\mathrm{d}x$$

$$M(x_2) - M(x_1) = \int_{x_1}^{x_2} F_Q(x)\,\mathrm{d}x$$

来确定。最后，从左至右，就可绘出全梁的剪力图和弯矩图，如图 5-20b、c 所示。从图中可知，$|F_Q|_{max} = ql$，$|M|_{max} = ql^2/2$。

在例 5-6 中，我们可以看出：该梁所承受的载荷对于 D 截面是反对称载荷，则剪力图对于 D 截面是正对称，而弯矩图对于 D 截面是反对称。同理可证明：若梁所承受的载荷对某一截面是对称，则剪力图对该截面是反对称，而弯矩图对该截面是对称。

第六节 弯矩图的叠加法

梁上同时有几个载荷作用时，可以分别求出各个载荷单独作用下的弯矩图，然后进行代数相加，从而得到各载荷同时作用下的弯矩图。这样一种方法称为绘制弯矩图的叠加法（superposition method）。

上述的叠加法也可以用于剪力图的绘制和 $|F_Q|_{max}$ 的确定。

几种受单一载荷作用梁的剪力图和弯矩图列入表 5-2 中。

表 5-2 几种受单一载荷作用梁的剪力图和弯矩图

1.	2.
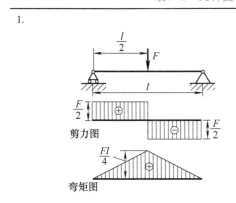	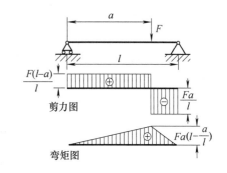

（续）

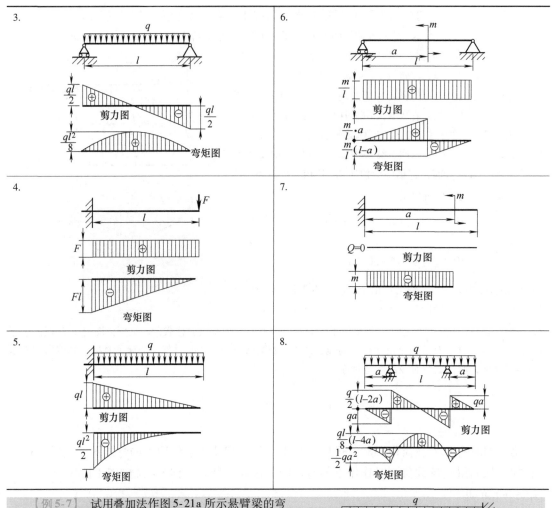

【例 5-7】　试用叠加法作图 5-21a 所示悬臂梁的弯矩图，设 $F = 3ql/8$。

【解】　查表 5-2，先分别作梁只有集中载荷和只有分布载荷作用下的弯矩图（图 5-20b、c）。两图的弯矩具有不同的符号，为了便于叠加，在叠加时可把它们画在 x 轴的同一侧，例如同画在坐标的下侧（图 5-21d）。于是，两图共同部分，其正值和负值的纵坐标互相抵消。剩下的图形即代表叠加后的弯矩图。如将其改为以水平线为基线的图，即得通常形式的弯矩图（图 5-21e）。最大弯矩值

$$|M|_{max} = ql^2/8$$

发生在根部截面上。

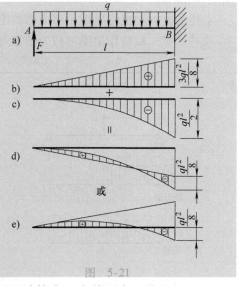

图　5-21

利用叠加法作弯矩图在以后研究的能量法求变形的计算中，有着更大的优越性。

*第七节 平面刚架与曲杆的内力

一、平面刚架

1. 刚架的概念

工程中，某些机器的机身或机架的轴线是由几段直线组成的折线，如压力机框架、轧钢机机架等，而组成机架的各部分在其连接处的夹角不能改变，即在连接处各部分不能相对转动。这种连接称为刚节点，如图 5-22 中的节点 C 与铰节点的区别在于刚节点可以抵抗弯矩。由刚节点连接成的框架结构称为刚架（frame）。刚架横截面上的内力一般有：轴力、剪力和弯矩。

2. 平面刚架弯矩图的绘制

下面我们用例题说明刚架弯矩图的绘制。其他内力图，如轴力图或剪力图，需要时也可按相似的方法绘制。

【例 5-8】 图 5-22a 所示刚架 ABC，设在 AC 段承受均布载荷 q 作用，试分析刚架的内力，画出弯矩图。

【解】 （1）利用平衡方程求出支座约束力

$$F_{RAx} = 2qa, \quad F_{RAy} = 2qa, \quad F_{RB} = 2qa$$

约束力方向如图 5-22a 所示。

（2）计算各杆的弯矩 计算竖杆 AC 中坐标为 x_1 的任意横截面的弯矩时，设想置身于刚架内，面向 AC 杆看过去。于是 AC 杆原来的左侧为上；原来的右侧为下。随后判定弯矩正负的方法与水平梁完全一样。即，使弯曲变形凸向"下"（即向右）的弯矩为正，反之为负。用截面以"左"的外力来计算弯矩，则"向上"的 F_{RAx} 引起正弯矩；"向下"的 q 引起负弯矩。

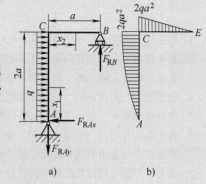

图 5-22

$$M(x_1) = F_{RAx} x_1 - \frac{1}{2} q x_1^2 = 2qa x_1 - \frac{1}{2} q x_1^2$$

计算横杆 CB 中坐标为 x_2 的横截面的弯矩时，用截面右侧的外力来计算

$$M(x_2) = F_{RB}(a - x_2) = 2qa(a - x_2)$$

（3）绘制刚架的弯矩图 绘弯矩图时，约定把弯矩图画在杆件弯曲变形凹入的一侧，亦即画在受压的一侧。例如 AC 杆的弯曲变形是左侧凹入，右侧凸出，故弯矩图画在左侧，如图 5-22b 所示。

二、平面曲杆的内力

工程中有一些构件，其轴线是一条平面曲线，如曲杆（见图 5-23a）、吊钩、链环、拱等，这类构件称为曲杆。平面曲杆横截面上的内力通常包含轴力、剪力和弯矩。下面举例说明平面曲杆内力的计算方法和内力图的绘制。

【例 5-9】 图 5-23a 所示是轴线为四分之一圆周的曲杆。试作曲杆的弯矩图。

【解】 由于曲杆的上端为自由端，无须先求支座约束力就可计算横截面 m—m 上的内力。内力一般有轴力、剪力和弯矩。曲杆在 m—m 截面以右的部分示于图 5-23b 中。把这部分上的内力和外力，向 m—m 截面处曲杆轴线的切线和法线方向投影，并对 m—m 截面的形心取矩，由这三个平衡方程便可求得

$$F_N = F\sin\varphi + 2F\cos\varphi$$

$$F_Q = F\cos\varphi - 2F\sin\varphi$$

$$M = 2Fa(1 - \cos\varphi) - Fa\sin\varphi$$

关于内力的正负号，规定为：引起拉伸变形的轴力 F_N 为正；使轴线曲率增加的弯矩 M 为正；以剪力

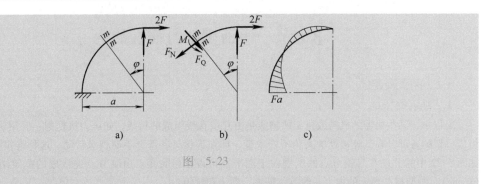

图 5-23

F_Q 对所考虑的部分曲杆内任一点取矩，若力矩为顺时针方向，则剪力 F_Q 为正。按照这一正负号规则，在图 5-23b 中，F_N 和 M 为正，而 F_Q 为负，即上面第二式右边应冠以负号。

作弯矩图时，M 画在曲杆在弯曲中受压的一侧（参照例 5-7、例 5-8），并沿曲杆轴线的法线标出杆的 M 数值（图 5-23c）。

思 考 题

1. 弯曲变形的受力、变形特点是什么？

2. 对于具有纵向对称面的梁，其平面弯曲变形的受力、变形特点是什么？

3. 常见的载荷有哪几种？典型的支座有哪几种？相应的约束力各如何？

4. 何谓剪力？何谓弯矩？怎样计算剪力与弯矩？怎样规定它们的正负号？

5. 怎样建立剪力、弯矩方程？怎样绘制剪力图、弯矩图？

6. 在无载荷作用与均布载荷作用的梁段，剪力图、弯矩图各有何特点？

7. 在集中力与集中力偶作用处，梁的剪力图、弯矩图各有何特点？

8. 剪力、弯矩与载荷集度之间的微分关系是如何建立的？它们的意义是什么？在建立上述关系时，对于载荷集度与坐标 x 的选取有何规定？

*9. 如何分析刚架的内力？在刚节点处，内力有何特点？

*10. 如何分析平面曲杆的内力？

习 题

5-1　试计算题 5-1 图所示各梁 1、2、3 截面的剪力与弯矩（1、2、3 截面无限接近于 C 或 D）。

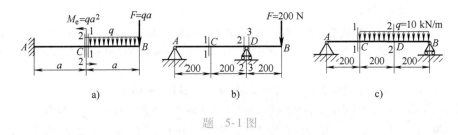

题 5-1 图

5-2　设已知题 5-2 图所示各梁的载荷 F、q、M_0 和尺寸 a。（1）列出梁的剪力方程和弯矩方程；（2）作剪力图和弯矩图；（3）确定 $|F_Q|_{max}$ 及 $|M|_{max}$。

5-3　已知题 5-3 图所示引擎起重机，悬吊重为 1200 N 的发动机。试画出起重臂 ABC 水平时的剪力图和弯矩图。

5-4　如题 5-4 图所示，轴在两皮带轮处受到传送带载荷的作用，试画出剪力图和弯矩图。假设轴承 A

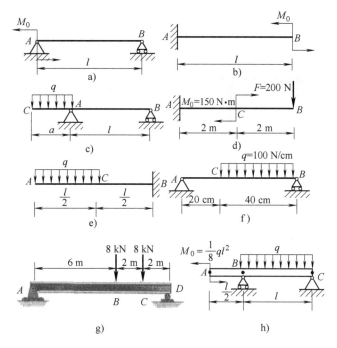

题 5-2 图

和 B 处仅施加竖向约束力。

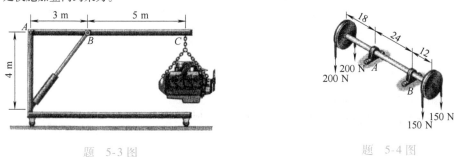

题 5-3 图   题 5-4 图

5-5 试用叠加法作题 5-5 图所示各梁的剪力图和弯矩图，并求梁的中间截面的弯矩。

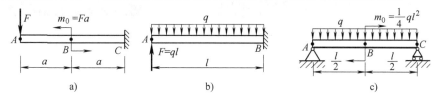

题 5-5 图

*5-6 题 5-6 图所示三个交通指示灯的质量均为 10 kg，悬臂杆 AB 的自重可视为均布载荷 $q = 1.5$ kN/m。试画出杆 AB 的剪力图和弯矩图。指示灯 A 右边之标牌的质量略去不计。

5-7 试根据弯矩、剪力和载荷集度间的微分关系，改正题 5-7 图所示 F_Q 图和 M 图中的错误。

*5-8 试作题 5-8 图所示各刚架弯矩图。

*5-9 题 5-9 图所示是轴线为二分之一圆周的曲杆。试作曲杆的弯矩图。

*5-10 题 5-10 图所示的蒸汽管 P 架在径向轴承 CD 上，管子 P 重 800 N。试画出梁 AB 的剪力图和弯矩图。

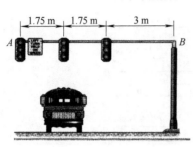

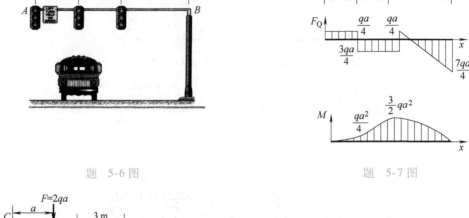

题 5-6 图

题 5-7 图

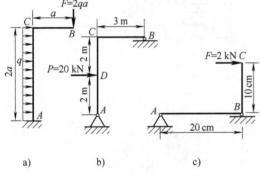

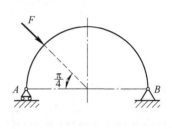

a)　　　　b)　　　　c)

题 5-8 图

题 5-9 图

5-11　试画出题 5-11 图所示梁的剪力图和弯矩图。

5-12　试绘出如题 5-12 图所示外伸梁的剪力图和弯矩图。

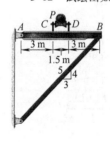

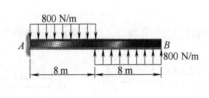

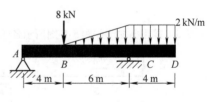

题 5-10 图　　　　　　题 5-11 图　　　　　　　题 5-12 图

第六章 弯 曲 应 力

前一章中已研究了梁的内力，当梁受力弯曲时，其横截面上内力一般有弯矩和剪力两项。为了进行梁的强度校核和设计工作，必须进一步研究梁横截面上的应力情况。本章主要讨论应力在横截面上的分布规律以及强度计算，并进一步讨论梁的合理截面选择和提高承载能力的措施。

第一节 梁弯曲横截面上的正应力

在一般情况下，梁弯曲时其横截面上既有弯矩 M 又有剪力 F_Q，这种弯曲称为横力弯曲（horizontal force bending），也称剪切弯曲（shear bending）。如图 6-1a 中梁上 AC 段和 DB 段，梁横截面上的弯矩是由正应力合成的，而剪力则是由切应力合成的，因此，在梁的横截面上一般既有正应力又有切应力。

如果某段梁内各横截面上弯矩为常量而剪力为零，则该段梁的弯曲称为纯弯曲（pure bending）。图 6-1a 中梁上的 CD 段就属于纯弯曲，纯弯曲时梁的横截面上不存在切应力，仅有正应力，比较简单。

一、纯弯曲时梁横截面上的正应力

下面先针对纯弯曲的情况来分析应力和弯矩的关系，导出纯弯曲梁的应力计算公式。

1. 梁在纯弯曲时的实验观察

为了分析计算梁在纯弯曲情况下的应力，必须先研究梁在纯弯曲时的变形现象。为此，先做一个简单的实验。取容易变形的材料(如橡胶)制成一根矩形截面的梁(图 6-2a)。先在

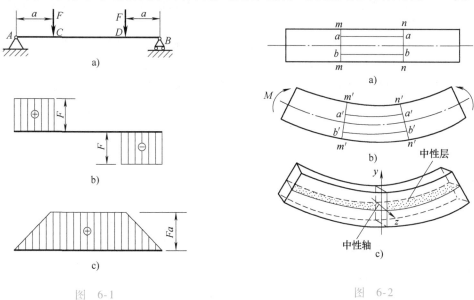

图 6-1

图 6-2

梁的表面上画出两条与轴线平行的纵向直线 aa 和 bb，以及与轴线垂直的横向直线 m—m 和 n—n。设想梁是由无数层纵向纤维组成的，于是纵向直线代表纵向纤维，横向直线代表各个横截面的周边。当梁段在该梁的两端受到一对大小相等、转向相反的外力偶的作用（图6-2b）时，显然该梁段的弯曲为纯弯曲。发生纯弯曲变形时，可观察到下列一些现象（图6-2c）：

（1）两条纵线 aa 和 bb 弯成曲线 $a'a'$ 和 $b'b'$，且靠近底面的纵线 bb 伸长了，而靠近顶面的纵线 aa 缩短了。

（2）两条横线仍保持为直线 m'—m' 和 n'—n'；只是相互倾斜了一个角度，但仍垂直于弯成曲线的纵线。

（3）在纵线伸长区，梁的宽度减小；在纵线缩短区，梁的宽度增大。情况与轴向拉伸、压缩时的变形相似。

2. 推断和假设

根据上述矩形截面梁的纯弯曲实验，可以做出如下假设：

（1）梁在纯弯曲时，各横截面始终保持为平面，并垂直于梁轴。此即弯曲变形的平面假设。

（2）纵向纤维之间没有相互挤压，每根纵向纤维只受到简单拉伸或压缩。

根据平面假设，当梁按图6-2b方向弯曲时，其底部各纵向纤维伸长，顶部各纵向纤维缩短。而纵向纤维的变形沿截面高度应该是连续变化的。所以，从伸长到缩短区，中间必有一层纤维既不伸长也不缩短，这一长度不变的过渡层称为<u>中性层</u>（neutral surface）（图6-2c）。中性层与横截面的交线称为<u>中性轴</u>（neutral axis）。在平面弯曲的情况下，显然中性轴必然垂直于截面的纵向对称轴。

概括地说，在纯弯曲的条件下，所有横截面仍保持平面，只是绕中性轴作相对转动，横截面之间并无互相错动的变形，而每根纵向纤维则处于简单的拉伸或压缩的受力状态。

3. 纯弯曲时梁的正应力

纯弯曲时梁的正应力分析方法与推导扭转切应力公式相似，也需要从几何、物理和静力学三个方面来综合考虑。

（1）几何方面　假想从梁中截取长出的微段进行分析。梁弯曲后，由平面假设可知，两横截面将相对转动一个角度 $\mathrm{d}\theta$，如图6-3a所示，图中的 ρ 为中性层的曲率半径。取梁的轴线为 x 轴，横截面的对称轴为 y 轴，中性轴（其在横截面上的具体位置尚未确定）为 z 轴，如图6-3b所示。距中性层为 y 的任一纵向线段 ab，由原长 $\mathrm{d}x = \rho\mathrm{d}\theta$，变为 $(\rho - y)\mathrm{d}\theta$。因此，线段 ab 的纵向应变为

$$\varepsilon_x = \frac{(\rho - y)\mathrm{d}\theta - \rho\mathrm{d}\theta}{\rho\mathrm{d}\theta} = -\frac{y}{\rho}$$

上式表明，纵向线段的线应变与其距中性层的距离成正比。负号表示在正弯矩作用下，中性层以上的纵向线段缩短，以下的纵向线段伸长。

（2）物理关系　由于等直梁段上没有横向力作用，可假设纵向线段之间没有挤压，亦即处于单向拉伸或压缩的状态下，当应力不超过材料的比例极限时，由胡克定律可知横截面上正应力的分布规律为

$$\sigma = E\varepsilon_x = -E\frac{y}{\rho} \tag{6-1}$$

即横截面上的正应力沿宽度均匀分布，沿高度呈线性规律变化，在中性轴各点处的正应力均为零(图6-4a)。

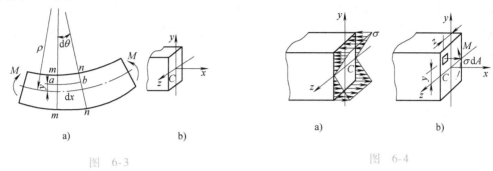

图 6-3   图 6-4

(3) 静力关系   由于横截面上的内力分量只有作用于纵向对称平面内的弯矩 M(图6-4b)。因此，应力与内力分量间的静力关系为

$$F_N = \int_A \sigma dA = 0 \tag{a}$$

$$M_y = \int_A z\sigma dA = 0 \tag{b}$$

$$M_z = - \int_A y\sigma dA = M \tag{c}$$

将式(6-1)代入式(a)，得

$$\int_A \sigma dA = - \frac{E}{\rho} \int_A y dA = - \frac{E}{\rho} S_z = 0$$

由于 E/ρ 不可能为零，则要求横截面对中性轴的静矩 S_z 等于零，因此中性轴必须通过截面的形心。

将式(6-1)代入式(b)，得

$$\int_A z\sigma dA = - \frac{E}{\rho} \int_A zy dA = 0$$

令积分 $\int_A yz dA = I_{yz}$，称为截面对轴 y、z 的<u>惯性积</u>(product of inertia)。由于轴 y 是横截面的对称轴，由对称性可知，I_{yz} 必然等于零，(见书后附录 A. 1)故式(b)是自然满足的。

将式(6-1)代入式(c)，得

$$- \int_A y\sigma dA = \frac{E}{\rho} \int_A y^2 dA = M$$

令积分 $\int_A y^2 dA = I_z$，称为横截面对中性轴 z 的<u>惯性矩</u>(moment of inertia)或<u>截面二次轴矩</u>(second axial moment of area)。于是有

$$\frac{1}{\rho} = \frac{M}{EI_z} \tag{6-2}$$

式中，$1/\rho$ 是梁变形后的曲率。上式表明，在弯矩不变的情况下，EI_z 越大，则曲率 $1/\rho$ 越小，即弯曲变形越小。故 EI_z 称为梁的<u>弯曲刚度</u>(flexural rigidity)。

将式(6-2)代回式(6-1)，即得对称弯曲梁纯弯曲时横截面上任一点处的正应力为

$$\sigma = -\frac{My}{I_z} \tag{6-3}$$

横截面上的最大拉、压应力分别发生在离中性轴的最远处。当中性轴为截面的对称轴（如圆形、工字形截面）时，则最大拉、压应力在数值上是相等的，令 y_{max} 表示最远处到中性轴的距离，则

$$\sigma_{max} = \frac{My_{max}}{I_z} = \frac{M}{W_z} \tag{6-4}$$

式中，$W_z = \dfrac{I_z}{y_{max}}$ 称为抗弯截面系数(section modulus in bending)。

二、纯弯曲梁正应力公式的推广

如上所述，式(6-3)是以平面假设为基础，并按直梁受纯弯曲的情况下求得的。但梁一般为剪切弯曲，这是工程实际中最常见的情况。此时，梁的横截面不再保持为平面。同时，在与中性层平行的纵截面上还有横向力引起的挤压应力。但由弹性力学证明，对跨长 l 与横截面高度 h 之比 $l/h > 5$ 的梁，虽有上述因素，但横截面上的正应力分布规律与纯弯曲的情况几乎相同。这就是说，剪力和挤压的影响甚小，可以忽略不计。因而平面假设和纵向纤维之间互不挤压的假设，在剪切弯曲的情况下仍可适用。工程实际中常见的梁，其 l/h 的值远大于 5。因此，纯弯曲时的正应力公式可以足够精确地用来计算梁在剪切弯曲时横截面上的正应力。式(6-3)也可近似用于小曲率的曲梁，但有一定误差。

三、轴惯性矩和抗弯截面系数的计算　平行轴定理

1. 轴惯性矩的计算

在应用式(6-3)计算梁的正应力时，需预先计算横截面对中性轴的惯性矩。对于一些简单图形的截面，如矩形、圆形等，可以直接根据惯性矩的定义，用积分的方法来计算。例如，为求图6-5所示矩形截面对中性轴 z 的惯性矩 I_z，可取宽为 b，高为 dy 的狭长条作为微面积，即取 $dA = b dy$，积分后得

$$I_z = \int_A y^2 dA = \int_{-\frac{h}{2}}^{\frac{h}{2}} y^2 b dy = \frac{bh^3}{12} \tag{6-5}$$

用同样的方法得直径为 d 圆形截面对通过圆心轴 z 的惯性矩为

$$I_z = \frac{\pi}{64} d^4 \tag{6-6}$$

若是外径为 D 内径为 d 的圆环形截面，则

$$I_z = \frac{\pi}{64}(D^4 - d^4) = \frac{\pi D^4}{64}(1 - \alpha^4) \tag{6-7}$$

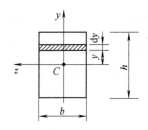

图 6-5

式中，$\alpha = \dfrac{d}{D}$。

有时为了简便起见，将惯性矩表示为图形面积与某一长度平方的乘积，即

$$I_z = i_z^2 A$$

$$i_z = \sqrt{\frac{I_z}{A}} \qquad (6-8)$$

i_z 为图形对轴 z 的惯性半径(radius of gyration)。例如，矩形(图 6-6a)对轴 z 惯性半径为

$$i_z = \sqrt{\frac{I_z}{A}} = \sqrt{\frac{bh^3}{12bh}} = \frac{h}{2\sqrt{3}}$$

同样可算得直径为 d 的圆形截面(图 6-6b)对任一形心轴的惯性半径为 $d/4$。

2. 抗弯截面系数的计算

前已述及，抗弯截面系数 $W_z = I_z/y_{max}$，
故对于如图 6-6a 所示的矩形截面，有

$$W_z = \frac{I_z}{h/2} = \frac{bh^3/12}{h/2} = \frac{bh^2}{6} \qquad (6-9)$$

对于如图 6-6b 所示的圆形截面，有

$$W_z = \frac{I_z}{d/2} = \frac{\pi d^4/64}{d/2} = \frac{\pi d^3}{32} \qquad (6-10)$$

至于热轧型钢，其抗弯截面系数 W 则可
直接从附录 B 中的型钢规格表中查得。

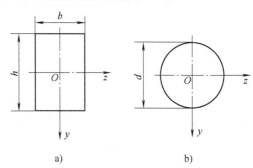

图 6-6

3. 平行轴定理

工程上有许多梁的截面形状是比较复杂的，有些梁的截面形状是由几个部分组成的，对
于这种组合图形，根据惯性矩的定义，组合图形对某一轴的惯性矩应等于各个组成部分对同
一轴的惯性矩之和。例如图 6-7 所示的 T 形截面，可将其分为两个矩形 Ⅰ 和 Ⅱ，则整个截面
对轴 z 的惯性矩等于两个矩形对轴 z 的惯性矩 $(I_z)_Ⅰ$ 与 $(I_z)_Ⅱ$ 之和，即

$$I_z = (I_z)_Ⅰ + (I_z)_Ⅱ$$

在计算组合图形的各部分对整个截面中性轴的惯性矩时，往往会遇到这样的问题：中性
轴并不通过各部分的形心，对中性轴的惯性矩并无简单的计算公式，图 6-7 所示的 T 字形截
面就属于这种情况。这时，可应用下述的平行轴定理进行计算。

设有一任意形状的截面(图 6-8)，轴 y 和轴 z 是通过形心的一对形心轴，已知截面对形
心轴的惯性矩分别为 I_y 和 I_z。如另一对坐标轴 y_1 和轴 z_1，它们分别与轴 y 和轴 z 平行，平行
轴之间的距离分别为 a 和 b。现求截面对平行轴 y_1 和轴 z_1 的惯性矩。

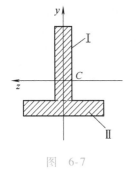

图 6-7

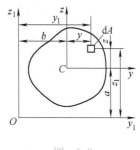

图 6-8

在截面上任取一微面积 dA，其在两坐标系的坐标 (y, z) 与 (y_1, z_1) 之间的关系为

$$z_1 = z + a$$

则

$$I_{y_1} = \int_A z_1^2 \mathrm{d}A = \int_A (z + a)^2 \mathrm{d}A$$

$$= \int_A z^2 \mathrm{d}A + 2a \int_A z \mathrm{d}A + a^2 \int_A \mathrm{d}A$$

上式中等号右边的第一项是截面对形心轴 y 的惯性矩 I_y；第二项中的积分为截面对形心轴 y 的静矩，必然等于零；第三项中的积分为截面的面积 A。因此，上式可表示为

$$I_{y_1} = I_y + a^2 A \qquad (6\text{-}11\mathrm{a})$$

同理

$$I_{z_1} = I_z + b^2 A \qquad (6\text{-}11\mathrm{b})$$

式(6-11)称为惯性矩的**平行轴定理**(parallel axis theorem)。

四、弯曲正应力计算的分析与举例

梁受弯曲时，其横截面上既有拉应力也有压应力。对于矩形、圆形和工字形这类截面，其中性轴为横截面的对称轴，故其最大拉应力和最大压应力的绝对值相等，如图 6-9a 所示；对于 T 字形这类中性轴不是对称轴的截面，其最大拉应力和最大压应力的绝对值则不等，如图 6-9b 所示。对于前者的最大拉应力和最大压

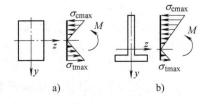

图 6-9

应力，可直接用公式(6-4)求得；而对于后者，则应分别将截面受拉和受压一侧距中性轴最远的距离代入式(6-3)，以求得相应的最大应力。

【**例 6-1**】　一矩形截面梁，如图 6-10 所示。计算 1—1 截面上 A、B、C、D 各点处的正应力，并指明是拉应力还是压应力。

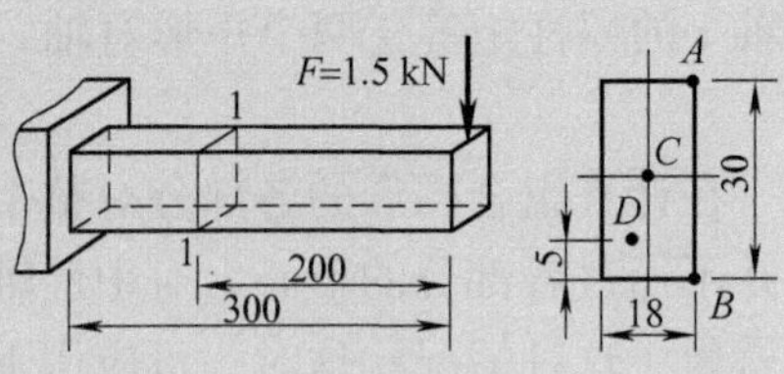

【**解**】　(1) 计算 1—1 截面上弯矩

$$\begin{aligned}
M_{1-1} &= -F \times 200 \text{ mm} \\
&= (-1.5 \times 10^3 \times 200 \times 10^{-3}) \text{ N·m} \\
&= -300 \text{ N·m}
\end{aligned}$$

(2) 计算 1—1 截面惯性矩

$$I_z = \frac{bh^3}{12} = \frac{1.8 \times 3^3}{12} \text{ cm}^4 = 4.05 \text{ cm}^4 = 4.05 \times 10^{-8} \text{ m}^4$$

(3) 计算 1—1 截面上各指定点的正应力

$$\sigma_A = \frac{M_1 y_A}{I_z} = \frac{300 \times 1.5 \times 10^{-2}}{4.05 \times 10^{-8}} \text{ Pa} = 111 \text{ MPa（拉应力）}$$

$$\sigma_B = \frac{M_1 y_B}{I_z} = \frac{300 \times 1.5 \times 10^{-2}}{4.05 \times 10^{-8}} \text{ Pa} = 111 \text{ MPa（压应力）}$$

$$\sigma_C = \frac{M_1 y_C}{I_z} = \frac{M_1 \times 0}{I_z} = 0$$

$$\sigma_D = \frac{M_1 y_D}{I_z} = \frac{300 \times 1 \times 10^{-2}}{4.05 \times 10^{-8}} \text{ Pa} = 74.1 \text{ MPa（压应力）}$$

图 6-10

【**例 6-2**】　一简支木梁受力如图 6-11a 所示。已知 $q = 2$ kN/m，$l = 2$ m。试比较梁在竖放(图 6-11b)和平放(图 6-11c)时横截面 C 处的最大正应力。

【**解**】　首先计算横截面 C 处的弯矩，有

$$M_C = \frac{q(2l)^2}{8} = \frac{2 \times 10^3 \times 4^2}{8} \text{ N·m} = 4000 \text{ N·m}$$

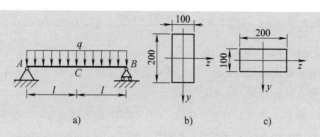

图 6-11

梁在竖放时，其抗弯截面系数为

$$W_{z1} = \frac{bh^2}{6} = \frac{0.1 \times 0.2^2}{6} \ \text{m}^3 = 6.67 \times 10^{-4} \ \text{m}^3$$

故横截面 C 处的最大正应力为

$$\sigma_{\max 1} = \frac{M_C}{W_{z1}} = \frac{4000}{6.67 \times 10^{-4}} \ \text{Pa} = 6 \times 10^6 \ \text{Pa} = 6 \ \text{MPa}$$

梁在平放时，其抗弯截面系数为

$$W_{z2} = \frac{bh^2}{6} = \frac{0.2 \times 0.1^2}{6} \ \text{m}^3 = 3.33 \times 10^{-4} \ \text{m}^3$$

故横截面 C 处的最大正应力为

$$\sigma_{\max 2} = \frac{M_C}{W_{z2}} = \frac{4000}{3.33 \times 10^{-4}} \ \text{Pa} = 12 \times 10^6 \ \text{Pa} = 12 \ \text{MPa}$$

显然，有 $\sigma_{\max 1} / \sigma_{\max 2} = 1:2$。

也就是说，梁在竖放时其危险截面处承受的最大正应力是平放时的一半。因此，在建筑结构中，梁一般采用竖放形式。

【例 6-3】 T 形截面铸铁外伸梁的荷载和尺寸如图 6-12a 所示，试求梁内的最大拉应力和压应力。

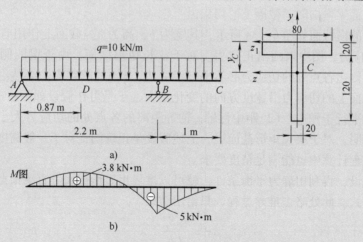

图 6-12

【解】 （1）确定截面中性轴的位置并计算对中性轴的惯性矩 取顶边轴 z_1 作参考轴，设截面形心到顶边的距离为 y_C，则由附录 A 中的公式（A.4）得

$$y_C = \frac{\sum A_i y_i}{\sum A_i} = \frac{(80 \times 20 \times 10 + 20 \times 120 \times 80) \ \text{mm}^3}{(80 \times 20 + 20 \times 120) \ \text{mm}^2} = 52 \ \text{mm}$$

根据惯性矩的平行轴定理（式 6-11），求得截面对中性轴的惯性矩为

$$I_z = \left[\frac{80 \times 20^3}{12} + 80 \times 20 \times (52-10)^2 + \frac{20 \times 120^3}{12} + 20 \times 120 \times (80-52)^2 \right] mm^4$$

$$= 764 \times 10^4 \, mm^4 = 7.64 \times 10^{-6} \, m^4$$

（2）作弯矩图　弯矩图如图6-12b所示，截面 B 有最大负弯矩，$M_B = -5 \, kN \cdot m$；在 $x = 0.87 \, m$ 处截面 D 剪力为零，弯矩有极值，其值为 $M_D = 3.8 \, kN \cdot m$。

（3）求最大正应力　截面 B 负弯矩的绝对值最大，上边缘有最大拉应力，下边缘有最大压应力，即

$$\sigma_{t,max} = \frac{(5 \times 10^3 \, N \cdot m)(52 \times 10^{-3} \, m)}{7.64 \times 10^{-6} \, m^4} = 34 \times 10^6 \, Pa = 34 \, MPa$$

$$\sigma_{c,max} = \frac{(5 \times 10^3 \, N \cdot m)\left[(140-52) \times 10^{-3} \, m \right]}{7.64 \times 10^{-6} \, m^4} = 57.6 \times 10^6 \, Pa = 57.6 \, MPa$$

在截面 D，虽弯矩小于截面 B 弯矩的绝对值，但 M_D 是正弯矩，$\sigma_{t,max}$ 位于截面的下边缘，由于离中性轴的距离最远，有可能发生比截面 B 还要大的拉应力。可得

$$\sigma_{t,max} = \frac{(3.8 \times 10^3 \, N \cdot m)\left[(140-52) \times 10^{-3} \, m \right]}{7.64 \times 10^{-6} \, m^4} = 43.8 \, MPa$$

可见，梁内的最大拉应力发生在截面 D 的下边缘，其值为 $\sigma_{max} = 43.8 \, MPa$，而最大压应力发生在截面 B 的下边缘，其值为 $\sigma_{max} = 57.6 \, MPa$。

第二节　梁弯曲横截面上的切应力

在横力弯曲的情形下，梁的横截面上除了有弯曲正应力外，还有弯曲切应力。切应力在截面上的分布规律较之正应力要复杂，本节不对其作详细讨论，仅准备对矩形截面梁、工字形截面梁、圆形截面梁和薄壁环形截面梁的切应力分布规律作一简单介绍，具体的推导过程可参阅其他较详细的材料力学教材（如刘鸿文教授主编的《材料力学》）。

一、矩形截面梁弯曲时横截面上的切应力

矩形截面梁的横截面如图6-13a所示，其宽为 b，高为 h，截面上作用有剪力 F 和弯矩 M。为了强调切应力，图中未画出正应力。对于狭长矩形截面，由于梁的侧面上没有切应力，故横截面上侧边各点处的切应力必然平行于侧边，z 轴处的切应力必然沿着 y 方向。考虑到狭长矩形截面上的切应力沿宽度方向的变化不大，于是可作假设如下：（1）横截面上各点处的切应力均平行于侧边；（2）距中性轴 z 轴等距离的各点处的切应力大小相等。弹性理论分析的结果表明，对于狭长矩形截面梁，上述假设是正确的；对于一般高度大于宽度的矩形截面梁，在工程计算中也能满足精度要求。

根据以上假设，再利用静力平衡条件，就可以推导出矩形截面等直梁横截面上任一点处切应力的计算公式。此处略去推导过程，只给出结果

$$\tau = \frac{F_Q S_z^*}{I_z b} \tag{6-12}$$

式中，F_Q 为横截面上的剪力；I_z 为横截面对中性轴 z 轴的惯性矩；b 为矩形截面的宽度；S_z^* 为横截面上距中性轴为 y 的横线以外部分的面积（即图6-13a中的阴影部分面积）对中性轴的静矩。切应力 τ 的方向与剪力 F_Q 的方向相同。

$$S_z^* = b\left(\frac{h}{2} - y \right)\left(y + \frac{\frac{h}{2} - y}{2} \right) = \frac{b}{2}\left(\frac{h^2}{4} - y^2 \right)$$

将上式代入式(6-12)，即可得到截面上距中性轴为 y 处各点的切应力

$$\tau = \frac{F_Q}{2I_z}\left(\frac{h^2}{4} - y^2\right)$$ (6-13)

对于矩形截面，静矩 S_z^* 等于所考虑面积与该面积形心到中性轴距离的乘积，即由上式可知，矩形截面上的切应力沿着截面高度按二次抛物线规律变化，如图 6-13b 所示。当 $y = \pm\frac{h}{2}$ 时，即在横截面的上、下边缘处，切应力 $\tau = 0$；当 $y = 0$ 时，即在中性轴上各点处，切应力最大，其值为

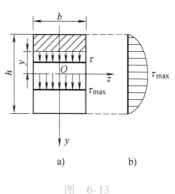

$$\tau_{max} = \frac{F_Q h^2}{8I_z}$$

图 6-13

已知矩形截面对中性轴的惯性矩 $I_z = \frac{bh^3}{12}$，将其代入上式，即得

$$\tau_{max} = 3F_Q/2bh = 3F_Q/2A = 1.5\tau_{均}$$ (6-14)

式中，$A = bh$，为矩形截面的面积。从上式可以看出，矩形截面梁的最大切应力为其平均切应力的 1.5 倍。

二、工字形截面梁弯曲时横截面上的切应力

在工程中经常要用到工字形截面梁。工字形截面可以简化为图 6-14a 所示的图形，由上、下平行于 x 轴的翼缘和中间垂直于 x 轴的腹板组成。在工字形截面的翼缘和腹板上的切应力分布是不同的，需要分别研究。首先分析工字形截面翼缘上的切应力分布。由于翼缘上、下表面上没有切应力的存在，而且翼缘的厚度很薄，因此翼缘上的切应力主要是水平方向的切应力分量，平行于 y 轴方向的切应力分量则是次要的。研究表明，翼缘上的最大切应力比腹板上的最大切应力要小得多，因此在强度计算时一般不予考虑。至于工字形截面的腹板，则可视为一狭长矩形，那么在研究矩形截面时

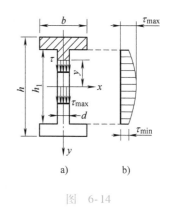

图 6-14

的两个假设同样适用。于是，可由式(6-12)求得腹板上任一点处的切应力为

$$\tau = \frac{F_Q S_z^*}{I_z d}$$ (6-15)

式中，F_Q 为横截面上的剪力；I_z 为工字形截面对中性轴 z 轴的惯性矩；d 为腹板厚度；S_z^* 为横截面上距中性轴为 y 的横线以外部分(含翼缘)的面积(即图 6-14a 中的阴影部分面积)对中性轴的静矩。腹板部分的切应力方向与剪力 F_Q 的方向相同，切应力的大小则同样是沿腹板高度按二次抛物线规律变化，其最大切应力也发生在中性轴上，如图 6-14b 所示。这也是整个横截面上的最大切应力，其值为

$$\tau_{max} = \frac{F_Q S_{zmax}^*}{I_z d}$$ (6-16)

式中，S_{zmax}^* 为中性轴任一边的半个横截面面积对中性轴 z 轴的静矩。在实际计算时，对于工字钢截面，上式中的 $\dfrac{I_z}{S_{zmax}^*}$ 可查型钢规格表中的 $\dfrac{I_x}{S_x}$ 得到。

由图 6-14b 可见，腹板上的最大切应力和最小切应力相差不大，接近于均匀分布。由于截面上的剪力 F_Q 几乎全部（约 95%～97%）由腹板承担，因此在工程上常常用剪力除以腹板面积来近似计算工字形截面梁的最大切应力，即

$$\tau_{max} = \frac{F_Q}{dh_1} = \frac{F_Q}{A_1} \tag{6-17}$$

式中，$A_1 = dh_1$，为腹板的面积。

工字形截面梁在受弯时，切应力主要是由腹板承担，而弯曲正应力则主要由上、下翼缘承担，这样截面上各处的材料就可以得到充分利用。

三、圆形截面和薄壁环形截面梁弯曲时横截面上的切应力

圆形截面和薄壁环形截面梁上的切应力分布规律比矩形截面还要复杂，此处也不作推导。只给出它们在截面切应力分布规律及最大切应力的计算式。

（1）圆形截面　切应力分布规律如图 6-15 所示，截面上的最大切应力为截面上平均切应力的 4/3 倍，即

$$\tau_{max} = 4\tau_{均}/3 \approx 1.33F_Q/A \tag{6-18}$$

（2）薄壁环形截面　环形截面上的切应力分布规律如图 6-16 所示，截面上的最大切应力为截面上平均切应力的 2 倍，即

$$\tau_{max} = 2\tau_{均} = 2F_Q/A \tag{6-19}$$

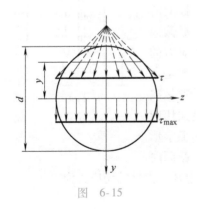

图　6-15

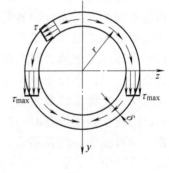

图　6-16

以上两式中上 A 为截面的面积，$\tau_{均}$ 为截面上平均切应力。

从上面的分析可以看出，对于等直梁而言，其最大切应力发生在最大剪力所在横截面上，一般位于该截面的中性轴上。

第三节　梁的强度计算

前面已提到，梁在横力弯曲时，其横截面上同时存在着弯矩和剪力。因此，一般应从正应力和切应力两个方面来考虑梁的强度计算。

一、梁的正应力强度条件

对于等直梁来说，其最大弯曲正应力发生在最大弯矩所在截面上距中性轴最远（即上、下边缘）的各点处，而该处的切应力为零或与该处的正应力相比可忽略不计，因而可将横截面上最大正应力所在各点处的应力状态视为单轴应力状态。于是，可按照单轴应力状态下强度条件的形式来建立梁的正应力强度条件：梁的最大工作正应力 σ_{max} 不得超过材料的许用弯曲正应力 $[\sigma]$，即

$$\sigma_{max} = \frac{M_{max}}{W_z} \leqslant [\sigma] \tag{6-20}$$

材料的许用弯曲正应力一般近似取材料的许用拉（压）应力，或者按有关的设计规范选取。利用正应力强度条件式（6-20），即可对梁按照正应力进行强度计算，解决强度校核、截面设计和许可荷载的确定等三类问题。

必须指出的是，对于用脆性材料（如铸铁）制成的梁，由于其许用拉应力 $[\sigma_t]$ 和许用压应力 $[\sigma_c]$ 并不相等，而且其横截面的中性轴往往也不是对称轴，因此必须按照拉伸和压缩分别进行强度校核，即要求梁的最大工作拉应力和最大工作压应力（要注意的是，二者常常发生在不同的横截面上）分别不超过材料的许用拉应力和许用压应力。

二、梁的切应力强度条件

前面已提到，等直梁的最大正应力发生在最大弯矩所在横截面上距中性轴最远的各点处，该处的切应力为零。最大切应力则发生在最大剪力所在横截面的中性轴上各点处，梁的最大工作切应力不得超过材料的许用切应力，即切应力强度条件是

$$\tau_{max} \leqslant [\tau] \tag{6-21}$$

材料的许用切应力 $[\tau]$ 在有关的设计规范中有具体的规定。

必须明确：在实际工程中使用的梁以细长梁居多，一般情况下，梁很少发生剪切破坏，往往都是弯曲破坏。也就是说，对于细长梁，其强度主要是由正应力控制的，按照正应力强度条件设计的梁，一般都能满足切应力强度要求，不需要进行专门的切应力强度校核。只有在以下情况下才需要对切应力进行强度校核：

（1）短梁和集中力离支座较近的梁；

（2）木梁；

（3）经焊接、铆接或胶合而成的梁，对焊缝、铆钉或胶合面等一般还要据弯曲剪应力进行剪切强度计算；

（4）薄壁截面梁或非标准的型钢截面。

三、梁的强度条件的应用举例

根据强度条件可以解决下述三类问题：

（1）强度校核　验算梁的强度是否满足强度条件，判断梁的工作是否安全。

（2）设计截面尺寸　根据梁的最大载荷和材料的许用应力；确定梁截面的尺寸和形状，或选用合适的标准型钢。

（3）确定许用载荷　根据梁截面的形状和尺寸及许用应力，确定梁可承受的最大弯矩，再由弯矩和载荷的关系确定梁的许用载荷。

【例6-4】　一吊车(图6-17a)用32c工字钢制成，将其简化为一简支梁(图6-17b)，梁长 $l=10$ m，自重力不计。若最大起重载荷为 $F=35$ kN(包括葫芦和钢丝绳)，许用应力为 $[\sigma]=130$ MPa，试校核梁的强度。

【解】　(1)求最大弯矩　当载荷在梁中点时，该处产生最大弯矩，从图6-17c中可得

$$M_{max} = Fl/4 = \left[(35 \times 10)/4 \right] \text{kN} \cdot \text{m} = 87.5 \text{ kN} \cdot \text{m}$$

(2)校核梁的强度　查型钢表得32c工字钢的抗弯截面系数 $W_z = 760$ cm³，所以

$$\sigma_{max} = \frac{M_{max}}{W_z} = \left[87.5 \times 10^6/(760 \times 10^3) \right] \text{MPa} = 115.1 \text{ MPa} < [\sigma]$$

说明梁的工作是安全的。

【例6-5】　如图6-18a所示，一压板夹紧装置。已知压紧力 $F=3$ kN，$a=50$ mm，材料的许用正应力 $[\sigma]=150$ MPa。试校核压板的强度。

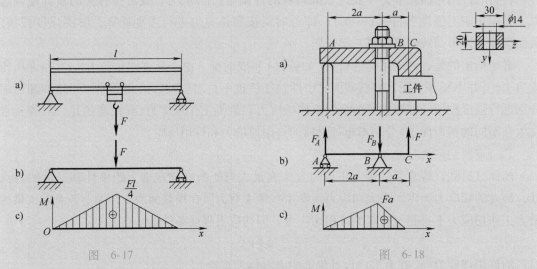

图 6-17　　　　　　　　　　　　　图 6-18

【解】　压板可简化为一简支梁(图6-18b)，绘制弯矩图如图6-18c所示。最大弯矩在截面 B 上

$$M_{max} = Fa = 3 \times 10^3 \times 0.05 \text{ N} \cdot \text{m} = 150 \text{ N} \cdot \text{m}$$

欲校核压板的强度，需计算 B 处截面对其中性轴的惯性矩

$$I_z = \frac{30 \times 20^3}{12} \text{ mm}^4 - \frac{14 \times 20^3}{12} \text{ mm}^4 = 10.67 \times 10^{-9} \text{ m}^4$$

抗弯截面系数为

$$W_z = \frac{I_z}{y_{max}} = \frac{10.67 \times 10^{-9}}{0.01} \text{ m}^3 = 1.067 \times 10^{-6} \text{ m}^3$$

最大正应力则为

$$\sigma_{max} = \frac{M_{max}}{W_z} = \frac{150}{1.067 \times 10^{-6}} = 141 \times 10^6 \text{ Pa} = 141 \text{ MPa} < [\sigma]$$

故压板的强度够。

【例6-6】　图6-19a所示为简支梁，材料的许用正应力 $[\sigma]=140$ MPa，许用切应力 $[\tau]=80$ MPa。试选择合适的工字钢型号。

【解】　(1)由静力平衡方程求出梁的支反力 $F_A=54$ kN，$F_B=6$ kN，并作剪力图和弯矩图如图6-20b、c所示，得 $F_{max}=54$ kN，$M_{max}=10.8$ kN·m。

(2)选择工字钢型号　由正应力强度条件得

$$W_z \geqslant \frac{M_{max}}{[\sigma]} = \frac{10.8 \times 10^3}{140 \times 10^6} \text{ m}^3 = 77.1 \times 10^3 \text{ mm}^3$$

查型钢表，选用12.6号工字钢，$W_z = 77.529 \times 10^3$ mm³，$h=126$ mm，$t=8.4$ mm，$d=5$ mm。

（3）切应力强度校核　12.6 号工字钢腹板面积为

$$A = (h - 2t)d = (126 - 2 \times 8.4) \times 5 \text{ mm}^2$$
$$= 546 \text{ mm}^2$$

$$\tau_{max} = \frac{F_{Qmax}}{A} = \frac{54 \times 10^3}{546} \text{ MPa} = 98.9 \text{ MPa} > [\tau]$$

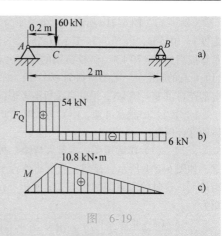

故切应力强度不够，需重选。

若选用 14 号工字钢，其 $h = 140 \text{ mm}$，$t = 9.1 \text{ mm}$，$d = 5.5 \text{ mm}$。则

$$A = (140 - 2 \times 9.1) \times 5.5 \text{ mm}^2 = 669.9 \text{ mm}^2$$

$$\tau_{max} = \frac{F_{Qmax}}{A} = \frac{54 \times 10^3}{669.9} \text{ MPa} = 80.6 \text{ MPa} > [\tau]$$

图 6-19

此时，切应力不超过许用切应力的 5%，工程设计中是允许的，所以最后确定选用 14 号工字钢。

*【例 6-7】　T 形截面外伸梁尺寸及其受力情况如图 6-20a、b 所示，截面对形心轴 z 的惯性矩 $I_z = 86.8 \text{ cm}^4$，$y_1 = 38 \text{ mm}$，材料为铸铁，其许用拉应力 $[\sigma_t] = 23 \text{ MPa}$，许用压应力 $[\sigma_c] = 40 \text{ MPa}$。试校核其强度。

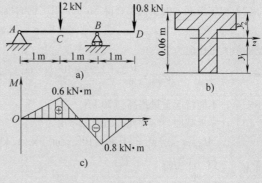

【解】　（1）由静力平衡方程求出梁的约束力 $F_A = 0.6 \text{ kN}$，$F_B = 2.2 \text{ kN}$ 并作弯矩图如图 6-20c 所示，可知最大正弯矩在截面 C 处，$M_C = 0.6 \text{ kN} \cdot \text{m}$，最大负弯矩在截面 B 处，$M_B = -0.8 \text{ kN} \cdot \text{m}$。

（2）校核梁的强度　显然截面 C 和截面 B 均为危险截面，都要进行强度校核。

图 6-20

截面 B 处：最大拉应力发生于截面上边缘各点处，得

$$\sigma_t = \frac{M_B y_2}{I_z} = \frac{0.8 \times 10^6 \times 2.2 \times 10}{86.8 \times 10^4} \text{ MPa} = 20.3 \text{ MPa} < [\sigma_t]$$

最大压应力发生于截面下边缘各点处，得

$$\sigma_c = \frac{M_B y_1}{I_z} = \frac{0.8 \times 10^6 \times 3.8 \times 10}{86.8 \times 10^4} \text{ MPa} = 35.2 \text{ MPa} < [\sigma_c]$$

截面 C 处：虽然 C 处的弯矩绝对值比 B 处的小，但最大拉应力发生于截面下边缘各点处，而这些点到中性轴的距离比上边缘处各点到中性轴的距离大，且材料的许用拉应力 $[\sigma_t]$ 小于许用压应力 $[\sigma_c]$，所以还需校核最大拉应力

$$\sigma_t = \frac{M_C y_1}{I_z} = \frac{0.6 \times 10^6 \times 38}{86.8 \times 10^4} \text{ MPa} = 26.4 \text{ MPa} < [\sigma_t]$$

所以梁的工作是安全的。

从此例题可以看出，对于中性轴不是截面对称轴的用脆性材料制成的梁，其危险截面不一定就是弯矩最大的截面。当出现与最大弯矩反向的较大弯矩时，如果此截面的最大拉应力边距中性轴较远，算出的结果就有可能超过许用拉应力，故此类问题考虑要全面。T 字形截面梁是工程中常用的梁，应注意合理放置，尽量使最大弯矩截面上受拉边距中性轴较近。此外，在设计 T 字形截面的尺寸时，为了充分利用材料的抗拉（压）强度，应该使中性轴至截面上下边缘的距离之比恰好等于许用拉、压应力之比。

【例6-8】 图6-21a所示一起重量原为50 kN的单梁吊车，其跨度 $l=10.5$ m，由 No. 45a 工字钢制成。为发挥其潜力，现拟将起重量提高到 $F=70$ kN，试校核梁的强度。若强度不够，再计算其可能承载的起重量。梁的材料为 Q235 钢，许用应力 $[\sigma]=140$ MPa；电葫芦自重 $W=15$ kN，梁的自重暂不考虑。

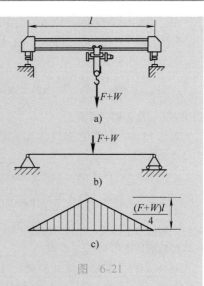

【分析】 由题意可知，本题为校核梁的强度和求允许最大载体的综合例题。

【解】 （1）作弯矩图，求最大弯矩 可将吊车简化为一简支梁，如图6-21b所示，显然，当电葫芦行至梁中点时所引起的弯矩最大，这时的弯矩图如图6-21c所示。在中点处横截面上的弯矩为

$$M_{max} = \frac{(F+W)l}{4} = \frac{1}{4}(7 \times 10^4 \text{ N} + 1.5 \times 10^4 \text{ N}) \times (10.5 \text{ m})$$

$$= 2.23 \times 10^5 \text{ N} \cdot \text{m}$$

$$= 223 \text{ kN} \cdot \text{m}$$

（2）校核强度 由型钢表查得 No. 45a 工字钢的抗弯截面系数

$$W_z = 1.43 \times 10^{-3} \text{ m}^3$$

故梁的最大工作应力为

$$\sigma_{max} = \frac{M_{max}}{W_z} = \frac{2.23 \times 10^5 \text{ N} \cdot \text{m}}{1.43 \times 10^{-3} \text{ m}^3} = 1.56 \times 10^8 \text{ Pa} = 156 \text{ MPa} > 140 \text{ MPa}$$

故不安全，不能将起重量提高到 70 kN。

（3）计算承载能力 梁允许的最大弯矩为

$$M_{max} = [\sigma]W_z = (1.40 \times 10^8 \text{ N/m}^2) \times (1.43 \times 10^{-3} \text{ m}^3) = 2 \times 10^5 \text{ N} \cdot \text{m} = 200 \text{ kN} \cdot \text{m}$$

则由 $M_{max} = \dfrac{(F+W)l}{4}$ 得

$$F = \frac{4M_{max}}{l} - W = \frac{4 \times (2 \times 10^5 \text{ N} \cdot \text{m})}{10.5 \text{ m}} - 1.5 \times 10^4 \text{ N}$$

$$= 6.13 \times 10^4 \text{ N} = 61.3 \text{ kN}$$

故按梁的强度，原吊车梁只允许吊运 61.3 kN 的重量。

*【例6-9】 在上例中，为使吊车的起重量提高到70 kN，可在工字梁的上、下翼缘上加焊两块盖板（图6-22）。现设盖板的截面尺寸为 100×10 mm^2，试校核加焊盖板后梁的强度。有关数据仍如上例。

【解】 吊车梁加焊盖板后，截面的惯性矩改变，为进行强度校核，首先计算截面的惯性矩。

（1）计算截面的惯性矩 加焊两块盖板后，中性轴 z 的位置保持不变。设工字钢对 z 轴惯性矩为 I_z'，每个盖板对 z 轴的惯性矩为 I_z''，则整个截面对 z 轴的惯性矩为

$$I_z = I_z' + 2I_z''$$

自型钢规格表查得 $\qquad\qquad I_z' = 3.224 \times 10^{-4} \text{ m}^4$

根据图6-22所示尺寸，由平行移轴公式，有

$$I_z'' = I_{z1} + a^2 A = \frac{1}{12} \times (0.1 \text{ m}) \times (0.01 \text{ m})^3 + (0.23 \text{ m})^2 \times (0.1 \text{ m}) \times (0.01 \text{ m})$$

$$= 2.59 \times 10^{-5} \text{ m}^4$$

故 $\qquad\qquad I_z = (3.224 + 2 \times 0.259) \times 10^{-4} \text{ m}^4 = 4.282 \times 10^{-4} \text{ m}^4$

（2）校核强度 由前例已知梁的最大弯矩为

$$M_{max} = 2.23 \times 10^5 \text{ N} \cdot \text{m}$$

截面上下缘距中性轴的距离为

$$y_{max} = \frac{1}{2} \times (0.45 \text{ m}) + 0.01 \text{ m} = 0.235 \text{ m}$$

则由强度条件式,得

$$\sigma_{max} = \frac{M_{max}y_{max}}{I_z} = \frac{(2.23 \times 10^5 \text{ N} \cdot \text{m}) \times (0.235 \text{ m})}{4.282 \times 10^{-4} \text{ m}^4}$$

$$= 1.22 \times 10^8 \text{ Pa} = 122 \text{ MPa} < 140 \text{ MPa} = [\sigma]$$

这表明,经加固后起重量可提高到 70 kN。

*【例 6-10】 T 形截面铸铁悬臂梁尺寸及载荷如图 6-23a 所示。若材料的拉伸许用应力 $[\sigma_c] = 40$ MPa,压缩许用应力 $[\sigma_l] = 160$ MPa,截面对形心轴 z_C 的惯性矩 $I_{zC} \approx 10180$ cm^4,$h_1 = 9.64$ cm,试计算该梁的许可载荷 F。

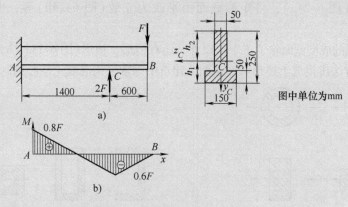

图 6-23

【解】 梁的弯矩图如图 6-23b 所示,弯矩的两个极值分别为

$$M_1 = 0.8F, \quad M_2 = 0.6F$$

根据弯曲正应力的强度条件

$$\sigma_{max} = \frac{M_{max}}{I_{zC}}y_{max} \leqslant [\sigma]$$

(1) 由 A 截面的强度要求确定许可载荷 由抗拉强度要求得

$$F \leqslant \frac{1}{0.8} \times \frac{[\sigma_l]I_{zC}}{h_1} = \frac{1}{0.8} \times \frac{40 \times 10^6 \times 10180 \times 10^{-8}}{9.64 \times 10^{-2}} \text{ N}$$

$$= 52.8 \text{ kN}$$

由抗压强度要求得

$$F \leqslant \frac{1}{0.8} \times \frac{[\sigma_c]I_{zC}}{h_2} = \frac{1}{0.8} \times \frac{160 \times 10^6 \times 10180 \times 10^{-8}}{15.4 \times 10^{-2}} \text{ N}$$

$$= 132 \text{ kN}$$

(2) 由 C 截面的强度要求确定许可载荷 由抗压强度要求得

$$F \leqslant \frac{1}{0.6} \times \frac{[\sigma_l]I_{zC}}{h_2} = \frac{1}{0.6} \times \frac{40 \times 10^6 \times 10180 \times 10^{-8}}{15.4 \times 10^{-2}} \text{ N}$$

$$= 44.1 \text{ kN}$$

显然 C 截面的压应力大于拉应力,不必进行计算。

许用载荷为

$$F \leqslant 44.1 \text{ kN}$$

第四节　提高梁的弯曲强度的措施

由强度条件式(6-20)可知，降低最大弯矩$|M|_{max}$或增大抗弯截面模量W_z均能提高抗弯强度。

一、采用合理的截面形状

1. 采用I_z和W_z大的截面

在截面面积即材料重量相同时，应采用I_z和W_z较大的截面形状，即截面积分布应尽可能远离中性轴。因离中性轴较远处正应力较大，而靠近中性轴处正应力很小，这部分材料没有被充分利用。若将靠近中性轴的材料移到离中性轴较远处，如将矩形改成工字形截面（图6-24c），则可提高惯性矩和抗弯截面模量，即提高抗弯能力。同理，实心圆截面改为面积相等的圆环形截面（图6-24a），将矩形截面由平改为立放（图6-24b）等，也都可提高抗弯强度。

工程中金属梁的成型截面除了工字形以外，还有槽形、箱形（图6-25a、b）等，也可将钢板用焊接或铆接的方法拼接成上述形状的截面。建筑中则常采用混凝土空心预制板（图6-25c）。

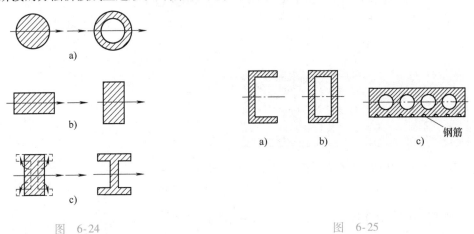

图　6-24　　　　　　　　　　　　　　　　　　图　6-25

此外，合理的截面形状应使截面上最大拉应力和最大压应力同时达到相应的许用应力值。对于抗拉和抗压强度相等的塑性材料，宜采用对称于中性轴的截面（如工字形）。对于抗拉和抗压强度不等的材料，宜采用不对称于中性轴的截面，如铸铁等脆性材

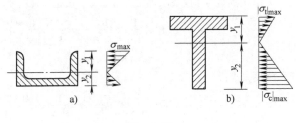

图　6-26

料制成的梁，其截面常做成T字形或槽形。并使梁的中性轴应偏于受拉的一边（图6-26），即使$|\sigma_c|_{max} > |\sigma_t|_{max}$。

2. 采用变截面梁

除上述材料在梁的某一截面上如何合理分布的问题外，还有一个材料沿梁的轴线如何合理安排的问题。

等截面梁的截面尺寸是由最大弯矩决定的，故除 M_{max} 所在的截面外，其余部分的材料未被充分利用。为节省材料和减轻重量，可采用变截面梁（beams of variable cross section），即在弯矩较大的部位采用较大的截面，在弯矩较小的部位采用较小的截面。例如桥式起重机的大梁，两端的截面尺寸较小，中段部分的截面尺寸较大（图6-27a）、铸铁托架（图6-27b），阶梯轴（见图6-27c）等，都是按弯矩分布设计的近似于变截面梁的实例。

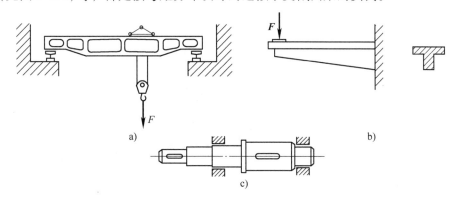

图 6-27

二、合理布置载荷和支座位置

1. 改善梁的受力方式，可以降低梁上的最大弯矩值

如图6-28a所示受集中力作用的简支梁，若使载荷尽量靠近一边的支座（图6-28b），则梁的最大弯矩值比载荷作用在跨度中间时小得多。设计齿轮传动轴时，尽量将齿轮安排得靠近轴承（支座），这样设计的轴，尺寸可相应减小。

2. 合理布置支座位置

合理布置支座位置也能有效降低最大弯矩值。如受均布载何作用的简支梁（图6-29a），其最大弯矩 $M_{max} = \frac{1}{8}ql^2$。若将两端支座向里移动 $0.2l$，则

$$M_{max} = \frac{ql^2}{40}$$（图6-29b）只有前者的 $\frac{1}{5}$。

因此，梁的截面尺寸也可相应减小，化工卧式容器的支承点向中间移一段距离（图6-30），就是利用此原理降低了 M_{max}，减轻自重，

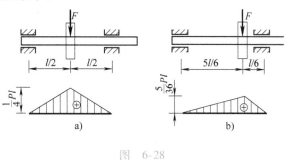

图 6-28

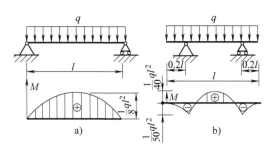

图 6-29

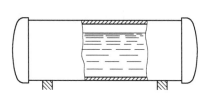

图 6-30

节省材料。

思 考 题

1. 何谓中性层？何谓中性轴？其位置如何确定？

2. 截面形状及尺寸完全相同的两根静定梁，一根为钢材，另一根为木材，若两梁所受的载荷也相同，问它们的内力图是否相同？横截面上的正应力分布规律是否相同？两梁对应点处的纵向线应变是否相同？

3. 纯弯曲时的正应力公式的应用范围是什么？它可推广应用用于什么情况？

4. 一简支梁的矩形空心截面系由钢板折成，然后焊成整体。试问如图 6-31a、b、c 所示三种焊缝中，哪种最好？哪种最差？为什么？

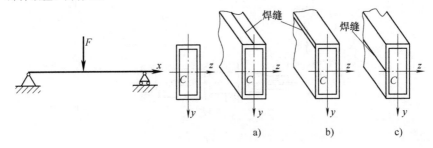

图 6-31

5. 设梁的横截面如图 6-32 所示，试问此截面对 z 轴的惯性矩和抗弯截面系数是否可按下式计算，为什么？

$$I_z = \frac{BH^3}{12} - \frac{bh^3}{12}, \quad W_z = \frac{BH^2}{6} - \frac{bh^2}{6}$$

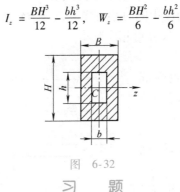

图 6-32

习 题

6-1　如题 6-1 图所示梁，若其横截面为边长 100 mm 正方形，试求梁中的最大弯曲正应力。

6-2　如题 6-2 图所示轴的直径为 50 mm，试求轴中的最大弯曲正应力。

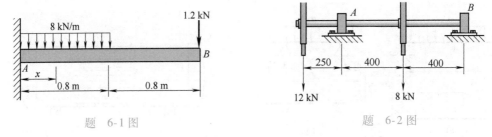

题 6-1 图　　　　　　　　　　题 6-2 图

6-3　如题 6-3 图所示宽为 200 mm、高为 400 mm 的矩形横截面梁，试求梁中的最大弯曲正应力。

6-4　如题 6-4 图所示梁的横截面如图所示，试求梁中最大弯曲正应力。

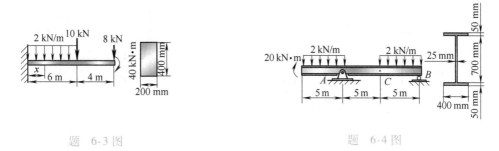

题 6-3 图　　　　　　　　　题 6-4 图

6-5　题 6-5 图所示梁的横截面为矩形。若 $F = 1.5$ kN，试求梁中危险面上的最大弯曲正应力，并绘出危险面上的应力分布简图。

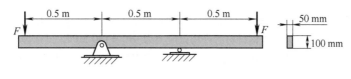

题 6-5 图

6-6　如题 6-6 图所示一矩形截面梁，已知 $F = 2$ kN，横截面的高宽度比 $h/b = 3$，材料为松木。其许用正应力 $[\sigma] = 8$ MN/m^2，许用切应力 $[\tau] = 80$ MPa。试选择截面尺寸。

6-7　如题 6-7 图所示一受均布载荷的外伸钢梁。已知 $q = 12$ kN/m，材料的许用正应力 $[\sigma] = 160$ MPa，试选择此梁所用工字钢的型号。

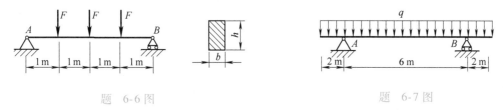

题 6-6 图　　　　　　　　　题 6-7 图

6-8　如题 6-8 图所示某车间需安装一台行车，行车大梁可简化为简支梁。设此梁选用 32a 工字钢，长为 $l = 8$ m，其单位长重量为 517 N/m，吊起重物 29.4 kN，梁材料的许用应力 $[\sigma] = 160$ MN/m^2。试按正应力强度条件校核该梁的强度。

*6-9　题 6-9 图所示木梁受到 $q = 2$ kN/m 的均布载荷作用。若材料的许用正应力为 $[\sigma] = 10$ MPa，试求横截面所需的尺寸 b。假定 A 点处为销钉支撑，而 B 点处为滚轴。

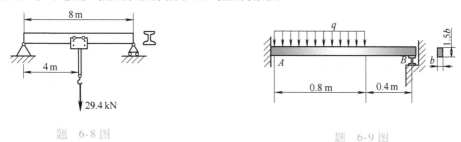

题 6-8 图　　　　　　　　　题 6-9 图

6-10　试求题 6-10 图所示轴在两个集中力作用下轴的最小直径。设 A 和 B 处的轴承仅承受竖向作用力，轴的许用正应力 $[\sigma] = 154$ MPa。

6-11　如题 6-11 图所示，割刀在切割工件时受到 $F = 1$ kN 的切割力的作用。割刀尺寸如图所示，若已知其许用正应力 $[\sigma] = 220$ MPa，试校核割刀的强度。

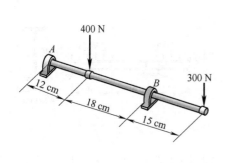

题　6-10 图

题　6-11 图

6-12　题 6-12 图所示为一支承管道的悬臂梁，用两根槽钢组成。设两根管道作用在悬臂梁上的重量各为 $G = 5.39$ kN，尺寸如图所示，设槽钢材料的许用拉应力为 $[\sigma] = 130$ MPa。试选择槽钢的型号。

6-13　铸铁轴承架如题 6-13 图所示，截面为 T 形，已知其轴惯性矩 $I_z = 1472$ cm^4，受力 $F = 16$ kN，材料的许用拉应力 $[\sigma_\mathrm{t}] = 30$ MPa，许用压应力 $[\sigma_\mathrm{e}] = 100$ MPa。试校核 A—A 截面的强度。

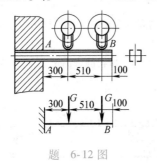

题　6-12 图

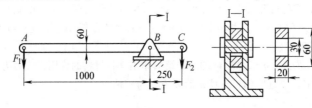

题　6-13 图

*6-14　如题 6-14 图所示制动装置杠杆，在 B 处用直径 $d = 30$ mm 的销钉支承。若杠杆的许用正应力 $[\sigma] = 140$ MPa，销钉的许用切应力 $[\tau] = 100$ MPa。试求许可的 F_1 和 F_2。

题　6-14 图

6-15　题 6-15 图所示为电线杆上的三角形支撑架，其水平杆的右端承受重为 600 N 的电缆作用。若 A、B 和 C 处均为铰链，试求水平杆中的最大弯曲正应力。

*6-16　如题 6-16 图所示空心外伸轴，若 $d_\mathrm{i} = 160$ mm，$d_\mathrm{o} = 200$ mm，试求空心轴中的最大弯曲应力。

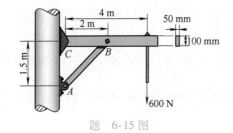

题　6-15 图

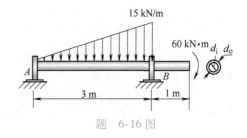

题　6-16 图

*6-17 题 6-17 图所示截面为 T 形外伸梁，若材料的许用弯曲应力为 $[\sigma]=150$ MPa，试求所需的横截面尺寸 a。

6-18 如题 6-18 图所示简支梁，当力 F 直接作用在简支梁 AB 的中点时，梁内的 M_{max} 超过许用应力值 30%。为了消除过载现象配置了如图所示的辅助梁 CD。试求此辅助梁的跨度 a。已知 $l=6$ m。

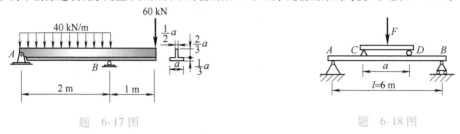

题 6-17 图　　　　　　　　　　　　　　题 6-18 图

*6-19 题 6-19 图所示截面为 T 形外伸梁，试求梁能承受的许可均布载荷 q。设 $b=125$ mm，材料的许用正应力为 $[\sigma]=150$ MPa。

*6-20 如题 6-20 图所示跳水板，一人的质量为 78 kg，静止站立在跳水板的一端。板的横截面如图所示，试求板中的最大正应变。已知材料的弹性模量为 $E=125$ GPa，并假定 A 处为销钉，B 处为活动铰支座轴约束。

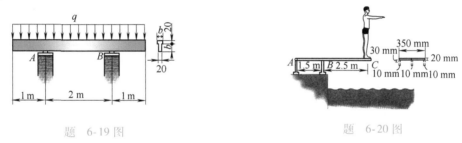

题 6-19 图　　　　　　　　　　　　　　题 6-20 图

*6-21 工字钢制成的简支梁如题 6-21 图所示，已知 $l=6$ m，$F=60$ kN，$q=8$ kN/m，材料的许用弯曲正应力 $[\sigma]=160$ MPa，许用切应力 $[\tau]=90$ MPa，试选择工字钢的型号。

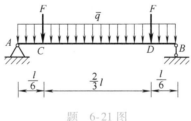

题 6-21 图

*6-22 如题 6-22 图所示一工字钢制成的外伸梁，已知 $F=50$ kN，$a=0.15$ m，$l=1$ m；梁的材料为铸钢，其许用弯曲正应力 $[\sigma]=160$ MPa，许用切应力 $[\tau]=100$ MPa，试选择工字钢的型号。

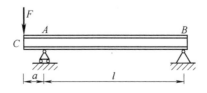

题 6-22 图

*6-23 T 形截面的铸铁外伸梁的载荷及尺寸如题 6-23 图所示，材料的许用应力 $[\sigma_t]=40$ MPa，$[\sigma_c]=160$ MPa，T 形截面 $I_z=6\,010$ cm^4，$y_1=158$ mm，$y_2=72$ mm。试按正应力强度条件校核强度。若载荷不变，

但 T 形截面倒置（即翼缘在下面）是否合理？为什么？

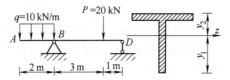

题　6-23 图

*6-24　在木梁两侧用钢板加固，连接成整体，受力及截面如题 6-24 图所示。已知 $E_{钢}$ = 200 GPa，$E_{木}$ = 10 GPa。试求梁的最大正应力。

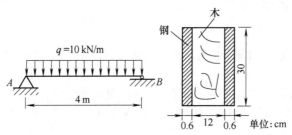

题　6-24 图

第七章 弯 曲 变 形

前面研究了梁的弯曲强度问题。在实际工程中，某些受弯构件在工作中不仅需要满足强度条件以防止构件破坏，还要求其有足够的刚度。例如图 7-1a 所示的车床主轴，若弯曲变形过大，会引起轴颈急剧地磨损，使齿轮间啮合不良，而且影响加工件的精度。起重机的大梁起吊重物时，若其弯曲变形过大，就会使起重机在运行时产生较大的振动，破坏起吊工作的平稳性。再如输液管道若弯曲变形过大，将影响管内液体的正常输送，出现积液、沉淀和管道连结处不密封等现象。因此，必须限制构件的弯曲变形。但在某些情况下，也可利用构件的弯曲变形来为生产服务，例如汽车轮轴上的叠板弹簧（图7-1b），就是利用其弯曲变形来缓和车辆受到的冲击和振动，这时就要求弹簧有较大的弯曲变形了。因此，需研究弯曲变形的规律。此外，在求解超静定梁的问题时，也需要用到梁的变形条件。

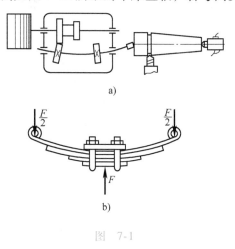

a)

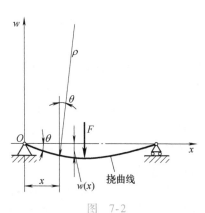

b)

图　7-1

第一节　弯曲变形的计算

一、梁弯曲变形的概念

1. 梁变形的挠曲线方程

梁弯曲时，剪力对变形的影响一般都忽略不计。因此梁弯曲变形后的横截面仍为平面，且与变形后的梁轴线保持垂直，并绕中性轴转动，如图 7-2 所示。梁在弹性范围内弯曲变形后，其轴线变为一光滑连续曲线，称为挠曲线（deflection curve）。以梁的左端为原点取一直角坐标系 xOw（图 7-2），挠度 w 与以梁变形前的轴线建立的坐标的函数关系即为

$$w = w(x) \tag{7-1}$$

式(7-1)称为梁变形的挠曲线方程(beams of the deflection curve equation)

2. 梁的变形程度的度量

由图 7-2 可以看出，梁的变形程度可用两个基本量来度量：

（1）挠度——梁上距离坐标原点 O 为 x 的截面形心，沿垂直于 x 轴方向的位移 w，称为该截面的挠度（deflection），其单位为 mm。挠度一般用 w（或 y）表示。

（2）转角——梁的任一横截面在弯曲变形过程中，

图　7-2

绕中性轴转过的角位移 θ，称为该截面的转角（angle of rotation），其单位为弧度（rad）。

尽管梁弯曲变形时其横截面形心沿轴线方向也存在位移，但在小变形的条件下，这一位移远小于垂直于梁轴线方向的位移，故不必考虑。挠度和转角的表示用代数量，其正负规定为：在图 7-2 所示的坐标系中，向上的挠度为正，向下的挠度为负；逆时针方向的转角为正，顺时针方向的转角为负。

由图 7-2 还可以看出，梁的横截面转角 θ 等于挠曲线在该截面处点的切线与轴 Ox 的夹角。在工程实际中，梁的转角 θ 一般均很小，于是

$$\theta \approx \tan\theta = \frac{\mathrm{d}w(x)}{\mathrm{d}x} = w' \tag{7-2}$$

即横截面的转角近似等于挠曲线在该截面处的斜率。可见，只要得到梁变形后的挠曲线方程，就可通过微分得到转角方程，然后由方程计算梁的挠度和转角。

二、积分法求梁的变形

在第六章第一节讨论梁的弯曲正应力时，曾建立了用中性层曲率表示的梁纯弯曲变形的基本公式（6-2），并指出此式也适用于横力弯曲。在这种情况下，梁弯曲的曲率半径和弯矩都是横截面位置 x 的函数，于是式（6-2）即写成

$$\frac{1}{\rho(x)} = \frac{M(x)}{EI_z} \tag{a}$$

由高等数学可知，对于一平面曲线 $w = w(x)$ 上任意一点的曲率又可写成

$$\frac{1}{\rho(x)} = \pm \frac{w''}{\left[1 + (w')^2\right]^{\frac{3}{2}}} \tag{b}$$

在小变形的条件下，梁的转角 θ 一般都很小，因此式（b）中的 $(w')^2$ 远小于 1，可略去不计。因图 7-2 所选坐标系规定 w 向上为正，弯矩 $M(x)$ 应与 $\mathrm{d}^2w/\mathrm{d}x^2$ 同号，故取式（b）右边为正号，将式（b）代入式（a），得

$$w'' = \frac{\mathrm{d}^2w(x)}{\mathrm{d}x^2} = \frac{M(x)}{EI_z} \tag{7-3}$$

上式称为梁的挠曲线近似微分方程。根据此方程得出的解用于计算梁的挠度和转角，在工程上已足够精确。对于等截面直梁，只要将弯矩方程代入挠曲线近似微分方程，先后积分两次，就可得到梁的转角方程和挠度方程为

$$\theta = \frac{\mathrm{d}w(x)}{\mathrm{d}x} = \int \frac{M(x)}{EI_z}\mathrm{d}x + C \tag{7-4}$$

$$w = \int\left(\int \frac{M(x)}{EI_z}\mathrm{d}x\right)\mathrm{d}x + Cx + D \tag{7-5}$$

式中的积分常数 C 和 D 可利用梁上某些截面的已知位移来确定。例如，在梁的固定端处挠度和转角均为零，在梁的固定铰链支座处挠度为零，等等，这些称为梁变形的边界条件。当弯矩方程在分段建立时，各梁段的挠度、转角方程会不同，但相邻梁段交接处截面的挠度和转角是相同的，也就是梁的变形曲线在梁段交接处应满足光滑、连续条件，此即为梁变形的连续条件。可求出该截面的挠度和转角。以上求梁弯曲变形的方法称为积分法。下面举例说明这种方法的应用。

【例 7-1】　图 7-3a 为镗刀对工件镗孔的示意图。为了保证镗孔的精度，镗刀杆的弯曲变形不能过大。已知镗刀杆的直径 $d = 10$ mm，长度 $l = 500$ mm，弹性模量 $E = 210$ GPa，切削力 $F = 200$ N。试用积分法求镗

刀杆上安装镗刀处截面 B 的挠度和转角。

[解] 将镗刀杆简化为悬臂梁(图 7-3b),选坐标系 xAw,梁的弯矩方程为

$$M(x) = -F(l-x)$$

由式(7-3),得梁的挠曲线近似微分方程为

$$EI_z w'' = M(x) = -F(l-x)$$

积分得

$$EI_z w' = \frac{F}{2}x^2 - Flx + C \qquad (a)$$

$$EI_z w = \frac{F}{6}x^3 - \frac{Fl}{2}x^2 + Cx + D \qquad (b)$$

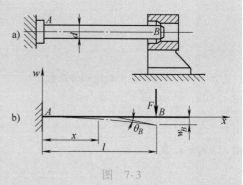

图 7-3

在梁的固定端 A 处,转角和挠度均等于零,亦即边界条件为:当 $x=0$ 时,$w_A=0$,$\theta_A=0$,把此边界条件代入式(a)和式(b),得

$$C = EI_z \theta_A = 0, \quad D = EI_z w_A = 0$$

把所得积分常数 C 和 D 代回式(a)和式(b),即得悬臂梁的转角方程和挠曲线方程分别为

$$EI_z w' = \frac{F}{2}x^2 - Flx$$

$$EI_z w = \frac{F}{6}x^3 - \frac{Fl}{2}x^2$$

以截面 B 处的横坐标 $x=l$ 代入以上两式,即得截面 B 的转角和挠度分别为

$$\theta_B = w'_B = -\frac{Fl^2}{2EI_z}, \quad w_B = -\frac{Fl^3}{3EI_z}$$

[例 7-2] 试用积分法求解图 7-4a 所示悬臂梁 AB 挠曲线微分方程及自由端 A 的挠度和转角。已知抗弯刚度 EI = 为常量。

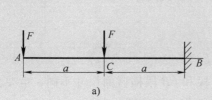
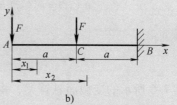

图 7-4

分析:这一问题看似并不复杂,但由于在 C 处作用有集中力 F,致使左段和右段的弯矩不同。因此应分两段分别建立挠曲线近似微分方程并分段积分,由边界条件和连续性条件确定积分常数才能得到两段梁挠度方程和转角方程,方能求得自由端 A 的挠度和转角。

[解] 选取如图 7-4b 所示的坐标系 xAy。

(1) AC 段弯矩方程、挠曲线微分方程及其积分为

$$M_1(x_1) = -Fx_1 (0 \leqslant x_1 \leqslant a)$$

$$EIw''_1 = -Fx_1$$

$$EIw'_1 = -F\frac{x_1^2}{2} + C_1$$

$$EIw_1 = -F\frac{x_1^3}{6} + C_1 x_1 + D_1$$

(2) CB 段弯矩方程、挠曲线微分方程及其积分为

$$M_2(x_2) = Fa - 2Fx_2 (a \leqslant x_2 < 2a)$$

$$EIw_2''=Fa-2Fx_2$$

$$EIw_2'=Fax_2-Fx_2^2+C_2$$

$$EIw_2=Fa\frac{x_2^2}{2}-F\frac{x_2^3}{3}+C_2x_2+D_2$$

由边界条件和连续性条件确定积分常数：

由 $x_2=2a$，$w_2'=0$ 得 $\qquad\qquad C_2=2Fa^2$

由 $x_2=2a$，$w_2=0$ 得 $\qquad\qquad D_2=-\dfrac{10}{3}Fa^3$

由 $x_1=x_2=a$，$w_1'=w_2'$ 得

$$-F\frac{a^2}{2}+C_1=Fa^2-Fa^2+2Fa^2 \qquad\qquad ①$$

由 $x_1=x_2=a$，$w_1=w_2$ 得

$$-F\frac{a^3}{6}+C_1a+D_1=Fa\frac{a^2}{2}-F\frac{a^3}{3}+2Fa^3-\frac{10}{3}Fa^3 \qquad\qquad ②$$

联立①、②两式求解，得

$$C_1=\frac{5}{2}Fa^2,\ D_1=-\frac{7}{2}Fa^3$$

各段挠曲线方程和转角方程

$$w_1(x_1)=\frac{1}{EI}\left(-F\frac{x_1^3}{6}+\frac{5}{2}Fa^2x_1-\frac{7}{2}Fa^3\right)$$

$$w_2(x_2)=\frac{1}{EI}\left(-F\frac{x_2^3}{3}+\frac{1}{2}Fax_2^2+2Fa^2x_2-\frac{10}{3}Fa^3\right)$$

$$\theta_1(x_1)=w_1'(x_1)=\frac{1}{EI}\left(-\frac{F}{2}x_1^2+\frac{5}{2}Fa^2\right)$$

$$\theta_2(x_2)=w_2'(x_2)=\frac{1}{EI}\left(Fax_2-Fx_2^2+2Fa^2\right)$$

自由端的挠度和转角

$$w_A=w_1(x_1)\Big|_{x_1=0}=-\frac{7Fa^3}{2EI},\ \theta_A=w_1'(x_1)\Big|_{x_1=0}=\frac{5Fa^2}{2EI}$$

又如图7-5所示的变截面悬臂梁，由于 AC 段和 CB 段横截面尺寸不同，也要分两段分别建立挠曲线近似微分方程并分段积分，像例7-2作一样处理。

至于像图7-6所示的外伸梁，应分三段分别建立挠曲线近似微分方程并分段积分，分别得到梁段的三个挠曲线方程和三个转角方程（即共六个方程）。显然，用积分法计算变形有时是十分冗长麻烦的。

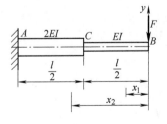

图　7-5

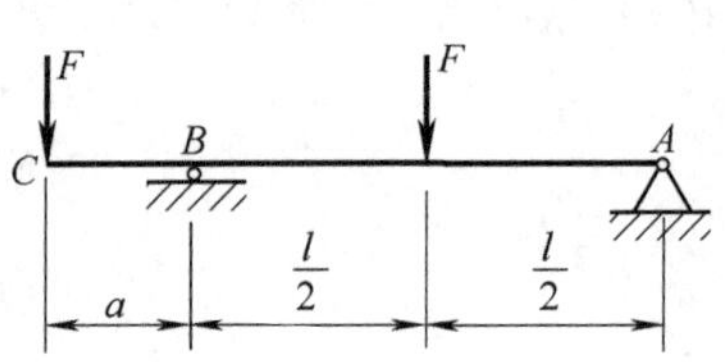

图　7-6

三、用查表法和叠加法求梁的变形

由以上的分析可以看出，如梁上载荷情况愈复杂，写出弯矩方程时分段愈多，积分常数也愈多。积分法的优点是可以求得转角和挠度的普遍方程。但当只需确定某些特定截面的转角和挠度，而并不需求出转角和挠度的普遍方程时，积分法就显得过于累赘。为此，在一般设计手册中，已将常见梁的挠度方程、梁端面转角和最大挠度计算公式列成表格，以备查用。表7-1给出了几种简单载荷作用下梁的挠度和转角。

由于梁的挠曲线近似微分方程是在其小变形且材料服从胡克定律的情况下推导出来的，因此梁的挠度和转角与载荷呈线性关系。当梁上同时作用有几个载荷时，可分别求出每一载荷单独作用下的变形，然后将各个载荷单独作用下的变形叠加，即得这些载荷共同作用下的变形，这就是求梁变形的**叠加法**。

用叠加法求梁的位移时应注意以下两点：一是正确理解梁的变形与位移之间的区别和联系，位移是由变形引起的，但没有变形不一定没有位移；二是正确理解和应用变形连续条件，即在线弹性范围内，梁的挠曲线是一条连续光滑的曲线。下面举例说明叠加法的应用。

【例7-3】 试用叠加法求图7-7a所示悬臂梁截面 A 的挠度和自由端 B 的转角，已知 EI 为常数。

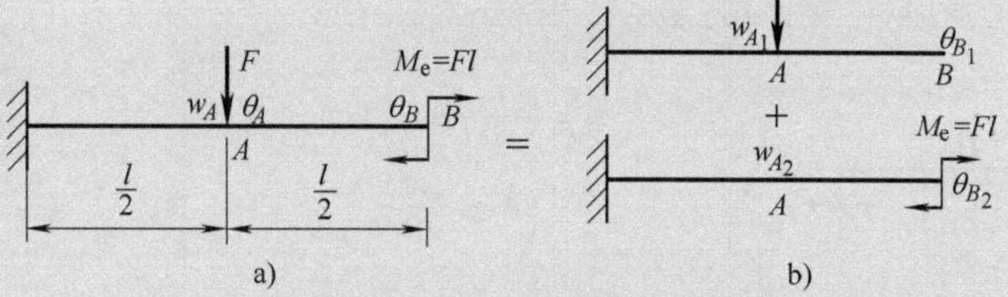

图 7-7

【解】 将图7-7a所示悬臂梁分解为单独在 F 和 M_e 作用下的悬臂梁，如图7-7b所示。分别查表7-1，可得

$$w_{A1} = -\frac{Fl^3}{24EI}, \quad w_{A2} = -\frac{M_e(l/2)^2}{2EI} = -\frac{Fl^3}{8EI}$$

$$\theta_{B1} = \theta_A = -\frac{Fl^2}{8EI}, \quad \theta_{B2} = -\frac{M_e l}{EI} = -\frac{Fl^2}{EI}$$

由叠加原理有

$$w_A = w_{A1} + w_{A2} = -\frac{Fl^3}{6EI}, \quad \theta_B = \theta_{B1} + \theta_{B2} = -\frac{9Fl^2}{8EI}$$

表7-1 梁在简单载荷作用下的变形

序号	梁的简图	挠曲线方程	挠度和转角
(1)	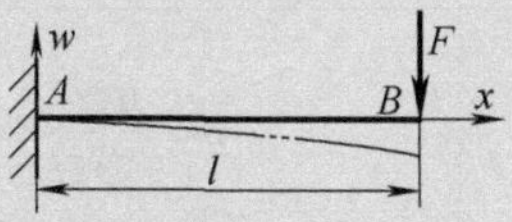	$w = -\dfrac{Fx^2}{6EI}(3l - x)$	$w_B = -\dfrac{Fl^3}{3EI}$ $\theta_B = -\dfrac{Fl^2}{2EI}$
(2)	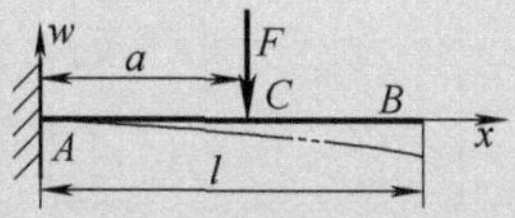	$w = -\dfrac{Fx^2}{6EI}(3a - x) \quad (0 \leqslant x \leqslant a)$ $w = -\dfrac{Fa^2}{6EI}(3x - a) \quad (a \leqslant x \leqslant l)$	$w_B = -\dfrac{Fa^2}{6EI}(3l - a)$ $\theta_B = -\dfrac{Fa^2}{2EI}$

（续）

序号	梁的简图	挠曲线方程	挠度和转角
(3)		$w = -\dfrac{qx^2}{24EI}(x^2 - 4lx + 6l^2)$	$w_B = -\dfrac{ql^4}{8EI}$ $\theta_B = -\dfrac{ql^3}{6EI}$
(4)		$w = -\dfrac{M_e x^2}{2EI}$	$w_B = -\dfrac{M_e l^2}{2EI}$ $\theta_B = -\dfrac{M_e l}{EI}$
(5)		$w = -\dfrac{M_e x^2}{2EI} \quad (0 \leqslant x \leqslant a)$ $w = -\dfrac{M_e a}{EI}\left(\dfrac{a}{2} - x\right) \quad (a \leqslant x \leqslant l)$	$w_B = -\dfrac{M_e a}{EI}\left(l - \dfrac{a}{2}\right)$ $\theta_B = -\dfrac{M_e a}{EI}$
(6)		$w = -\dfrac{Fx}{48EI}(3l^2 - 4x^2)$ $\left(0 \leqslant x \leqslant \dfrac{l}{2}\right)$	$w_C = -\dfrac{Fl^3}{48EI}$ $\theta_A = -\theta_B = -\dfrac{Fl^2}{16EI}$
(7)		$w = -\dfrac{Fbx}{6EIl}(l^2 - x^2 - b^2)$ $(0 \leqslant x \leqslant a)$ $w = -\dfrac{Fa(l-x)}{6EIl}(x^2 + a^2 - 2lx)$ $(a \leqslant x \leqslant l)$	$\delta = -\dfrac{Fb(l^2 - a^2)^{3/2}}{9\sqrt{3}EIl}$ $\left(\text{在 } x = \sqrt{\dfrac{l^2 - b^2}{3}} \text{ 处}\right)$ $\theta_A = -\dfrac{Fb(l^2 - b^2)}{6EIl}$ $\theta_B = \dfrac{Fa(l^2 - a^2)}{6EIl}$
(8)		$w = -\dfrac{qx}{24EI}(x^3 + l^3 - 2lx^2)$	$\delta = -\dfrac{5ql^4}{384EI}$ $\theta_A = -\theta_B = -\dfrac{ql^3}{24EI}$
(9)		$w = \dfrac{M_e x}{6EIl}(l^2 - x^2)$	$\delta = \dfrac{M_e l^2}{9\sqrt{3}EI}$ （位于 $x = l/\sqrt{3}$ 处） $\theta_A = \dfrac{M_e l}{6EI}$ $\theta_B = -\dfrac{M_e l}{3EI}$

（续）

序号	梁的简图	挠曲线方程	挠度和转角
（10）		$w = \dfrac{M_e x}{6EIl}(l^2 - 3b^2 - x^2)$ $(0 \leqslant x \leqslant a)$ $w = \dfrac{M_e(l-x)}{6EIl}(3a^2 - 2lx + x^2)$ $(a \leqslant x \leqslant l)$	$\delta_1 = -\dfrac{M_e(l^2 - 3b^2)^{3/2}}{9\sqrt{3}EIl}$ （在 $x = \sqrt{l^2 - 3b^2}/\sqrt{3}$ 处） $\delta_2 = -\dfrac{M_e(l^2 - 3a^2)^{3/2}}{9\sqrt{3}EIl}$ （位于距 B 端 $x = \sqrt{l^2 - 3a^2}/\sqrt{3}$ 处） $\theta_A = \dfrac{M_e(l^2 - 3b^2)}{6EIl}$ $\theta_B = \dfrac{M_e(l^2 - 3a^2)}{6EIl}$ $\theta_C = -\dfrac{M_e(l^2 - 3a^2 - 3b^2)}{6EIl}$
（11）		$w = \dfrac{Fax}{6EIl}(l^2 - x^2)$ $(0 \leqslant x \leqslant l)$ $w = -\dfrac{F(x-l)}{6EI}\left[a(3x-l) - (x-l)^2\right]$ $(l \leqslant x \leqslant l+a)$	$w_C = -\dfrac{Fa^2}{3EI}(l+a)$ $\theta_A = -\dfrac{1}{2}\theta_B = \dfrac{Fal}{6EI}$ $\theta_C = -\dfrac{Fa}{6EI}(2l + 3a)$
（12）		$w = \dfrac{Mx}{6EIl}(l^2 - x^2)$ $(0 \leqslant x \leqslant l)$ $w = -\dfrac{M}{6EI}(3x^2 - 4xl + l^2)$ $(l \leqslant x \leqslant l+a)$	$w_C = -\dfrac{Ma}{6EI}(2l + 3a)$

【例 7-4】 如图 7-8a 所示，一抗弯刚度 EI 为常量的简支梁受到集中力 F 和均布载荷 q 的共同作用。试用叠加法求梁中点 C 的挠度和铰支端 A、B 的转角。

【解】 简支梁的变形是由集中力 F 和均布载荷 q 共同作用而引起的。在集中力 F 单独作用时，由表 7-1 可查得梁中点 C 的挠度和铰支端 A、B 的转角为

$$w_{CF} = \frac{Fl^3}{48EI_z}, \quad \theta_{AF} = \frac{Fl^2}{16EI_z}, \quad \theta_{BF} = -\frac{Fl^2}{16EI_z}$$

在均布载荷 q 单独作用时，由表 7-1 可查得梁中点 C 的挠度和铰支端 A、B 的转角为

$$w_{Cq} = -\frac{5ql^4}{384EI_z}, \quad \theta_{Aq} = -\frac{ql^3}{24EI_z}, \quad \theta_{Bq} = \frac{ql^3}{24EI_z}$$

叠加以上结果，即得梁中点 C 的挠度和铰支端 A、B 的转角为

$$w_C = w_{CF} + w_{Cq} = \frac{Fl^3}{48EI_z} - \frac{5ql^4}{384EI_z}$$

$$\theta_A = \theta_{AF} + \theta_{Aq} = \frac{Fl^2}{16EI_z} - \frac{ql^3}{24EI_z}$$

$$\theta_B = \theta_{BF} + \theta_{Bq} = -\frac{Fl^2}{16EI_z} + \frac{ql^3}{24EI_z}$$

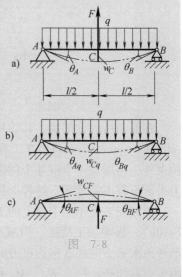

图 7-8

第二节 梁的刚度计算

梁的刚度条件

工程设计中，根据机械或结构物的工作要求，常对挠度或转角加以限制，对梁进行刚度计算。梁的刚度条件为

$$w_{max} \leqslant [w] \tag{7-6}$$

$$\theta_{max} \leqslant [\theta] \tag{7-7}$$

在各类工程设计中，对梁位移许用值的规定相差很大。通常在机械制造工程中，一般传动轴的许用挠度值 $[w]$ 为计算跨度 l 的 3/10 000 ~ 5/10 000，对刚度要求较高的传动轴，$[w]$ 为计算跨度 l 的 1/10 000 ~ 2/10 000；传动轴在轴承处的许用的转角 $[\theta]$ 通常在 0.001 ~ 0.005 rad 之间。土建工程中，许用挠度值 $[w]$ 为梁计算跨度 l 的 1/200 ~ 1/800 之间。

【例 7-5】 悬臂梁自由端受集中力 $F = 10$ kN，如图 7-9 所示。已知许用应力 $[\sigma] = 170$ MPa，许用挠度 $[w] = 10$ mm，若梁由工字钢制成，选择工字钢型号。

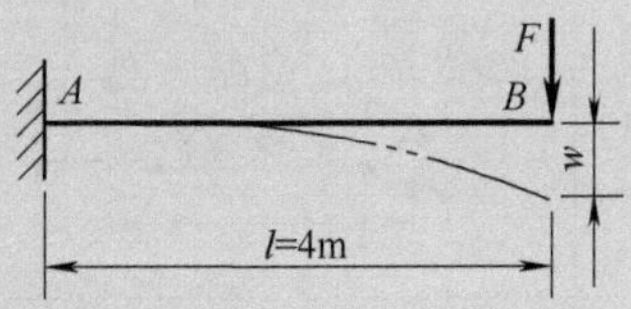

【解】 (1) 按照强度条件选择截面

$$M_{max} = Fl = 40 \text{ kN} \cdot \text{m}$$

故

$$W = \frac{M_{max}}{[\sigma]} = \frac{40 \times 10^3}{170 \times 10^6} = 0.235 \times 10^{-3} \text{ m}^3 = 235 \text{ cm}^3$$

查表选用 No. 20a 工字钢，其 $W = 237$ cm³，$I = 2\,370$ cm⁴。

(2) 按照刚度条件选择截面 由刚度条件

$$w_{max} = Fl^3/3EI \leqslant [w]$$

计算可得

$$I = 1.016 \times 10^8 \text{ mm}^4 = 10\,160 \text{ cm}^4$$

查表选用 No. 32a，$I = 11\,075.5$ cm⁴，$W = 692.2$ cm³。综合强度条件和刚度条件，应选用 No. 32a 工字钢，最大挠度和最大应力为

$$w_{max} = \frac{10 \times 10^3 \times 4\,000^3}{3 \times 2.1 \times 10^5 \times 1.108 \times 10^8} = 9.17 \text{ mm} < [w] = 10 \text{ mm}$$

$$\sigma_{max} = \frac{40 \times 10^6}{692.2 \times 10^3} = 57.8 \text{ MPa} < [\sigma] = 170 \text{ MPa}$$

图 7-9

第三节 简单超静定梁的解法

一、超静定梁的概念

在前面所讨论的梁，其约束力都可以通过静力平衡方程求得，这种梁称为<u>静定梁</u>(statically determinate beam)。在工程实际中，有时为了提高梁的强度和刚度，除维持平衡所需的约束外，再增加一个或几个约束。这时，未知约束力的数目将多于平衡方程的数目，仅由静力平衡方程不能求解。这种梁称为<u>超静定梁</u>(statically indeterminate beam)。

例如安装在车床卡盘上的工件(图 7-10a)如果比较细长，切削时会产生过大的挠度(图 7-10b)，影响加工精度。为减小工件的挠度，常在工件的自由端用尾架上的顶尖顶紧。在不考虑水平方向的支座约束力时，这相当于增加了一个可动铰支座(图 7-11a)。这时工件的约束力有四个：F_{Ax}、F_{Ay}、M_A 和 F_B(图 7-11b)，而有效的平衡方程只有三个。未知约束力数目比平衡方程数目多出一个，这是一次超静定梁。

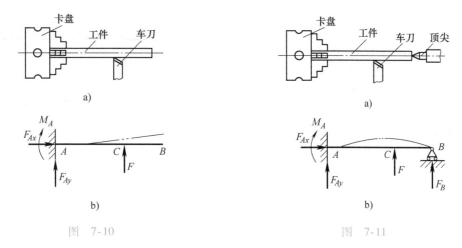

图　7-10　　　　　　　　　　　　　　　图　7-11

又如厂矿中铺设的管道一般则需用三个以上的支座支承(图7-12),都属于超静定梁,而且可以看出,图7-12所示的管道是二次超静定梁。

二、用变形比较法解超静定梁

解超静定梁的方法与解拉压超静定问题类似,也需根据梁的变形协调条件和力与变形间的物理关系,建立补充方程,然后与静力平衡方程联立求解。如何建立补充方程,是解超静定梁的关键。

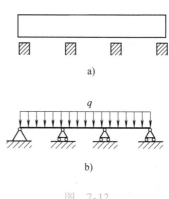

图　7-12

在超静定梁中,那些超过维持梁平衡所必需的约束,习惯上称为多余约束;与其相应的支座约束力称为多余约束力或多余支座约束力。可以设想,如果撤除超静定梁上的多余约束,则此超静定梁又将变为一个静定梁,这个静定梁称为原超静定梁的基本静定梁(basic statically determinate beam)。例如图7-13a所示的超静定梁,如果以 B 端的可动铰支座为多余约束,将其撤除后而形成的悬臂梁(图7-13b)即为原超静定梁的基本静定梁。

为使基本静定梁的受力及变形情况与原超静定梁完全一致,作用于基本静定梁上的外力除原来的载荷外,还应加上多余支座约束力,同时,还要求基本静定梁满足一定的变形协调条件。例如,上述的基本静定梁的受力情况如图7-13c所示,由于原超静定梁在 B 端有可动铰支座的约束,因此,还要求基本静定梁在 B 端的挠度为零,即

$$w_B = 0 \tag{a}$$

此即应满足的变形协调条件(简称变形条件)。这样,就将一个承受均布载荷的超静定梁变换为一个静定梁来处理,这个静定梁在原载荷和未知的多余支座约束力作用下,B 端的挠度为零。

根据变形协调条件及力与变形间的物理关系,即可建立补充方程。由图7-13c可见,B 端的挠度为零,可将其视为均布载荷引起的挠度 w_{Bq} 与未知支座约束力 F_B 引起的挠度 w_{BF_B} 的叠加结果,即

$$w_B = w_{Bq} + w_{BF_B} = 0 \tag{b}$$

由表7-1查得

$$w_{Bq} = -\frac{ql^4}{8EI} \tag{c}$$

$$w_{BF_B} = \frac{F_B l^3}{3EI} \tag{d}$$

$$-\frac{ql^4}{8EI} + \frac{F_B l^3}{3EI} = 0$$

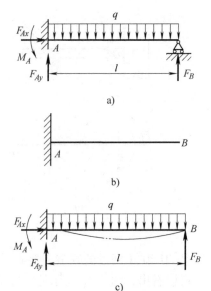

图　7-13

这就是所需的补充方程。由此可解出多余支座约束力为

$$F_B = \frac{3}{8}ql$$

多余支座约束力求得后，再利用平衡方程，其他支座约束力即可迎刃而解。由图7-13c，梁的平衡方程为

$$\sum F_x = 0, \; F_{Ax} = 0$$

$$\sum F_y = 0, \; F_{Ay} - ql + F_B = 0$$

$$\sum M_A = 0, \; M_A + F_B l - \frac{ql^2}{2} = 0$$

以 F_B 之值代入上列各式，解得

$$F_{Ax} = 0, \; F_{Ay} = \frac{5}{8}ql, \; M_A = \frac{1}{8}ql^2$$

这样，就解出了超静定梁的全部支座约束力。所得结果均为正值，说明各支座约束力的方向和约束力偶的转向与所设的一致。支座约束力求得后，即可进行强度和刚度计算。

由以上的分析可见，解超静定梁的方法是：选取适当的基本静定梁；利用相应的变形协调条件和物理关系建立补充方程；然后与平衡方程联立解出所有的支座约束力。这种解超静定梁的方法，称为变形比较法(degeneration comparison)。求解超静定问题的方法还有多种，以力为未知量的方法称为力法(force method)，变形比较法属于力法中的一种。

解超静定梁时，选择哪个约束为多余约束并不是固定的，可根据解题时的方便而定。选取的多余约束不同，相应的基本静定梁的形式和变形条件也随之而异。例如上述的超静定梁(图7-14a)也可选择阻止 A 端转动的约束为多余约束，相应的多余支座约束力则为力偶矩 M_A。解除这一多余约束后，固定端 A 将变为固定铰支座；相应的基本静定梁则为一简支梁，其上的载荷如图7-14b所示。这时要求此梁满足的变形条件则是 A 端的转角为零，即

$$\theta_A = \theta_{Aq} + \theta_{AM} = 0$$

由表7-1查得，因 q 和 M_A 而引起的截面 A 的转角分别为

$$\theta_{Aq} = -\frac{ql^3}{24EI}$$

$$\theta_{AM} = \frac{M_A l}{3EI}$$

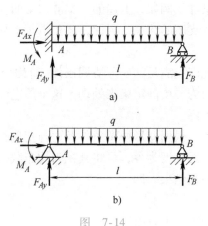

图　7-14

$$-\frac{ql^3}{24EI}+\frac{M_Al}{3EI}=0$$

这就是所需的补充方程。由此可解出多余支座约束力为

$$M_A=\frac{1}{8}ql^2$$

多余支座约束力求得后，再利用平衡方程，其他支座约束力即可迎刃而解。

【例7-6】　某管道可简化为有三个支座的连续梁(图7-15a)，受均布载荷 q 作用。已知跨度为 l，求支座约束力，并绘弯矩图。

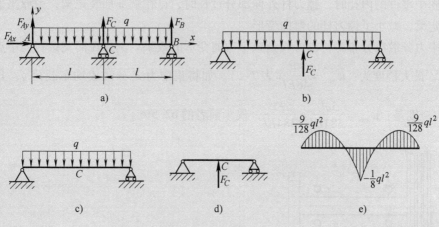

图　7-15

【解】　该梁可看作在简支梁 AB 上增加一个活动铰支座 C，这样就有一个多余约束力 F_C，因此是一次超静定问题。解除支座 C 并用约束力 F_C 代之，得到基本静定系如图7-15b所示。变形协调条件为：在载荷 q 和多余约束力 F_C 的共同作用下，基本静定系上 C 截面处的挠度为零。根据叠加原理，C 截面挠度为 q 单独作用下(图7-15c)的挠度 w_{Cq} 与多余约束力 F_C 单独作用下(图7-15d)挠度 w_{CC} 之和。故变形协调条件为

$$w_C=w_{Cq}+w_{CC}=0$$

由表7-1查得

$$w_{Cq}=-\frac{5q(2l)^4}{384EI},\quad w_{CC}=+\frac{F_C(2l)^3}{48EI}$$

代入上式解得

$$F_C=\frac{5}{4}ql$$

再由平衡方程，求得其余约束力

$$F_{Ax}=0,\ F_{Ay}=F_{By}=\frac{3}{8}ql$$

弯矩图如图7-15e所示。

第四节　提高梁刚度的措施

从表7-1可见，梁的变形量与跨度 l 的高次方成正比，与截面惯性矩 I_z 成反比。由此可见，为提高梁的刚度主要应从改善结构和增大 I_z 和 W_z 方面采取措施，以使梁的设计经济合理。

一、改善结构形式以减小弯矩

引起弯曲变形的主要因素是弯矩，减小弯矩也就减小了弯曲变形，这往往可以用改变结构形式的方法来实现。例如对图 7-16 中的轴，应尽可能地使带轮和齿轮靠近支座，以减小传动力 F_1 和 F_2 引起的弯矩。缩小跨度也是减小弯曲变形的有效方法。如例 7-5 悬臂梁自由端在受集中力作用下，挠度 w_{max}（$= Fl^3/3EI$）与跨度 l 的三次方成正比。若跨度缩短，则挠度的减小亦即刚度的提高必然是非常明显的。

在跨度不能缩短的情况下，可采取增加支座的方法来提高梁的刚度。例如图 7-17 所示镗床加工图中零件的内孔时，镗刀杆外伸部分过长时，可在端部加装尾架，由原来的静定梁变为超静定梁，减小了镗刀杆的弯曲变形。

把集中力分散成分布力，也可收到减小弯曲变形的效果。例如在简支梁跨度中点作用集中力 F 时，最大挠度为：$w_{max} = \dfrac{Fl^3}{48EI}$（表 7-1）。如将集中力 F 分散成均布载荷 q，且使 $ql = F$，则最大挠度是：$w_{max} = \dfrac{5ql^4}{384EI} = \dfrac{5Fl^3}{384EI}$，仅为前者的 62.5%。

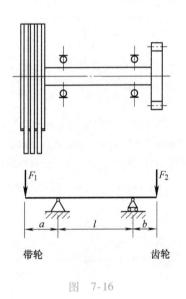

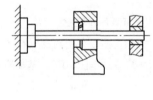

图　7-16　　　　　　　　　　　　　　　　　　图　7-17

二、选择合理的截面形状

不同形状的截面，即使面积相等，惯性矩却不一定相等。所以如选取的截面形状合理，便可增大截面惯性矩的数值，也是减小弯曲变形的途径：例如，工字形、槽形、T 形截面都比面积相等的矩形截面有更大的惯性矩。所以起重机大梁一般采用工字形或箱形截面；而机器的箱体也采用加筋的办法以提高箱壁的刚度。

最后指出，弯曲变形还与材料的弹性模量 E 有关。对 E 值不同的材料，E 越大弯曲变形越小。但是由于各种钢材的弹性模量大致相等，所以使用高强度钢材并不能明显提高弯曲刚度。

思　考　题

1. 何谓挠曲线？何谓挠度与转角？挠度与转角之间有何关系？该关系成立的条件是什么？

2. 挠曲线近似微分方程是如何建立的？应用条件是什么？该方程与坐标轴 x 与 w 的选取有何关系？

3. 如何绘制挠曲线的大致形状？根据是什么？如何判断挠曲线的凹、凸与拐点的位置？

4. 如何利用积分法计算梁位移？如何根据挠度与转角的正负判断位移的方向？最大挠度处的横截面转角是否一定为零？

5. 何谓叠加法？成立的条件是什么？如何利用该方法分析梁的位移？

6. 何谓多余约束与多余约束力？何谓基本静定梁？如何求解超静定梁的支座约束力？如何分析超静定梁的应力与位移？

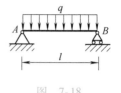

图 7-18

7. 试述提高弯曲刚度的主要措施有哪些？提高梁的刚度与提高其强度的措施有何不同？

8. 图 7-18 所示简支梁跨度为 l，均布载荷集度为 q，减少梁的挠度的最有效措施是下列中的哪一个？

A. 加大截面，以增加其惯性矩 I_z 的值；　　B. 不改变截面面积，而采用惯性矩 I_z 值较大的工字形截面；

C. 用弹性模量 E 较大的材料；　　　　　　D. 在梁的跨度中点增加支座。

习　题

7-1　试写出题 7-1 图所示各梁的边界条件。

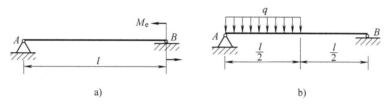

题　7-1 图

7-2　根据题 7-2 图所示梁的坐标轴 x_1 和 x_2，用积分法求求梁的挠曲线方程。设 EI 为常数。

*7-3　根据题 7-3 图所示坐标轴 x_1、x_2 和 x_3，用积分法求梁的挠曲线方程，并确定截面 A 的转角及梁的最大挠度。设 EI 为常量。

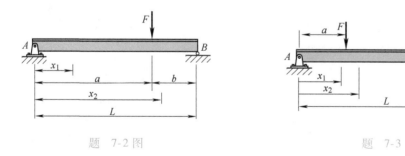

题　7-2 图　　　　　　　　　　　　　　　题　7-3 图

7-4　用积分法求题 7-4 图所示各梁的挠曲线方程、端截面转角 θ_A 和 θ_B、跨度中点的挠度和最大挠度。设 EI 为常量。

7-5　用积分法求题 7-5 图所示各梁的转角方程、挠曲线方程以及指定的转角和挠度。已知抗弯刚度 EI 为常数。

7-6　如题 7-6 图所示梁，EI 已知。试用叠加法求：(a)B 点挠度和 C 点截面转角；(b)A 点挠度和截面转角。

7-7　如题 7-7 图所示梁，试求梁 B 处的转角和 C 处的挠度。设 EI 已知为常量。

7-8　如题 7-8 图所示钢梁，在下列两种情况下，求 B 处的转角和挠度：(a)梁采用直径为 60 mm 的实

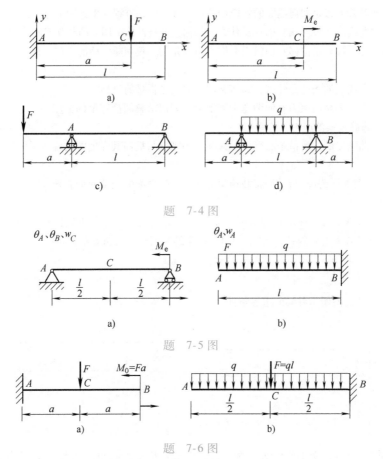

题　7-4 图

题　7-5 图

题　7-6 图

心圆杆；（b）梁采用外径为 60 mm、厚度为 5 mm 的空心圆杆。

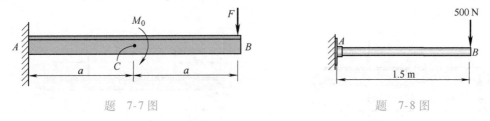

题　7-7 图　　　　　　　　　　　　　题　7-8 图

7-9　两端简支的输气管道，已知其外径 $D = 114$ mm，壁厚 $\delta = 4$ mm，单位长度重量 $q = 106$ N/m，材料的弹性模量 $E = 210 \times 10^9$ N/m²，设管道的许可挠度 $[w] = l/500$，管道长度 $l = 8$ m，试校核管道的刚度。

7-10　题 7-10 图所示简支梁，$l = 4$ m，$q = 9.8$ kN/m，若许可挠度 $[w] = l/1\ 000$，截面由两根槽钢组成，试选定槽钢的型号，并对自重影响进行校核。已知材料的弹性模量 $E = 206 \times 10^9$ N/m²。

7-11　题 7-11 图所示的 A 端固定，B 端安放在活动铰链支座上。已知外力 F 及尺寸 a 和 l。试求支座 A 处的约束力。

题　7-10 图　　　　　　　　　　　　　题　7-11 图

7-12 如题 7-12 图所示梁的 EI = 常量，试作梁的剪力图和弯矩图。

7-13 题 7-13 图所示房屋建筑中的某一等截面梁简化成均布载荷作用下的双跨梁。试作梁的剪力图和弯矩图。

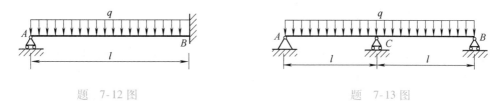

题 7-12 图　　　　　　　　　　　题 7-13 图

*7-14 题 7-14 图所示跳水板，一人的质量为 78 kg，静止站立在跳水板的一端。板的横截面如图所示，试求板中的最大正应变。已知材料的弹性模量为 E = 125 GPa，并假定 A 处为销钉，B 处为活动铰支座轴约束。

*7-15 题 7-15 图所示结构中，水平梁为 16 号工字钢；拉杆的截面为圆形，d = 10 mm。两者均采用低碳钢，E = 200 GPa。试求梁及拉杆内的最大正应力。

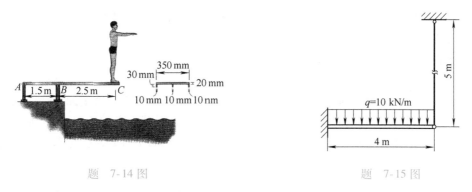

题 7-14 图　　　　　　　　　　　题 7-15 图

*7-16 试求题 7-16 图所示梁的约束力，并作梁的剪力图和弯矩图。设 EI 常量。

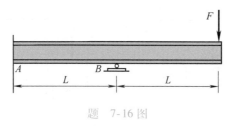

题 7-16 图

第八章　应力状态分析和强度理论

　　本章主要介绍应力状态、主应力、主平面等基本概念，并导出斜截面应力公式及应力表达式；介绍了应力分析的图解法——应力圆法；给出了复杂应力状态下弹性范围内的应力应变关系——广义胡克定律，以及杆件上一点任一方向的线应变和载荷之间的联系；对破坏形态作了归纳，在此基础上提出破坏假说（强度理论），建立适用复杂应力状态下的强度条件。

第一节　应力状态概述

　　前面研究了杆件在轴向拉伸（压缩）、扭转和弯曲基本变形情况下的强度问题。这些杆件的危险点均处于单向应力状态，如图 8-1a、b 所示，或处于纯剪切应力状态，如图 8-1c 所示，其建立的相应强度条件分别为

$$\sigma_{\max} \leqslant [\sigma], \ \tau_{\max} \leqslant [\tau]$$

　　在工程实际中，许多构件的危险点处于更复杂的受力状态，这是一些更加复杂的强度问题。如图 8-1d 所示的转轴就同时存在扭转和弯曲变形，该轴横截面上的危险点处（如 D 点）上不仅有正应力，还有切应力。又如图 8-2 所示在导轨和车轮的接触处，除在垂直方向直接

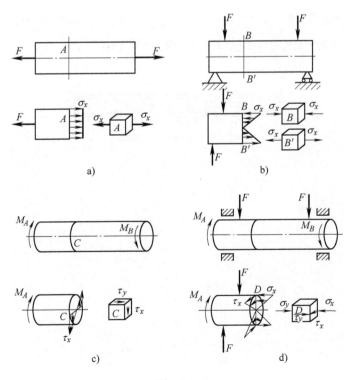

图　8-1

受压应力作用外，由于其横向变形受到周围材料的阻碍，因而侧向也受到压应力作用。那么对于这类构件，是否可以仍采用上述的强度条件分别进行计算呢？实践证明，这些截面上的正应力和切应力并不是分别对构件起破坏作用，而是相互有联系的，因而应考虑它们的综合影响。要解决这类构件的强度问题，除应全面研究危险点处各截面的应力外，还应研究材料在复杂应力作用下的破坏规律。这就是本章所要研究的主要内容。

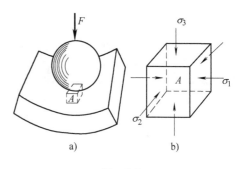

图 8-2

事实上，构件在拉压、扭转、弯曲等基本变形情况下，并不都是沿构件的横截面破坏的。因此，为了分析各种破坏现象，建立组合变形情况下构件的强度条件，还必须研究构件各个不同斜截面上的应力，即危险点的应力状态。所谓一点的应力状态就是受力构件内任一点处不同方位的截面上应力的分布情况。

研究构件内任一点处的应力状态，通常采用分析单元体的方法。这种方法是在所研究的构件某点处，用三对互相垂直的截平面切取一个极其微小的正立方体代表该点，该立方体称为单元体(cell cube)。由于单元体的尺寸极其微小，可认为单元体各面上的应力均匀分布，并可认为两个平行面上的应力相同。

在图 8-1a 中，单元体的三个相互垂直的面上都无切应力，这种切应力等于零的面称为主平面(principal planes)，主平面上的正应力称为主应力(principal stress)。一般说，通过受力构件的任意点皆可找到三个相互垂直的主平面，因而每一点都有三个主应力。对简单拉伸(或压缩)，三个主应力中只有一个不等于零，称为单向应力状态(state of uniaxial stress)。

若三个主应力中有两个不等于零，称为二向或平面应力状态(state of plane stress)。若三个主应力皆不等于零，称为三向或空间应力状态(state of space stress)。单向应力状态也称为简单应力状态(simple stress state)，二向和三向应力状态也统称为复杂应力状态(complex stress state)。

研究构件内任一点的应力状态时，通常用 σ_1、σ_2、σ_3 代表该点的三个主应力，并以 σ_1 代表代数值中最大主应力，σ_3 代表代数值中最小主应力，即 $\sigma_1 > \sigma_2 > \sigma_3$。

关于单向应力状态已于第二章中讨论过，本章将从分析二向应力状态开始。

第二节 平面应力状态分析

平面应力状态是经常遇到的情况。如图 8-3a 所示，在单元体的各个侧面中，只有四个侧面上有应力，且它们的作用线均平行于同一平面，即在垂直于 x 面上作用有应力 σ_x、τ_{xy}，在垂直于 y 面上有应力 σ_y、τ_{yx}。

平面应力状态分析的方法有解析法和图解法。

一、平面应力状态应力分析的解析法

1. 任一斜截面上的应力

利用截面法，沿平行于 z 轴的截面 ef 将单元体切成两部分(图 8-3b)，取其左部分进行研究。ef 左部分的受力图与几何尺寸如图 8-3c、d 所示。设截面法线方向与 x 轴的夹角为 α，斜截面的面积为 dA，则法向 n 和切向 t 的平衡方程分别为

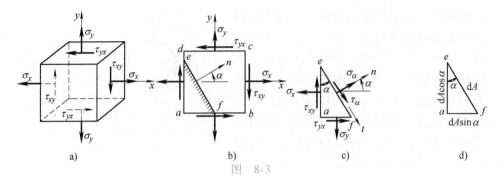

图　8-3

$$\sigma_\alpha dA + (\tau_{xy} dA\cos \alpha)\sin \alpha - (\sigma_x dA\cos \alpha)\cos \alpha +$$
$$(\tau_{yx} dA\sin \alpha)\cos \alpha - (\sigma_y dA\sin \alpha)\sin \alpha = 0$$
$$\tau_\alpha dA - (\tau_{xy} dA\cos \alpha)\cos \alpha - (\sigma_x dA\cos \alpha)\sin \alpha +$$
$$(\tau_{yx} dA\sin \alpha)\sin \alpha + (\sigma_y dA\sin \alpha)\cos \alpha = 0$$

根据切应力互等定理，τ_{xy} 和 τ_{yx} 在数值上相等，以 τ_{xy} 代替 τ_{yx}，并简化上列平衡方程，最后得出

$$\sigma_\alpha = \sigma_x \cos^2 \alpha + \sigma_y \sin^2 \alpha - 2\tau_{xy}\sin \alpha\cos \alpha$$
$$= \frac{\sigma_x + \sigma_y}{2} + \frac{\sigma_x - \sigma_y}{2}\cos 2\alpha - \tau_{xy}\sin 2\alpha \tag{8-1}$$

$$\tau_\alpha = \frac{\sigma_x - \sigma_y}{2}\sin 2\alpha + \tau_{xy}\cos 2\alpha \tag{8-2}$$

由以上公式，可以求出 α 角为任意值时斜截面上的应力。公式还表明，斜截面上的应力 σ_α 和 τ_α 随 α 角的改变而变化，它们都是 α 的函数。

2. 主应力和主平面

由式(8-1)、式(8-2)可知，斜截面上的正应力 σ_α 和切应力 τ_α 都是 α 的函数，而在分析构件的强度时，我们主要关心的是它们的极值及此时斜截面的位置。

利用式(8-1)可以确定正应力的极值和它们所在平面的位置。将式(8-1)对 α 求导数，得

$$\frac{d\sigma_\alpha}{d\alpha} = -2\left(\frac{\sigma_x - \sigma_y}{2}\sin 2\alpha + \tau_{xy}\cos 2\alpha\right) \tag{8-3}$$

若 $\alpha = \alpha_0$ 时能使导数 $\frac{d\sigma_\alpha}{d\alpha}$ 等于零，则在 α_0 所确定的截面上，σ_α 为极值。以 α_0 代入式(8-3)并令其等于零，得

$$\frac{\sigma_x - \sigma_y}{2}\sin 2\alpha_0 + \tau_{xy}\cos 2\alpha_0 = 0 \tag{8-4}$$

可推出

$$\tan 2\alpha_0 = -\frac{2\tau_{xy}}{\sigma_x - \sigma_y} \tag{8-5}$$

由式(8-5)可以求出相差 90° 的两个角度 α_0，它们确定相互垂直的两个平面，其中一个是最大正应力所在的平面，另一个是最小正应力所在的平面。比较式(8-2)和式(8-4)，可见满足式(8-4)的 α_0 角恰好使 $\tau_{\alpha_0} = 0$。也就是说，在正应力为最大或最小的平面上，切应力等于零。因为切应力等于零的平面是主平面，主平面上的正应力是主应力，所以主应力就是最大或最小的正应力。这样，由式(8-5)解出的两个 α_0 确定了两个主平面的方位。由式(8-5)求得

$$\cos 2\alpha_0 = \pm \frac{\sigma_x - \sigma_y}{\sqrt{(\sigma_x - \sigma_y)^2 + 4\tau_{xy}}}, \ \sin 2\alpha_0 = \mp \frac{2\tau_{xy}}{\sqrt{(\sigma_x - \sigma_y)^2 + 4\tau_{xy}}}$$

代入式(8-1)，得

$$\left. \begin{array}{r} \sigma_{\max} \\ \sigma_{\min} \end{array} \right\} = \frac{\sigma_x + \sigma_y}{2} \pm \sqrt{\left(\frac{\sigma_x - \sigma_y}{2}\right)^2 + \tau_{xy}^2} \tag{8-6}$$

通常计算两个主应力时，都直接应用式(8-6)。而不必将两个 α_0 分别代入式(8-1)，重复上述的运算步骤。

联合使用式(8-5)和式(8-6)时，可先比较 σ_x 和 σ_y 的代数值。若 $\sigma_x > \sigma_y$，则式(8-5)确定的两个 α_0 中，绝对值较小的一个确定 $\sigma_{\max}$ 所在的主平面；若 $\sigma_x < \sigma_y$，则绝对值较大的一个确定 $\sigma_{\min}$ 所在的主平面。

用完全相似的方法，可以讨论切应力 τ_α 的极值和它们所在的平面。将式(8-2)对 α 取导数，得

$$\frac{\mathrm{d}\tau_\alpha}{\mathrm{d}\alpha} = (\sigma_x - \sigma_y)\cos 2\alpha - 2\tau_{xy}\sin 2\alpha \tag{a}$$

若 $\alpha = \alpha_1$ 时能使导数 $\dfrac{\mathrm{d}\tau_\alpha}{\mathrm{d}\alpha}$ 等于零，则在由 α_1 所确定的截面上，τ_α 为极值。以 α_1 代入式(a)并令其等于零，得

$$(\sigma_x - \sigma_y)\cos 2\alpha_1 - 2\tau_{xy}\sin 2\alpha_1 = 0$$

$$\tan 2\alpha_1 = \frac{\sigma_x - \sigma_y}{2\tau_{xy}} \tag{8-7}$$

由式(8-7)可以解出相差90°的两个 α_1，它们确定两个相互垂直的平面，分别作用着最大和最小切应力。由式(8-7)解出 $\sin 2\alpha_1$ 和 $\cos 2\alpha_1$，代入式(8-2)，求得切应力的最大和最小值分别是

$$\left. \begin{array}{r} \tau_{\max} \\ \tau_{\min} \end{array} \right\} = \pm \sqrt{\left(\frac{\sigma_x - \sigma_y}{2}\right)^2 + \tau_{xy}^2} \tag{8-8}$$

与式(8-6)的作用相类似，式(8-8)可直接确定切应力的极值，而无需再重复上述的运算过程。比较式(8-5)和式(8-7)，可见

$$\tan 2\alpha_0 = -\frac{1}{\tan 2\alpha_1}$$

故有

$$2\alpha_1 = 2\alpha_0 + \frac{\pi}{2}, \ \alpha_1 = \alpha_0 + \frac{\pi}{4} \tag{b}$$

这表明最大和最小切应力所在平面与主平面的夹角为45°。

【例8-1】 如图8-4a所示一矩形截面简支梁，矩形尺寸：$b = 80$ mm，$h = 160$ mm，跨中作用集中荷载 $F = 20$ kN。试计算距离左端支座 A 为 0.3 m 的 D 处截面中性层以上 $y = 20$ mm 某点 K 的主应力、最大切应力及其方位。

【解】 (1)计算 A 处约束力和 D 截面的剪力及弯矩

① A 处垂直约束力设用 F_{RA}（图中未画出）表示，由平衡方程很易得知

$$F_{RA} = F/2 = 10 \text{ kN}$$

② 用截面法求得 D 截面的剪力及弯矩，分别为

$$F_{QD} = F_{RA} = 10 \text{ kN}, \ M = F_{RA} \times 0.3\text{m} = 10 \text{ kN} \times 0.3 \text{ m} = 3 \text{ kN} \cdot \text{m}$$

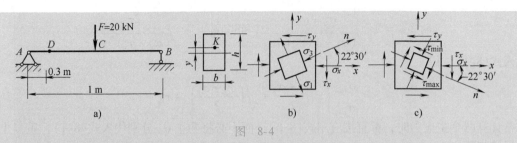

图 8-4

（2）计算 D 处截面中性层以上 20 mm 处 K 点正应力及切应力

$$\sigma_K = -\frac{M_D y}{I_z} = -\frac{3 \times 10^6 \times 20}{\frac{1}{12} \times 80 \times 160^3} \text{ MPa} = -2.2 \text{ MPa}$$

$$\tau_K = \frac{F_{QD} S_z^*}{I_z b} = \frac{F_{QD} b\left(\frac{h}{2} - y\right) \times \frac{1}{2}\left(\frac{h}{2} + y\right)}{I_z \times b} = 1.1 \text{ MPa}$$

（3）计算主应力及其方位 取 K 点单元体如图 8-4b 所示，$\sigma_x = \sigma_K = -2.2$ MPa，因梁的纵向纤维之间互不挤压，故 $\sigma_y = 0$；$\tau_y = \tau_K = 1.1$ MPa。所以有

$$\sigma_3^1 = \frac{-2.2}{2} \text{ MPa} \pm \sqrt{\left(\frac{-2.2}{2}\right)^2 + 1.1^2} \text{ MPa} = \begin{matrix} 0.46 \\ -2.66 \end{matrix} \text{ MPa}$$

主方向

$$\tan 2\alpha_0 = \frac{-2 \times 1.1}{-2.2} = 1$$

$$\alpha_0 = 22°30'$$

因 $\sigma_x < \sigma_y$，所以 α_0 是 σ_3 所在截面的方位。标到单元体上，如图 8-4b 所示。

（4）计算最大切应力及其方位

$$\tau_{\min}^{\max} = \pm \sqrt{\left(\frac{-2.2}{2}\right)^2 + 1.1^2} \text{ MPa} = \pm 1.56 \text{ MPa}$$

$$\tan 2\alpha_1 = \frac{-2.2}{2 \times 1.1} = -1$$

$$\alpha_1 = -22°30'$$

标到单元体上，如图 8-4c 所示。

【例 8-2】 图 8-5a 所示一铸铁材料的圆轴，试分析扭转时边缘上点 A 的应力情况。

【分析】 圆轴受扭时，横截面边缘处切应力最大，其值为

$$\tau = T/W_p$$

取边缘上的点 A 分析（图 8-5b），因为单元体各面上正应力为 0，故

$$\sigma_x = \sigma_y = 0, \ \tau_x = -\tau_y = \tau$$

该单元体属于纯切应力状态，代入式（8-6）可求出边缘上点 A 的主应力。

【解】 由式（8-7）可得

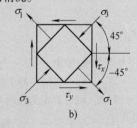

图 8-5

$$\sigma_{\min}^{\max} = \frac{\sigma_x + \sigma_y}{2} \pm \sqrt{\left(\frac{\sigma_x - \sigma_y}{2}\right)^2 + \tau_x^2} = \pm \tau$$

$$\sigma_1 = \tau, \ \sigma_3 = -\tau$$

主应力方向

$$\tan 2\alpha_0 = -\frac{2\tau_x}{\sigma_x - \sigma_y} = -\infty$$

所以

$$2\alpha_0 = 90° \quad 或 \quad 2\alpha_0 = -270°$$

$$\alpha_0 = 45° \quad 或 \quad \alpha_0 = -135°$$

上述结果表明，在杆轴向呈倾角 45° 方向，主应力分别达到最大和最小，一为拉应力，一为压应力。由于铸铁抗拉强度低于抗压强度，杆件将沿与在杆轴线成倾角 45° 的斜截面上因拉伸而发生断裂破坏。

二、平面应力状态分析的图解法——应力圆

以上介绍的是平面应力状态分析的解析法，也可利用图解法进行。

1. 应力圆的概念

由式 (8-1) 与式 (8-2) 可知，正应力 σ_α 与切应力 τ_α 均为 α 的函数，说明在 σ_α 与 τ_α 之间存在一定函数关系，而上述二式则为其参数方程。为了建立 σ_α 与 τ_α 之间的直接关系式，首先，将式 (8-1) 与式 (8-2) 分别改写成如下形式：

$$\sigma_\alpha - \frac{\sigma_x + \sigma_y}{2} = \frac{\sigma_x - \sigma_y}{2}\cos 2\alpha - \tau_x \sin 2\alpha$$

$$\tau_\alpha - 0 = \frac{\sigma_x - \sigma_y}{2}\sin 2\alpha + \tau_x \cos 2\alpha$$

然后，将以上二式各自平方后相加，于是得

$$\left(\sigma_\alpha - \frac{\sigma_x + \sigma_y}{2}\right)^2 + (\tau_\alpha - 0)^2 = \left(\frac{\sigma_x - \sigma_y}{2}\right)^2 + \tau_x^2 \tag{8-9}$$

可以看出，在以 σ 为横坐标轴、τ 为纵坐标轴的平面内，上式的轨迹为圆（图 8-6），其圆心 C 的坐标为 $\left(\dfrac{\sigma_x + \sigma_y}{2},\ 0\right)$，半径为

$$R = \sqrt{\left(\frac{\sigma_x - \sigma_y}{2}\right)^2 + \tau_x^2}$$

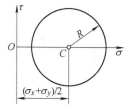

图 8-6

而圆上任一点的纵、横坐标，则分别代表单元体相应截面的切应力与正应力，此圆称为应力圆 (Mohr's circle for stress)。

2. 应力圆的绘制

如图 8-7 所示，在 σ-τ 平面内，设与 x 面对应的点位于 $D(\sigma_x,\ \tau_x)$，与 y 面对应的点位于 $E(\sigma_y,\ \tau_y)$，由于 τ_x 与 τ_y 的数值相等，$\overline{DF} = \overline{EG}$，因此，直线 DE 与坐标轴 σ 的交点 C 的横坐标为 $(\sigma_x + \sigma_y)/2$，即 C 为应力圆的圆心。于是，以 C 为圆心、CD 或 CE 为半径作圆，即得所求之应力圆。

应力圆确定后，如欲求 α 截面的应力，则只需将半径 CD 沿方位角 α 的转向旋转 2α 至 CH 处，所得 H 点的纵、横坐标 τ_H 与 σ_H，即分别代表该截面的切应力 τ_α 与正应力 σ_α，兹证明如下。

设将 $\angle DCF$ 用 $2\alpha_0$ 表示，则

$$\begin{aligned}
\sigma_H &= \overline{OC} + \overline{CH}\cos(2\alpha_0 + 2\alpha) = \overline{OC} + \overline{CD}\cos(2\alpha_0 + 2\alpha) \\
&= \overline{OC} + \overline{CD}\cos 2\alpha_0 \cos 2\alpha - \overline{CD}\sin 2\alpha_0 \sin 2\alpha \\
&= \frac{\sigma_x + \sigma_y}{2} + \frac{\sigma_x - \sigma_y}{2}\cos 2\alpha - \tau_x \sin 2\alpha = \sigma_\alpha
\end{aligned}$$

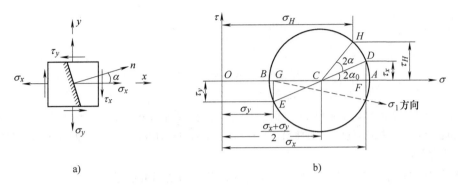

图   8-7

同理可证

$$\tau_H = \tau_\alpha$$

由以上分析可知，与两互垂截面相对应的点，必位于应力圆上同一直径的两端。例如图 8-7 中的 D 与 E 点即位于同一直径的两端。

【例 8-3】 图 8-8a 所示单元体，$\sigma_x = 100$ MPa，$\tau_x = -20$ MPa，$\sigma_y = 30$ MPa，试用图解法求 $\alpha = 40°$ 斜截面上的正应力与切应力。

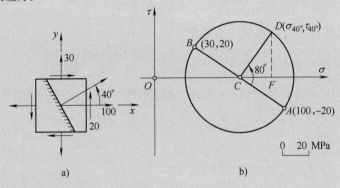

图   8-8

【解】 首先，在 σ-τ 平面内，按选定的比例尺，由坐标 $(100，-20)$ 与 $(30，20)$ 分别确定 A 与 B 点（图 8-8b）。然后，以 AB 为直径画圆，即得相应的应力圆。

为了确定 α 截面上的应力，将半径 CA 沿逆时针方向旋转 $2\alpha = 80°$ 至 CD 处，所得 D 点即为 α 截面的对应点。按选定的比例尺，量得 $\overline{OF} = 91$ MPa，$\overline{FD} = 31$ MPa，由此得 α 截面的正应力与切应力分别为

$$\sigma_{40°} = 91 \text{ MPa}$$

$$\tau_{40°} = 31 \text{ MPa}$$

第三节   利用应力圆确定主应力大小和主平面方位

一、用应力圆确定主应力的大小

从图 8-9 中可以看出，应力圆和 σ 轴相交于 A、B 两点，由于这两点的纵坐标都为零，即切应力为零，因此，A、B 两点就是对应着单元体中的两个主平面。它们的横坐标就是单元体中的两个主应力。其中，A 点横坐标为最大值，相应的主应力为最大；B 点的横坐标为

最小值，相应的主应力为最小。即

$$\sigma_1 = \overline{OA} = \overline{OC} + \overline{CA} = \frac{\sigma_x + \sigma_y}{2} + \sqrt{\left(\frac{\sigma_x - \sigma_y}{2}\right)^2 + \tau_x^2} = \sigma_{\max}$$

$$\sigma_2 = \overline{OB} = \overline{OC} - \overline{CA} = \frac{\sigma_x + \sigma_y}{2} - \sqrt{\left(\frac{\sigma_x - \sigma_y}{2}\right)^2 + \tau_x^2} = \sigma_{\min}$$

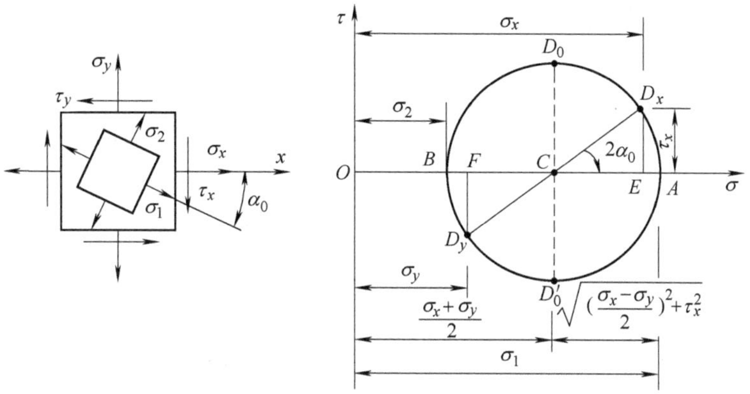

图 8-9

二、用应力圆确定主平面方位

根据转向夹角的关系，主平面的位置也可以从应力圆来确定。将应力圆上的 D_x 点顺时针转 $2\alpha_0$，便得到了 A 点。对应单元体，将 x 面顺时针转 α_0，就得到了 σ 的作用面。因为 A、B 是应力圆的两个端点，所以 σ_1 作用面必和 σ_2 作用面相垂直。在确定了 σ_1 的作用面后，σ_2 的作用面也就被确定了。

第四节 用应力圆确定极值切应力及其所在平面的方位

应力圆上的最高点 D_0 和最低点 D_0'（图 8-10）的纵坐标值分别表示应力圆中最大切应力和最小切应力。即

$$\tau_{\max} = \overline{CD_0} = \sqrt{\left(\frac{\sigma_x - \sigma_y}{2}\right)^2 + \tau_x^2}, \quad \tau_{\min} = \overline{CD_0'} = -\sqrt{\left(\frac{\sigma_x - \sigma_y}{2}\right)^2 + \tau_x^2}$$

因为 D_0 和 D_0' 是直径的两端，所以 $\tau_{\max}$ 和 $\tau_{\min}$ 的作用面相互垂直。另外，由应力圆可见，因为 $\overset{\frown}{D_0A}$ 所对应的圆心角是 $90°$，所以极值切应力作用面和主应力作用面相差 $45°$。此结论和解析法完全一致。

【例 8-4】 平面应力状态如图 8-10a 所示。试用应力圆求：

(1) 以 ab 斜面上的应力，并表示于单元体中；

(2) 主应力，并绘主应力单元体；

(3) 极值切应力及其作用平面。

【解】 (1) 按选定的比例，在 σ-τ 坐标系中，根据 x 面上的应力：$\sigma_x = -20$ MPa，$\tau_x = -20$ MPa 定出 D_x 点。根据 y 面上的应力：$\sigma_y = 30$ MPa，$\tau_y = 20$ MPa 定出 D_y 点，然后连接 D_xD_y 与 σ 轴相交于 C 点。以 C 点为圆心，以 CD_x 或 CD_y 为半径作圆，即为所求的应力圆（图 8-10b）。

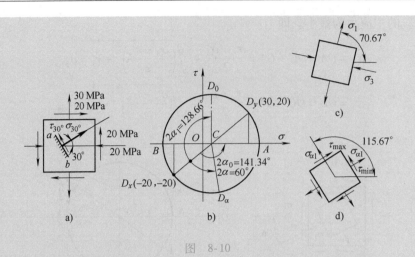

图 8-10

应力圆上 D_x 点为基准，沿圆弧逆时针转 $2\alpha = 60°$ 的圆心角得到 D_α 点，D_α 点的横坐标和纵坐标值就是 ab 面上正应力和切应力的值。

$$\sigma_{30°} = 9.8 \text{ MPa}, \ \tau_{30°} = -31.8 \text{ MPa}$$

$\sigma_{30°}$、$\tau_{30°}$ 均表示于图 8-10a 中。

（2）主应力及其单元体

应力圆和 σ 轴相交于 A、B 两点。A、B 两点的坐标值即为主应力值。由应力圆得

$$\sigma_1 = 37 \text{ MPa}, \ \sigma_2 = 0, \ \sigma_3 = -27 \text{ MPa}$$

为了确定主平面方位，可由 CD_x 量到 CA（或由 CD_x 量到 CB）得

$$2\alpha_0 = 141.34°, \ \alpha_0 = 70.67° (\sigma_1 \text{ 和 } x \text{ 轴的夹角})$$

$$2\alpha_0 = -38.66°, \ \alpha_0 = -19.33° (\sigma_3 \text{ 和 } x \text{ 轴的夹角})$$

主应力单元体表示于图 8-10c 中。

（3）极值切应力及其作用面

应力圆中点 D_0 的纵坐标，即为最大切应力值。由图可知 $\tau_{max} = 32 \text{ MPa}$。$D_0$ 点的横坐标，即为极值切应力所在平面上的正应力，为 $\sigma_{\alpha1} = 5 \text{ MPa}$。

极值切应力平面的方位也可由 CD_α 量到 CD_0，而得

$$2\alpha_1 = -128.66°, \ \alpha_1 = -64.33°$$

极值切应力及其作用面均表示于图 8-10d 中。

*第五节　三向应力圆及最大切应力

在工程实际中也有单元体的应力状态为空间应力状态的情况。例如，在地层一定深度 h 处所取的单元体，如图 8-11 所示，在竖向受到地层的压力，在上、下平面上有主应力 σ_z；但由于局部材料被周围大量材料所包围，侧向变形受到阻碍，故单元体的四个侧面上受到侧向的压力，因而有主应力 σ_x 和 σ_y。这一单元体的受力状态被称为空间应力状态。

空间应力状态的研究也有解析法和图解法两种，但计算较为复杂。

材料力学以杆件为主要研究对象，杆件变形时空间应力不常出现，所以，本节不对一般空间应力状态作研究，只分析较为简单的、特殊的空间应力状态——有一个面已是主平面的空间应力状态，如图 8-12a 所示，x 面已是主平面，所有与 x 方向平行的斜截面上的应力与 x 面上的应力无关，仅由 σ_y、σ_z 及 τ_y 决

定，因此，可当作平面应力情况处理。从 x 正向看去，如图 8-12b 所示，$\sigma_y = 30$ MPa，$\sigma_z = 60$ MPa，$\tau_y = -40$ MPa，画出应力圆，见图 8-13a 的大圆，所有与 x 方向平行的斜面应力值全在此圆上。A 点对应的 σ_{max} 为 87 MPa，B 点对应的 σ_{min} 为 3 MPa；x 面对应 C 点，应力是 50 MPa，可知 $\sigma_1 = 87$ MPa，$\sigma_2 = 50$ MPa，$\sigma_3 = 3$ MPa，从 x 正向看去，z 面绕 x 轴顺时针转 35° 到 σ_1 面（因应力圆上弧 DA 所对的圆心角为 70°），主应力单元体见图 8-13b。类似地从 σ_1 主方向看去，根据 σ_x（即 σ_2）及 σ_3 可作应力圆，即图 8-13a 中以 BC 为直径的圆，所有与 σ_1 主方向平行的斜面上的应力值都在此圆上；同理，图 8-13a 中以 AC 为直径的圆，表示了所有与 σ_3 平行的斜面上的应力值。这三个圆组成了三向应力圆，分别表示与某个主应力平行的斜面上的应力，当斜面法线与任一主方向皆不平行时，此斜面的应力值落在三个圆周之间，即图 8-13a 的阴影部分。

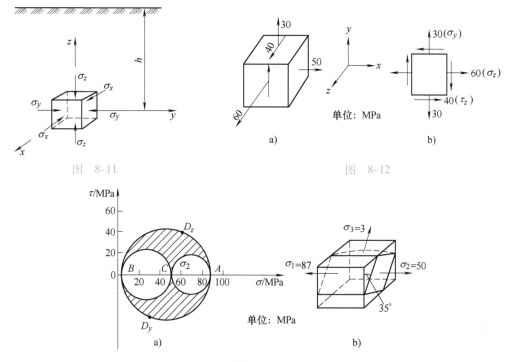

图 8-11   图 8-12

图 8-13

从三向应力圆可以看到：一点的最大切应力 $\tau_{最大}$ 发生在与 σ_2 平行，与 σ_1、σ_3 作用面成 45° 的斜面上

$$\tau_{最大} = \frac{1}{2}(\sigma_1 - \sigma_3) \tag{8-10}$$

显然，式(8-10)表示三个应力圆中最大圆的半径，即为单元体的最大切应力（一点处的最大切应力）。可见，前面讨论的平面内的极值切应力并不一定是一点处的最大切应力，只有当平面内的极值正应力为 σ_1 和 σ_3 时，所对应的平面内的极值切应力才为单元体的最大切应力。

【例 8-5】 某单元体的应力状态如图 8-14a 所示（应力单位为 MPa），试求主应力、最大切应力，画出其应力圆草图。

【解】 (1)求三个主应力 因左、右平面上无切应力，即为主平面，其上正应力 $\sigma_z = 60$ MPa 为主应力。在 xy 平面内，$\sigma_x = 0$，$\sigma_y = -70$ MPa，$\tau_x = -50$ MPa。由二向应力状态解析法中的式(8-7)有

$$\begin{aligned}
\genfrac{}{}{0pt}{}{\sigma_{max}}{\sigma_{min}} &= \frac{\sigma_x + \sigma_y}{2} \pm \sqrt{\left(\frac{\sigma_x - \sigma_y}{2}\right)^2 + \tau_{xy}^2} \\
&= \frac{0 + (-70)}{2} \pm \sqrt{\left(\frac{0 - (-70)}{2}\right)^2 + (-50)^2} \text{ MPa} = \genfrac{}{}{0pt}{}{26}{-96} \text{ MPa}
\end{aligned}$$

按主应力的记号规定 $\sigma_1 \geqslant \sigma_2 \geqslant \sigma_3$，将 σ_{max}、σ_{min} 与 σ_z 排序，得三个主应力

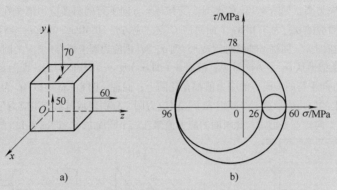

图　8-14

$$\sigma_1 = 60 \text{ MPa}, \quad \sigma_2 = 26 \text{ MPa}, \quad \sigma_3 = -96 \text{ MPa}$$

（2）求最大切应力　由式（8-10）得

$$\tau_{max} = \frac{\sigma_1 - \sigma_3}{2} = \frac{60 - (-96)}{2} \text{ MPa} = 78 \text{ MPa}$$

（3）作三向应力圆草图　由已知的三个主应力 $\sigma_1 = 60$ MPa，$\sigma_2 = 26$ MPa，$\sigma_3 = -96$ MPa，可在 σ 轴上得到三个点，两两构成一个圆，即可得到三向应力状态下的应力圆（图 8-14b）。显然最大切应力为三个应力圆中最大圆的半径。

（4）讨论　也可以在 xy 平面内（图 8-15a）用应力圆解法求出正应力的极值，即主应力 $\sigma_{max} = 26$ MPa、$\sigma_{min} = -96$ MPa，而 $\sigma_z = 60$ MPa 是一个主应力，即在 σ 轴上的点。三个主应力两两构成应力圆（图 8-15b），显然有 $\sigma_1 = 60$ MPa，$\sigma_2 = 26$ MPa，$\sigma_3 = -96$ MPa，最大圆的半径即为 $\tau_{max} = 78$ MPa。

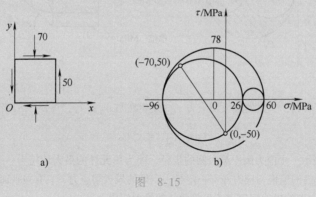

图　8-15

第六节　广义胡克定律

杆件在轴向拉伸或压缩时，曾用胡克定律计算轴向线应变

$$\varepsilon = \frac{\sigma}{E}$$

同时得到横向线应变

$$\varepsilon' = -\mu\varepsilon = -\mu\frac{\sigma}{E}$$

对图 8-16 所示单元体，三对相互垂直的主平面上分别作用有主应力 σ_1、σ_2 和 σ_3，沿三个主应力 σ_1、σ_2 和 σ_3 方向上的线应变，即主应变分别用 ε_1、ε_2、ε_3 表示。对各向同性的材料，在小变形的条件下，独立作用原理成立，可以用叠加原理，即主应变 ε_1 可以看成是各个主应力单独作用时，在 σ_1 方向上产生的应变叠加的结果。由 σ_1 单独作用，在 σ_1 方向上的线应变为

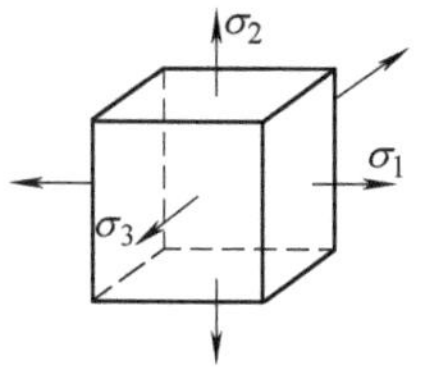

$$\varepsilon_1' = \frac{\sigma_1}{E}$$

由 σ_2 或 σ_3 单独作用，在 σ_1 方向上的线应变分别为

$$\varepsilon_1'' = -\mu\frac{\sigma_2}{E}, \ \varepsilon_1''' = -\mu\frac{\sigma_3}{E}$$

图 8-16

σ_1 方向上的总应变为

$$\varepsilon_1 = \varepsilon_1' + \varepsilon_1'' + \varepsilon_1''' = \frac{1}{E}\left[\sigma_1 - \mu(\sigma_2 + \sigma_3)\right]$$

同理，在 σ_2 和 σ_3 方向上的线应变为

$$\varepsilon_2 = \frac{1}{E}\left[\sigma_2 - \mu(\sigma_3 + \sigma_1)\right]$$

$$\varepsilon_3 = \frac{1}{E}\left[\sigma_3 - \mu(\sigma_1 + \sigma_2)\right]$$

容易看出，在最大主应力方向，线应变最大。

在纯剪切情况下，曾经得到 $\gamma = \tau/G$。在一般情况下，单元体的应力状态如图 8-17 所示，在三对相互垂直的平面上，有 9 个应力分量来表示该点处的应力状态。考虑到切应力互等定理，τ_{xy} 和 τ_{yx}、τ_{yz} 和 τ_{zy}、τ_{zx} 和 τ_{xz} 分别在数值上相等。这样，9 个应力分量中只有 6 个是独立的。

对于各向同性材料，当变形很小且应力不超过比例极限时，线应变只与正应力有关，与切应力无关；切应变只与切应力有关，与正应力无关。因此

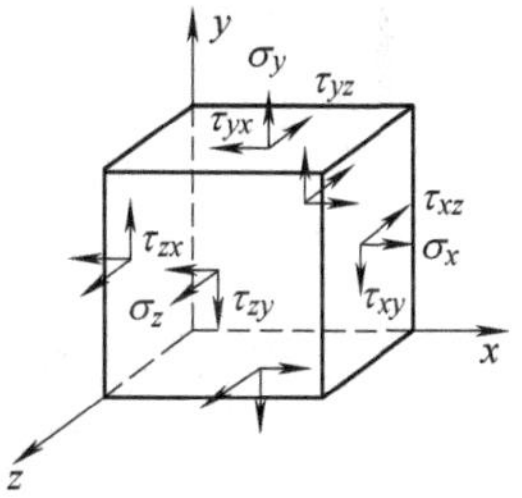

$$\left.\begin{aligned} \varepsilon_x &= \frac{1}{E}\left[\sigma_x - \mu(\sigma_y + \sigma_z)\right] \\ \varepsilon_y &= \frac{1}{E}\left[\sigma_y - \mu(\sigma_z + \sigma_x)\right] \\ \varepsilon_z &= \frac{1}{E}\left[\sigma_z - \mu(\sigma_x + \sigma_y)\right] \end{aligned}\right\} \quad (8\text{-}11)$$

$$\gamma_{xy} = \frac{\tau_{xy}}{G}, \ \gamma_{yz} = \frac{\tau_{yz}}{G}, \ \gamma_{zx} = \frac{\tau_{zx}}{G} \quad (8\text{-}12)$$

图 8-17

式(8-11)和式(8-12)称为广义胡克定律。式(8-11)是正应力表示正应变的广义胡克定律，只要将 x、y、z 换为 1、2、3，即为主应力表示主应变的广义胡克定律.

在平面应力状态情况下(图 8-18)，广义胡克定律的表达式为

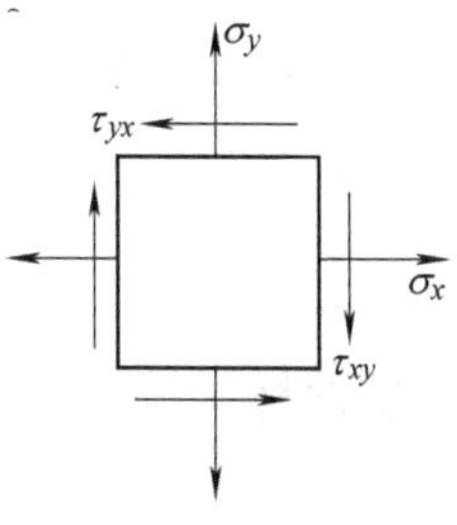

$$\left.\begin{aligned} \varepsilon_x &= \frac{1}{E}\left[\sigma_x - \mu\sigma_y\right] \\ \varepsilon_y &= \frac{1}{E}\left[\sigma_y - \mu\sigma_x\right] \\ \gamma_{xy} &= \frac{\tau_{xy}}{G} \end{aligned}\right\} \quad (8\text{-}13)$$

图 8-18

也可用应变分量来表示应力分量。在式(8-13)中，把 ε_x、ε_y、γ_{xy} 作为已知量，联立求解可得

$$\left.\begin{array}{l} \sigma_x = \dfrac{E}{1-\mu^2}(\varepsilon_x + \mu\varepsilon_y) \\[3mm] \sigma_y = \dfrac{E}{1-\mu^2}(\varepsilon_y + \mu\varepsilon_x) \\[3mm] \tau_{xy} = G\gamma_{xy} \end{array}\right\} \qquad (8\text{-}14)$$

同理，可以写出三向应力状态下用主应变表示主应力的表达式。

【例 8-6】 直径为 50 mm 的钢质圆柱，放入刚体上直径为 50.01 mm 的盲孔中(图 8-19a)，圆柱承受轴向压力 $F = 300$ kN 的作用。材料的弹性模量为 $E = 200$ GPa，泊松比 $\mu = 0.3$，试求圆柱的主应力。

【解】 在圆柱体横截面上的压应力为

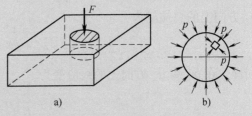

图 8-19

$$\sigma' = \frac{F_N}{A} = \frac{-F}{\frac{\pi}{4}d^2} = -\frac{4F}{\pi d^2} = -\frac{4 \times 300 \times 10^3}{\pi \times 50^2 \times 10^{-6}} \text{ Pa}$$

$$= -1.528 \times 10^8 \text{ Pa} = -152.8 \text{ MPa}$$

在轴向压缩下，圆柱将产生横向膨胀。在它涨到塞满盲孔后，盲孔与圆柱之间将产生径向均匀压强 p (图 8-19b)，在此情形下，圆柱中任一点的径向和周向应力都为 $-p$，所以圆柱体的径向应变为

$$\varepsilon'' = \frac{1}{E}\left[-p - \mu(\sigma' - p)\right] = \frac{(50.01 - 50) \times 10^{-3}}{50 \times 10^{-3}} = 2 \times 10^{-4}$$

于是

$$p = -\frac{E\varepsilon'' + \mu\sigma'}{1-\mu} = -\frac{200 \times 10^9 \times 2 \times 10^{-4} - 0.3 \times 1.528 \times 10^8}{1 - 0.3} \text{ Pa}$$

$$= 8.34 \times 10^6 \text{ Pa} = 8.34 \text{ MPa}$$

所以，圆柱体内各点的三个主应力为

$$\sigma_1 = \sigma_2 = -p = -8.34 \text{ MPa}, \quad \sigma_3 = \sigma' = -152.8 \text{ MPa}$$

第七节　强度理论

一、强度理论的概念

根据构件的受力情况，尤其是二向和三向应力状态的分析，我们完全可以求出危险点处的最大应力。根据对所用材料的实验研究，将理论分析与实验结果有效地结合在一起，只有这样才能建立正确的强度条件。

在轴向拉伸下，塑性材料是在应力达到屈服极限时才发生流动破坏，而脆性材料是在应力达到强度极限时发生断裂破坏。所以，将屈服极限 σ_s 作为塑性材料的极限应力，将强度极限作为脆性材料的极限应力，再除以相应的安全系数便得到许用应力。

塑性材料

$$[\sigma] = \frac{\sigma_s}{n_s}$$

脆性材料

$$[\sigma] = \frac{\sigma_b}{n_b}$$

有时虽然受力构件内的应力状态比较复杂，但我们容易找到接近于实际受力情况的试验装置，这时也可以通过试验方法来建立相应的强度条件。例如，铆钉、键、销等联结件的剪切实用计算便是如此。

然而在工程实际中，构件的受力情况是多种多样的，危险点通常处于复杂应力状态。三个主应力不同比值的组合，都可能导致材料被破坏。试图用试验方法测出每种主应力比值下材料的极限应力，从而建立强度条件，这显然是不可能的。于是，人们不得不从考察材料的破坏原因着手，研究在复杂应力状态下的强度条件。

长期的生产实践和大量试验表明，在常温静载下材料破坏主要有两种形式：一种是断裂破坏，如铸铁试件在拉伸时沿横截面断开，扭转时沿与轴线成45°的螺旋面断裂，这种破坏是由于拉应力或拉应变过大而引起的，破坏时无明显塑性变形；另一种是屈服（流动）破坏，其特点是破坏时材料发生屈服或明显的塑性变形，例如，低碳钢构件在拉伸屈服时与轴线成45°的方向出现滑移线，而扭转屈服时则沿纵、横方向出现滑移线，这种破坏是由最大切应力引起的。

上述情况表明，材料的破坏是有规律的，即某种类型的破坏都是由同一因素引起的。因此，人们把在复杂应力状态下观察到的破坏现象同材料在简单应力状态的试验结果进行对比分析，将材料在单向应力状态达到危险状态的某一因素作为衡量材料在复杂应力状态达到危险状态的准则，先后提出了关于材料破坏原因的多种假说，这些与实验结果相符合的假说就称为强度理论（theory of strength）。由于材料破坏主要有两种形式，相应地存在两类强度理论：一类是断裂破坏理论，主要有最大拉应力理论和最大拉应变理论等；另一类是屈服破坏理论，主要是最大切应力理论和形状改变比能理论。根据不同的强度理论可以建立相应的强度条件，从而为解决复杂应力状态下构件的强度计算提供了依据。

迄今虽已提出许多强度理论，但尚无十全十美的，目前还在坚持不懈地研究中，不断提出新的强度理论（如莫尔强度理论）。如前所述，强度理论是经过归纳、推理、判断而提出的假说，正确与否，必须受生产实践和科学实验的检验。工程中常用的强度理论有四个经典强度理论，按照强度理论提出的先后次序分述如下。

二、常用的四种强度理论

1. 最大拉应力理论（maximum tension stress theory）（第一强度理论）

这一理论认为，引起材料断裂破坏的主要因素是最大拉应力。也就是说，不论材料处于何种应力状态，只要当其最大拉应力达到材料单向拉伸断裂时的抗拉强度时，材料就发生断裂破坏。因此，材料发生断裂破坏的条件为

$$\sigma_1 = \sigma_b \qquad (8\text{-}15)$$

相应的强度条件是

$$\sigma_1 \leqslant [\sigma] = \frac{\sigma_b}{n} \qquad (8\text{-}16)$$

式中，σ_1 为构件危险点处的最大拉应力；$[\sigma]$ 为单向拉伸时材料的许用应力。

试验表明，这个理论对于脆性材料，如铸铁、陶瓷等，在单向、二向或三向拉断裂时，最大拉应力理论与试验结果基本一致。而在存在有压应力的情况下，则只有当最大压应力值

不超过最大拉应力值时，最大拉应力理论是正确的。但这个理论没有考虑其他两个主应力对断裂破坏的影响。同时对于压缩应力状态，由于根本不存在拉应力，这个理论无法应用。

2. 最大伸长线应变理论（greatest elongation line strain theory）（第二强度理论）

这一理论认为，最大伸长线应变是引起材料断裂破坏的主要因素。也就是说，不论材料处于何种应力状态，只要最大拉应变 ε_1 达到材料单向拉伸断裂时的最大拉应变值 ε_1^0，材料即发生断裂破坏。因此，材料发生断裂破坏的条件为

$$\varepsilon_1 = \varepsilon_1^0 \tag{8-17}$$

对于铸铁等脆性材料，从受力到断裂，其应力、应变关系基本符合胡克定律，所以相应的强度条件为

$$\sigma_1 - \mu(\sigma_2 + \sigma_3) \leqslant [\sigma] \tag{8-18}$$

式中，μ 为泊松比。

试验表明，脆性材料，如合金铸铁、石料等，在二向拉伸-压缩应力状态下，且压应力绝对值较大时，试验与理论结果比较接近；二向压缩与单向压缩强度有所不同，但混凝土、花岗石和砂岩在两种情况下的强度并无明显差别；铸铁在二向拉伸时应比单向拉伸时更安全，而试验并不能证明这一点。

3. 最大切应力理论（maximum shear stress theory）（第三强度理论）

这一理论认为，最大切应力是引起材料屈服破坏的主要因素。也就是说，不论材料处于何种应力状态，只要最大切应力 τ_{max} 达到材料单向拉伸屈服时的最大切应力 τ_{max}^0，材料即发生屈服破坏。因此，材料的屈服条件为

$$\tau_{max} = \tau_{max}^0 \tag{8-19}$$

相应的强度条件为

$$\sigma_1 - \sigma_3 \leqslant [\sigma] \tag{8-20}$$

试验表明，对塑性材料，如常用的 Q235A、45 钢、铜、铝等，此理论与试验结果比较接近。

4. 形状改变比能理论（shape change than can theory）（第四强度理论）

形状改变比能理论认为，使材料发生塑性屈服的主要原因，取决于其形状改变比能。也就是说，不论材料处于何种应力状态，只要当其形状改变比能到达某一极限值时，就会引起材料的塑性屈服；而这个形状改变比能极限值，则可通过简单拉伸试验来测定。在这里，我们略去详细的推导过程，直接给出按这一理论而建立的在复杂应力状态下的强度条件为

$$\sqrt{\frac{1}{2}\left[(\sigma_1 - \sigma_2)^2 + (\sigma_2 - \sigma_3)^2 + (\sigma_3 - \sigma_1)^2\right]} \leqslant [\sigma] \tag{8-21}$$

式中，$[\sigma]$ 为材料的许用应力。

试验表明，对于塑性材料，例如钢材、铝、铜等，这个理论比第三强度理论更符合实验结果。因此，这也是目前对塑性材料广泛采用的一个强度理论。

三、四种强度理论的适用范围

为了简明方便地表达以上四个强度条件，可将其归纳为统一的表达形式

$$\sigma_{xd} \leqslant [\sigma] \tag{8-22}$$

式中，σ_{xd}为在复杂应力状态下σ_1、σ_2、σ_3按不同强度理论而形成的某种组合（相当应力）；$[\sigma]$为材料的许用应力。

大量的工程实践和实验结果表明，上述四种强度理论的有效性取决于材料的类别以及应力状态的类型：

（1）在三向拉伸应力状态下，不论是脆性材料还是塑性材料，都会发生断裂破坏，应采用最大拉应力理论；

（2）在三向压缩应力状态下，不论是塑性材料还是脆性材料，都会发生屈服破坏，适于采用形状改变比能理论或最大切应力理论；

（3）一般而言，对脆性材料宜用第一或第二强度理论，对塑性材料宜采用第三和第四强度理论。

强度理论是一项正在逐步获得进展的理论，目前国内外有许多人都不断地提出了不同的破坏原因的假设，对强度理论的发展作出了重要贡献，但新的理论要有反复的实验验证以及一定的工程实践，才能得以采用。

【例8-7】 转轴边缘上某点的应力状态如图8-20所示。试用第三和第四强度理论建立其强度条件。

【解】 对于图8-20所示单元体，利用式(8-6)可有

$$\sigma_1 = \frac{\sigma_x + \sigma_y}{2} + \sqrt{\left(\frac{\sigma_x - \sigma_y}{2}\right)^2 + \tau_x^2}$$

$$\sigma_2 = 0$$

$$\sigma_3 = \frac{\sigma_x + \sigma_y}{2} - \sqrt{\left(\frac{\sigma_x - \sigma_y}{2}\right)^2 + \tau_x^2}$$

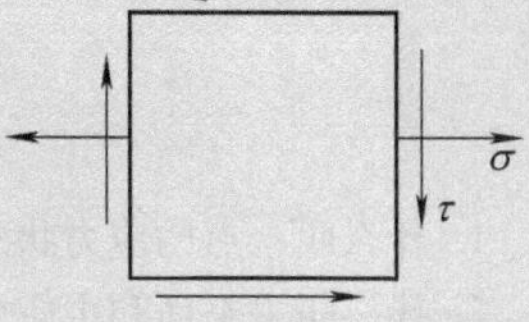

图 8-20

将它们代入式(8-20)和式(8-21)得

$$\sigma_{xd3} = \sigma_1 - \sigma_3 = \sqrt{\sigma^2 + 4\tau^2}$$

$$\sigma_{xd4} = \sqrt{\frac{1}{2}\left[(\sigma_1 - \sigma_2)^2 + (\sigma_2 - \sigma_3)^2 + (\sigma_3 - \sigma_1)^2\right]} = \sqrt{\sigma^2 + 3\tau^2}$$

所以强度条件分别为

$$\sigma_{xd3} = \sqrt{\sigma^2 + 4\tau^2} \leqslant [\sigma] \tag{8-23}$$

$$\sigma_{xd4} = \sqrt{\sigma^2 + 3\tau^2} \leqslant [\sigma] \tag{8-24}$$

【例8-8】 简支梁AB受力如图8-21a所示，材料为Q235钢，$[\sigma] = 140$ MPa，截面选用 No.20b 工字钢，其几何性质如下：$I_x = 2\,500$ cm^4，$W_x = 250$ cm^3，$I_x : S_x = 16.9$ cm。试全面校核梁的强度（包括主应力校核）。

【解】 梁的剪力图与弯矩图如图8-21b、c所示。

最大弯矩所在截面的上、下边缘处，无剪应力，只有最大正应力

$$\sigma_{max} = \frac{36 \times 10^3}{250 \times 10^{-6}} \text{ Pa} = 144 \text{ MPa} < [\sigma]$$

腹板与翼缘的交界点$F(m\text{—}m$截面)的应力既有正应力，也有剪应力，其值分别为

$$\sigma_F = 144 \text{ MPa} \times \frac{100 - 11.4}{100} = 127.6 \text{ MPa}$$

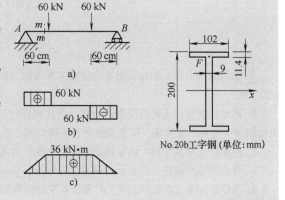

No.20b工字钢（单位:mm）

图 8-21

$$\tau_F = \frac{60 \times 10^3 \times (102 \times 11.4) \times (100 - 5.7) \times 10^{-9}}{2\,500 \times 10^{-8} \times 9 \times 10^{-3}} \text{Pa} = 29.2 \text{ MPa}$$

按第四强度理论，则有

$$\sigma_{r4} = \sqrt{127.6^2 + 3 \times 29.2^2} \text{ MPa} = 137.3 \text{ MPa} < [\sigma]$$

在中性层上的点，无剪应力，只有最大正应力

$$\tau_{max} = \frac{60 \times 10^3}{16.9 \times 10^{-2} \times 9 \times 10^{-3}} \text{Pa} = 39.4 \text{ MPa}$$

按第四强度理论，则有　　　　$\sigma_{r4} = \sqrt{3 \times 39.4^2} \text{ MPa} = 68.2 \text{ MPa} < [\sigma]$

故梁安全。

【讨论】　根据梁的受力情况，判定梁的危险截面，有时危险截面可能有几处。在本题中，最大弯矩所在截面，其翼缘上、下边缘有最大弯曲正应力；m—m 面的弯矩和剪力都较大，翼缘与腹板交界点有较大弯曲正应力和弯曲切应力；腹板中间（中性层）有最大弯曲切应力，对这三处用第四强度理论校核，其相当应力均小于许用应力，故梁是安全的。

思 考 题

1. 什么叫一点的应力状态？为什么要研究一点的应力状态？

2. 什么叫主平面和主应力？主应力和正应力有什么区别？如何确定平面应力状态的三个主应力及其作用平面？

3. 如何确定纯剪切状态的最大正应力与最大切应力？并说明扭转破坏形式与应力间的关系。与轴向拉压破坏相比，它们之间有何共同之点？

4. 何谓单向、二向与三向应力状态？何谓复杂应力状态？图8-22所示各单元体分别属于哪一类应力状态？

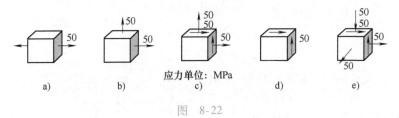

应力单位：MPa

a)　　　　b)　　　　c)　　　　d)　　　　e)

图　8-22

5. 如何画应力圆？如何利用应力圆确定平面应力状态任一斜截面的应力？如何确定最大正应力与最大切应力？

6. 单元体某方向上的线应变若为零，则其相应的正应力也必定为零；若在某方向的正应力为零，则该方向的线应变也必定为零。以上说法是否正确？为什么？

7. 何谓广义胡克定律？该定律是如何建立的？有几种形式？应用条件是什么？

8. 什么叫强度理论？为什么要研究强度理论？

9. 为什么按第三强度理论建立的强度条件较按第四强度理论建立的强度条件进行强度计算的结果偏于安全？

习　题

8-1　试定性地绘出题8-1图所示杆件中 A、B、C 点的应力单元体。

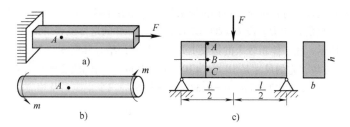

题 8-1 图

8-2 在题8-2图 a、b 所示应力状态中，试用解析法和图解法求出指定斜截面上的应力(应力单位为 MPa)。

8-3 已知应力状态如题8-3图所示，图中应力单位皆为 MPa。试用解析法和图解法求；(1)主应力大小，主平面位置；(2)在单元体上绘出主平面位置及主应力方向；(3)最大切应力。

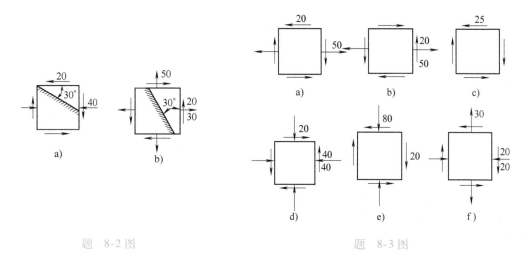

题 8-2 图   题 8-3 图

8-4 试求题8-4图所示的各应力状态的主应力及最大切应力(应力单位为 MPa)。

8-5 题8-5图所示简支梁为 36a 工字钢，$F = 140$ kN，$l = 4$ m。A 点所在截面在集中力 F 的左侧，且接近 F 力作用的截面。试求：

(1) A 点在指定斜截面上的应力；

(2) A 点的主应力及主平面位置(用单元体表示)。

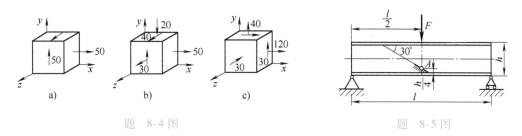

题 8-4 图   题 8-5 图

8-6 已知某点处于平面应力状态，现在该点处测得 $\varepsilon_x = 500 \times 10^{-6}$，$\varepsilon_y = -469 \times 10^{-6}$。若材料的弹性模量 $E = 210$ GPa，泊松比 $\mu = 0.33$。试求该点处的正应力 σ_x 和 σ_y。

8-7 在二向应力状态下，设已知最大切应变 $\gamma_{max} = 5 \times 10^{-4}$，并已知两个相互垂直方向的正应力之和为 27.5 MPa。材料的弹性常数是 $E = 200$ MPa，$\mu = 0.25$。试计算主应力的大小。

8-8　题 8-8 图所示列车通过钢桥时，在钢桥横梁的 A 点用变形仪量得 $\varepsilon_x = 0.0\,004$，$\varepsilon_y = -0.00\,012$。试求 A 点在 x-x 及 y-y 方向的正应力。设 $E = 200$ GPa，$\mu = 0.3$。并问这样能否求出 A 点的主应力？

8-9　如题 8-9 图所示，在一体积较大的钢块上开一个贯穿的槽，其宽度和深度都是 10 mm。在槽内紧密无隙地嵌入一铝质立方块，它的尺寸是 $10\ mm \times 10\ mm \times 10\ mm$。当铝块受到压力 $F = 5$ kN 的作用时，假设钢块不变形。铝的弹性模量 $E = 70$ GPa，$\mu = 0.33$。试求铝块的三个主应力及相应的变形。

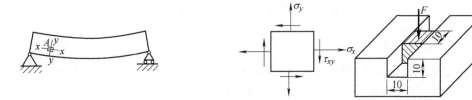

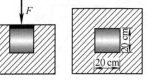

題　8-8 图　　　　　　　　　　　　　　　　題　8-9 图

8-10　已知一主应力单元体的 $\sigma_1 = 30$ MPa，$\sigma_2 = 15$ MPa，$\sigma_3 = -45$ MPa，材料的弹性模量 $E = 200$ GPa，泊松比 $\mu = 0.25$。试计算该点的主应变。

8-11　题 8-11 图所示边长为 20 cm 匀质材料的立方体，放入刚性凹座内，顶面受轴向力 $F = 400$ kN 作用。已知材料的弹性模量 $E = 2.6 \times 10^4$ MPa，$\mu = 0.18$。试求下列两种情况下立方体中产生的应力：

(1) 凹座的宽度正好是 20 cm；

(2) 凹座的宽度均为 20.001 cm。

8-12　如题 8-12 图所示简支梁由 14 号工字钢制成，受 $F = 59.4$ kN 作用。已知材料的弹性模量 $E = 200$ GPa，泊松比 $\mu = 0.3$。求中性层 K 点处沿 45°方向的应变。

題　8-11 图

8-13　如题 8-13 图所示，已知 $\sigma_x = 40$ MPa，$\sigma_y = 40$ MPa，$\tau_x = 60$ MPa。材料的许用应力为 $[\sigma] = 140$ MPa。试用第三强度理论和第四强度理论分别对其进行强度校核。

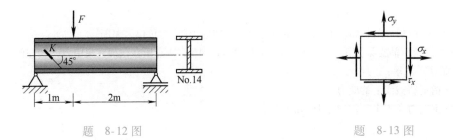

題　8-12 图　　　　　　　　　　　　　　　　題　8-13 图

8-14　如题 8-14 图所示由 25b 工字钢制成的简支梁，受力如图所示。材料的 $[\sigma] = 120$ MPa，$[\tau] = 100$ MPa，试对梁作全面的强度校核。

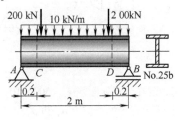

題　8-14 图

8-15　如题8-15图所示一内径为 D、壁厚为 t 的薄壁钢质圆管。材料的弹性模量为 E，泊松比为 μ。若钢管承受轴向拉力 F 和力偶矩 m 作用，试求该钢管壁厚的改变量 Δt。

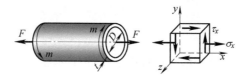

题　8-15 图

*8-16　如题8-16图所示，直径 $D=40$ mm 的铝圆柱，放在厚度为 $\delta=2$ mm 的钢套筒内，且设两者之间无间隙。作用于圆柱上的轴向压力为 $F=40$ kN。若铝的弹性模量及泊松比分别是 $E_1=70$ GPa，$\mu=0.35$；钢的弹性模量是 $E_2=210$ GPa，试求筒内的周向应力。

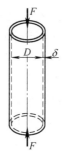

题　8-16 图

*8-17　在二向应力状态下，设已知最大切应变 $\gamma_{max}=5\times10^{-4}$，并已知两个相互垂直方向的正应力之和为 27.5 MPa。材料的弹性模量 $E=200$ MPa，$\mu=0.25$。试计算主应力的大小。

第九章　组合变形

本章研究工程中常见的组合变形时杆件的强度计算问题。

第一节　概　　述

一、组合变形的概念

至第七章为止，我们所研究过的杆件限于有一种基本变形(即拉伸或压缩、剪切、扭转和弯曲)时的强度和刚度计算。但在工程实际中，一些杆件往往同时产生两种或两种以上的基本变形，例如图9-1a设有吊车的厂房柱子(图9-1b)，由屋架和吊车传给柱子的荷载 F_1、F_2 的合力一般不与柱子的轴线重合，而是有偏心的(如图9-1b中 e_1 和 e_2)，如果将合力简化到轴线上，则附加力偶 Fe_1 和 Fe_2 将引起纯弯曲，所以这种情况是轴向压缩和弯曲的共同作用。又如搅拌器中的搅拌轴(图9-2)，由电动机带动旋转搅拌物料时，叶片受到物料阻力的作用而使轴发生扭转变形，同时还受到搅拌轴和叶片的自重作用而发生轴向拉伸变形；再如图9-3a所示的转轴，其计算简图为图9-3b所示，由于两个带轮之间的轴段传递扭转力偶而发生扭转变形，同时在轴段的水平面内弯曲、铅垂面内弯曲这样三种基本变形组合而成的。

在外力作用下，构件若同时产生两种或两种以上基本变形的情况，就称为<u>组合变形</u>(combination deformation)。可见组合变形是工程中常见的变形形式。

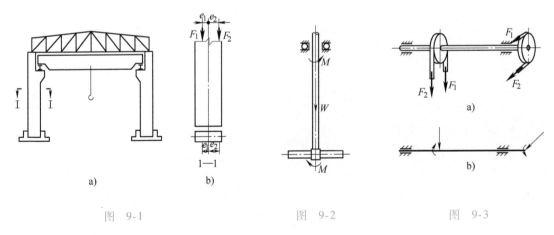

图　9-1　　　　　　　　　　图　9-2　　　　　　图　9-3

二、组合变形的强度计算

杆件在组合变形下的应力一般可用叠加原理进行计算。实践证明，如果材料服从胡克定律，并且变形是在小变形范围内，那么杆件上各个载荷的作用彼此独立，每一载荷所引起的应力或变形都不受其他载荷的影响，而杆件在几个载荷同时作用下所产生的效果，就等于每个载荷单独作用时产生的效果的总和，此即叠加原理。这样，当杆件在复杂载荷作用下发生组合变形时，只要把载荷分解为一系列引起基本变形的载荷，分别计算杆在各个基本变形下在同一点所产生的应力，然后叠加起来，就得到原来的载荷所引起的应力。叠加后，应力状态一般有两种可能：一种是仍为单向应力状态，本书中称之为第一类组合变形，这种情形只需按单向应力状态下的强度条件进行强度计算；另一种是复杂应力状态，本书中称之为第二类组合变形，这种情形必须进行应力状态分析，再按适当的强度理论进行强度计算。下面按这两种情形来研究若干种工程中常见的组合变形。

第二节　第一类组合变形——组合后为单向应力状态

一、杆件弯曲与拉伸（或压缩）的组合变形

拉伸（或压缩）与弯曲的组合变形是工程中常见的基本情况，以图 9-4a 所示的起重机横梁 AB 为例，其受力简图如图 9-4b 所示。轴向力 F_{Ax} 和 F_{Bx} 引起压缩，横向力 F_{Ay}、F、F_{By} 引起弯曲。所以 AB 杆既产生压缩又产生弯曲，其变形是压缩与弯曲的组合变形。

现以图 9-5 所示矩形截面悬臂梁为例，对弯与拉组合变形加以说明。

设外力 F 位于梁纵向对称面内，作用线与轴线成 α 角，梁的受力图如图 9-5a、b 所示。将力 F 向 x、y 轴分解，得

$$F_x = F\cos\alpha$$
$$F_y = F\sin\alpha$$

轴向拉力 F_x 使梁产生轴向拉伸变形，横向力 F_y 产生弯曲变形；因此梁在力 F 作用下的变形为拉伸与弯曲组合变形。

在轴向拉力 F_x 的单独作用下，梁上各截面的轴力 $F_N = F_x = F\cos\alpha$；在横向力 F_y 的单独作用下，梁的弯曲 $M = F_y \cdot x = F_y\sin\alpha \cdot x$，它们的内力图如图 9-5c、d 所示。由内力图可知，危险面为固定截面，该截面上的轴力 $F_N = F_x = F\cos\alpha$，弯矩 $M_{max} = Fl\sin\alpha$。

在轴力的作用下，梁横截面上产生拉伸正应力且均匀分布，在弯矩 M_{max} 的作用下使截面产生的弯曲正应力，如图 9-5e 所示。综合上述分析知道，危险面的最上边各点（如 a 点），有全梁的最大正应力

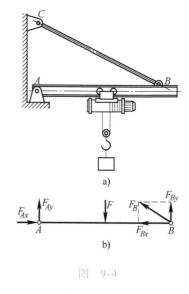

图　9-4

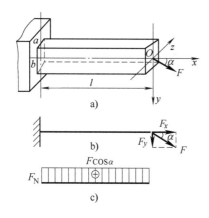

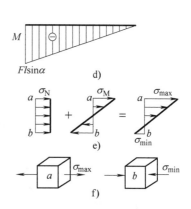

图　9-5

σ_{max}，是该梁的危险点。该危险点为单向应力状态，只需按单向应力状态下的强度条件进行强度计算。故强度条件为

$$\sigma_{max} = \frac{F_N}{A} + \frac{M_{max}}{W} \leqslant [\sigma] \tag{9-1}$$

不难理解，上述分析方法同样适合于如图9-4b所示横梁受压缩与弯曲组合变形的计算。应注意：

（1）对于拉、压许用应力相同的材料，当 F_N 是拉力时，可由式（9-1）计算；当 F_N 为压力时，则式（9-1）中的加号变为减号，这一点在应用时应特别加以注意。

（2）对于拉、压许用应力不同的材料（如脆性材料），则要分别求出杆件危险点的最大拉伸正应力 $\sigma_{t,max}$ 和最大压缩正应力 $\sigma_{c,max}$ 分别建立拉伸和压缩强度条件，进行强度计算。

因此，在分析问题和解决问题时，首先要具体问题具体分析，并与生产实践密切结合。然后建立相适应的强度条件，不能死记硬套公式。

还应指出，在上面的分析中，对于受横向力作用的杆件，横截面上除有正应力外。还有因剪力而产生的切应力，由于其数值一般较小，可不考虑。

【例9-1】 图9-6所示25a工字钢简支梁。受均布荷载 q 及轴向压力 F_N 的作用。已知 $q = 10 \text{ kN/m}$，$l = 3 \text{ m}$，$F_N = 20 \text{ kN}$。试求最大正应力。

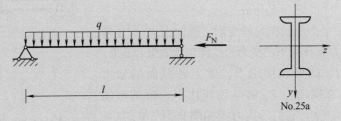

图 9-6

【解】 （1）求出最大弯矩 M_{max}，它发生在跨中截面，其值为

$$M_{max} = \frac{1}{8}ql^2 = \frac{1}{8} \times 10 \times 10^3 \text{ N/m} \times 3^2 \text{ m}^2 = 11\,250 \text{ N} \cdot \text{m}$$

（2）分别求出最大弯矩 M_{max} 及轴力 F_N 所引起的最大应力

由弯矩引起的最大正应力为

$$\sigma_{ben,max} = \frac{M_{max}}{W_z}$$

由型钢表查得 $W_z = 402 \text{ cm}^3$，代入上式得

$$\sigma_{ben,max} = \frac{11\,250 \text{ N} \cdot \text{m}}{402 \times 10^{-6} \text{ m}^3} = 28 \text{ MPa}$$

由轴力引起的压应力为

$$\sigma_c = \frac{F_N}{A}$$

由型钢表查得 $A = 48.5 \text{ cm}^2$，代入上式得

$$\sigma_c = -\frac{20 \times 10^3 \text{ N}}{48.5 \times 10^{-4} \text{ m}^2} = -4.12 \text{ MPa}$$

（3）求最大总压应力，其值为

$$\sigma_{c,max} = -\sigma_{ben,max} + \sigma_c = (-28 - 4.12)\text{MPa} = -32.12 \text{ MPa（压应力）}$$

二、偏心拉压的应力计算

当构件受到作用线与轴线平行，但不通过横截面形心的拉力（或压力）作用时，此构件受到偏心载荷，称为偏心拉伸（eccentric tensile）或偏心压缩（eccentric compression）。例如钻床立柱（图9-7a）受到的钻孔进刀力，即为偏心拉伸。又如前面图9-1已分析过厂房中支承吊车梁的柱子，即为偏心压缩，其受力简图如图9-7b所示。

对于单向偏心拉伸杆件相当于弯曲与轴向拉伸的组合的杆件（图9-7a），上述公式（9-1）仍然成立，只需将式中的弯矩 M_{max} 改为因载荷偏心而产生的弯矩 $M = Fe$ 即可。若外力 F 的轴向分力 F_x 为单向偏心压缩时（图9-7b），上述公式中的第一项 F_N/A 则应取负号。

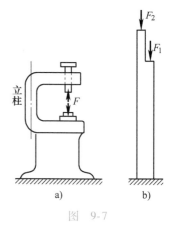

图 9-7

【例9-2】 图9-8a所示埋入地面的立柱，上顶端的右边缘上作用 $F = 15\ 000$ N 的力，忽略杆的自重，试求：（1）B、C 点所在的横截面面上零应力的位置；（2）B、C 点单元体的应力状态。

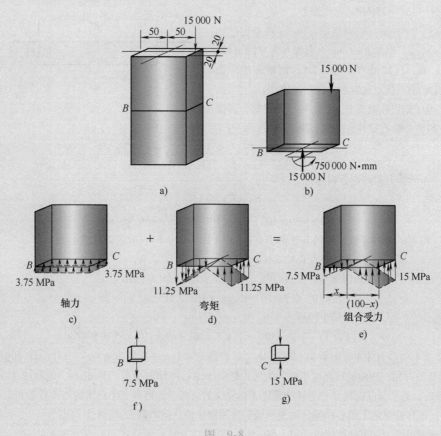

图 9-8

【解】 （1）内力分析 用过 B、C 点的截面截开立柱，截面上有15 000 N的轴向力以及在纸平面内的弯矩750 000 N·mm，如图9-8b所示。立柱为偏心压缩变形。

（2）应力分析 设轴向力15 000 N引起均匀分布的正应力如图9-8c所示，其值为

$$\sigma = \frac{F}{A} = \frac{15\,000}{100 \times 10^{-3} \times 40 \times 10^{-3}} \text{ Pa} = 3.75 \times 10^{6} \text{ Pa} = 3.75 \text{ MPa}$$

弯矩 750 000 N·mm 引起线性分布的正应力如图 9-8d 所示，其中最大应力为

$$\sigma_{max} = \frac{M \times 50 \text{ mm}}{I} = \frac{(750\,000 \text{ N·mm}) \times (50 \text{ mm})}{\left[\frac{1}{12} \times (40 \text{ mm}) \times (100 \text{ mm})^{3}\right]} = 11.25 \text{ N/mm}^2 = 11.25 \text{ MPa}$$

（3）应力叠加　若将以上两个应力代数叠加，则其合成应力如图 9-8e 所示。

若有必要求零应力的位置可根据比例关系确定，即

$$\frac{7.5 \text{ MPa}}{x} = \frac{15 \text{ MPa}}{(100 \text{ mm} - x)}$$

$$x = 33.3 \text{ mm}$$

（4）B、C 点的应力状态　B、C 点各取一单元体，如图 9-8f 和图 9-8g 所示。故均处于单向应力状态，其应力值为

$$\sigma_B = 7.5 \text{ MPa} \quad \text{（拉伸）}$$

$$\sigma_C = 15 \text{ MPa} \quad \text{（压缩）}$$

[例 9-3]　带有缺口的钢板如图 9-9a 所示，已知钢板宽度 $b = 8$ cm，厚度 $\delta = 1$ cm 上边缘开有半圆形槽，其半径 $t = 1$ cm，已知拉力 $F = 80$ kN，钢板许用应力 $[\sigma] = 140$ MN/m²。试对此钢板进行强度校核。

[解]　由于钢板在截面且 AA 处有一半圆槽，因而外力 F 对此截面为偏心拉伸，其偏心距之值为

$$e = \frac{b}{2} - \frac{b-t}{2} = \frac{t}{2} = \frac{1}{2} \text{ cm} = 0.5 \text{ cm}$$

截面 A—A 的轴力和弯矩分别为

$$F_N = F = 80 \text{ kN}$$

$$M = Fe = 80 \times 10^{3} \times 0.5 \times 10^{-2} \text{ N·m} = 400 \text{ N·m}$$

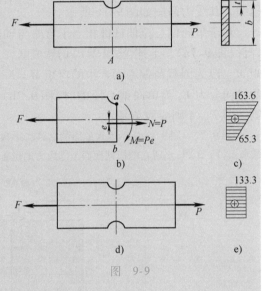

图　9-9

轴力 F_N 和弯矩 M 在半圆槽底的 a 处都引起拉应力（图 9-9c、b），故得最大应力为

$$\sigma_{max} = \frac{80 \times 10^{3}}{0.01 \times (0.08 - 0.01)} \text{ MN/m}^2 + \frac{6 \times 400}{0.01 \times (0.08 - 0.01)^{2}} \text{ MN/m}^2$$

$$= 114.3 \times 10^{6} + 49 \times 10^{6} \text{ MN/m}^2 = 163.3 \text{ MN/m}^2 > [\sigma]$$

A—A 截面的 b 处，将产生最小拉应力

$$\sigma_{min} = (F_N/A) - (M_{max}/W) = 114.3 \times 10^{6} - 49 \times 10^{6} = 65.3 \text{ MN/m}^2$$

A—A 截面上的应力分布如图 9-9c 所示。由于 a 点最大应力大于许用应力 $[\sigma]$，所以钢板的强度不够。

从上面分析可知，造成钢板强度不够的原因，是由于偏心拉伸而引起的弯矩 Fe，使截面 A—A 的应力增加了 49 MPa，为了保证钢板具有足够的强度，在允许的条件下，可在上半圆槽的对称位置再开一半圆槽（图 9-11d），这样就避免了偏心拉伸，而使钢板仍为轴向拉伸，此时截面 A—A 上的应力

$$\sigma_{max} = \frac{F}{\delta(b - 2t)} = \frac{80}{0.01 \times (0.08 - 2 \times 0.01)} \text{ MPa} = 133.3 \text{ MPa} < [\sigma] = 140 \text{ MPa}$$

由此可知，虽然钢板 A—A 处横截面是被两个半圆槽所削弱，但由于避免了载荷的偏心，因而使截面 A—A 的实际应力比仅有一个槽时，反而保证了钢板强度。通过此例说明，避免偏心载荷是提高构件的一项重要措施。

[*]三、斜弯曲

在第五章的弯曲问题中已经介绍，若梁所受外力或外力偶均作用在梁的纵向对称平面内，则梁变形后的挠曲线亦在其纵向对称平面内，将发生平面弯曲。但在工程实际中，也常常会遇到梁上的横向力并不在梁的纵向对称平面内，而是与其纵向对称平面有一夹角的情况，这种弯曲变形称为斜弯曲(inclined bending)。例如图 9-10 中所示木屋架上的矩形截面檩条就是斜弯曲的实例。下面我们只讨论具有两个互相垂直对称平面的梁发生斜弯曲时的应力计算和强度条件。

以图 9-11 所示矩形截面悬臂梁为例，其自由端受一作用于 zy 平面、并与 y 轴夹角为 φ 的集中力 F 作用。可将力 F 先简化为平面弯曲的情况，即将力 F 沿 y 轴和 z 轴进行分解，即

$$F_y = F\cos\varphi, \qquad F_z = F\sin\varphi \qquad\qquad (\text{a})$$

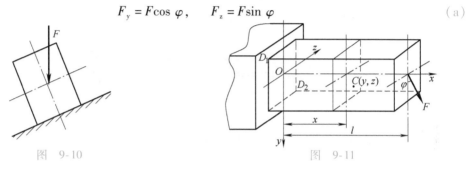

图 9-10　　　　　　　　　　　　　　图 9-11

在分力 F_y、F_z 作用下，梁将分别在铅垂纵向对称平面(xOy 面内)和水平纵向对称平面内(xOz 面内)发生平面弯曲。则在距左端点为 x 的截面上，由 F_z 和 F_y 引起的截面上的弯矩值分别为

$$M_y = F_z(l-x), \qquad M_z = F_y(l-x) \qquad\qquad (\text{b})$$

若设 $M = F(l-x)$，并将式(a)代入式(b)中，则

$$M_y = M\sin\varphi, \qquad M_z = M\cos\varphi \qquad\qquad (\text{c})$$

在截面的任一点 $C(y,z)$ 处，由 M_y 和 M_z 引起的正应力分别为

$$\sigma' = -\frac{M_y \cdot z}{I_y}, \qquad \sigma'' = -\frac{M_z \cdot y}{I_z} \qquad\qquad (\text{d})$$

其中负号表示均为压应力。对于其他点处的正应力的正负可由实际情况确定。所以，C 点处的正应力为

$$\sigma = \sigma' + \sigma'' = -\frac{M_y \cdot z}{I_y} - \frac{M_z \cdot y}{I_z}$$

将式(c)代入上式可得

$$\sigma = -M\left(\frac{\sin\varphi}{I_y}z + \frac{\cos\varphi}{I_z}y\right) \qquad\qquad (9\text{-}2)$$

由上面分析及式(9-2)可知，梁上固定端截面上有最大弯矩，且其顶点 D_1 和 D_2 点为危险点，分别有最大拉应力和最大压应力。而拉压应力的绝对值相等，可知危险点的应力状态均为单向应力状态，所以，梁的强度条件为

$$\sigma_{\max} = \left| M\left(\frac{\sin\varphi}{I_y}z_{\max} + \frac{\cos\varphi}{I_z}y_{\max}\right) \right| \leqslant [\sigma]$$

即

$$\sigma_{\max} = \left| \frac{M_y}{W_y} + \frac{M_z}{W_z} \right| \leqslant [\sigma] \qquad (9\text{-}3)$$

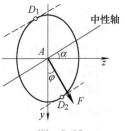

图 9-12

同平面弯曲一样，危险点应在离截面中性轴最远的点处。而对于这类具有棱角的矩形截面梁，其危险点的位置均应在危险截面的顶点处，所以较容易确定。但对于图 9-12 所示没有棱角的截面，要先确定出截面的中性轴位置，才能确定出危险点的位置。本书对此不作讨论。

【例9-4】 图9-13 所示跨长 $l = 4$ m 的简支梁，由 No. 32a 工字钢制成。在梁跨度中点处受集中力 $F = 30$ kN 的作用，力 F 的作用线与截面铅垂对称轴间的夹角 $\varphi = 15°$，而且通过截面的形心。已知材料的许用应力 $[\sigma] = 160$ MPa，试按正应力校核梁的强度。

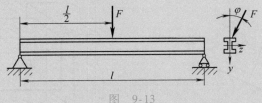

图 9-13

【解】 把集中力 F 分解为 y、z 方向的两个分量，其数值为

$$F_y = F\cos\varphi$$

$$F_z = F\sin\varphi$$

这两个分量在危险截面（集中力作用的截面）上产生的弯矩数值是

$$M_y = \frac{F_z}{2} \cdot \frac{l}{2} = \frac{Fl}{4}\sin\varphi = \frac{30 \times 10^3 \times 4}{4}\sin 15° \text{N} \cdot \text{m} = 7\,760 \text{ N} \cdot \text{m}$$

$$M_z = \frac{F_y}{2} \cdot \frac{l}{2} = \frac{Fl}{4}\cos\varphi = \frac{30 \times 10^3 \times 4}{4}\cos 15° \text{N} \cdot \text{m} = 29\,000 \text{ N} \cdot \text{m}$$

从梁的实际变形情况可以看出，工字形截面的左下角具有最大拉应力，右上角具有最大压应力，其值均为

$$\sigma_{\max} = \frac{M_y}{W_y} + \frac{M_z}{W_z}$$

对于 No. 32a 工字钢，由附录 B 型钢表查得

$$W_y = 70.8 \text{ cm}^3, \qquad W_z = 692 \text{ cm}^3$$

代入得

$$\sigma_{\max} = \frac{7\,760}{70.8 \times 10^{-6}}\text{Pa} + \frac{29\,000}{692 \times 10^{-6}}\text{Pa} = 1.516 \times 10^8 \text{ Pa} = 151.6 \text{ MPa} < [\sigma]$$

在此例中，如力 F 作用线与 y 轴重合，即 $\varphi = 0°$，则梁中的最大正应力为

$$\sigma_{\max} = \frac{M_{\max}}{W_z} = \frac{\frac{Fl}{4}}{W_z} = \frac{30 \times 10^3 \times 4}{4 \times 692 \times 10^{-6}} \text{ Pa} = 4.34 \times 10^7 \text{ Pa} = 43.4 \text{ MPa}$$

由此可知，对于用工字钢制成的梁，当外力偏离 y 轴一个很小的角度时，就会使最大正应力增加很多。产生这种结果的原因是由于工字钢截面的 W_z 远大于 W_y。对于这一类截面的梁，由于横截面对两个形心主惯性轴的抗弯截面系数相差较大，所以应该注意使外力尽可能作用在梁的形心主惯性平面 xy 内，避免因斜弯曲而产生过大的正应力。

第三节　第二类组合变形——组合后为复杂应力状态

弯曲与扭转的组合变形是机械工程中常见的情况，具有广泛的应用。现以图 9-14 所示拐轴为例，说明当扭转与弯曲组合变形时强度计算的方法。

拐轴 AB 段为等直圆杆，直径为 d，A 端为固定端约束。现讨论在力 F 的作用下 AB 轴的受力情况。

将力 F 向 AB 轴 B 端的形心简化，即得到一横向力 F 及作用在轴端平面内的力偶矩 $M_x = Fa$，AB 轴的受力图如图 9-15a 所示。横向力 F 使轴发生弯曲变形，力偶矩 M 使轴发生扭转变形。

一般情况下，横向力引起的剪力影响很小，可忽略不计。于是，圆轴 AB 的变形即为扭转与弯曲的组合变形。

分别绘出弯矩图和扭矩图，由图 9-15b、c 可知，各横截面的扭矩相同，其值为 $M_x = Fa$；各截面的弯矩不同。固定端截面有最大弯矩，其值为 $M = Fl$。

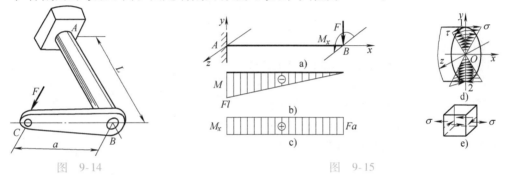

图 9-14　　　　　　　　图 9-15

显然，圆轴的危险截面为固定端截面。

在危险截面上，与弯矩所对应的正应力，沿截面高度按线性规律变化，如图 9-15d 所示。铅垂直径的两端点"1"和"2"的正应力为最大，其值为

$$\sigma = +\frac{M}{W} \quad 或 \quad \sigma = -\frac{M}{W}$$

在危险截面上，与扭矩所对应的切应力，沿半径按线性规律变化，如图 9-15d 所示。该截面周边各点的切应力为最大，其值为 $\tau = M_x / W_p$。显然，危险点是有两个点，"1"点和"2"，均属于同样的复杂应力状态。可选取其中的任一点作分析。若选"1"点，在"1"点附近取一单元体，如图 9-15e 所示。在单元体左右两个侧面上既有正应力又有切应力，则"1"点的主应力为

$$\sigma_1 = \frac{1}{2}\left[\sigma + \sqrt{\sigma^2 + 4\tau^2}\right]$$
$$\sigma_2 = 0$$
$$\sigma_3 = \frac{1}{2}\left[\sigma - \sqrt{\sigma^2 + 4\tau^2}\right] \tag{9-4}$$

对于弯扭组合受力的圆轴，一般用塑性材料制成，应根据第三或第四强度理论建立强度条件。将由式(9-4)求得的主应力分别代入第八章的式(8-23)和式(8-24)，可得

$$\sigma_{xd3} = \sqrt{\sigma^2 + 4\tau_x^2} \leqslant [\sigma] \tag{9-5}$$
$$\sigma_{xd4} = \sqrt{\sigma^2 + 3\tau_x^2} \leqslant [\sigma] \tag{9-6}$$

如果将 $\tau = T/W_p$ 和 $\sigma = M/W$ 代入式(9-5)和式(9-6)，并考虑到对于圆截面有 $W_p = 2W$，则强度条件可改写为

$$\sigma_{xd3} = \frac{\sqrt{M^2 + T^2}}{W} \leq [\sigma] \tag{9-7}$$

$$\sigma_{xd4} = \frac{\sqrt{M^2 + 0.75T^2}}{W} \leq [\sigma] \tag{9-8}$$

式中，M 和 T 分别代表圆轴危险截面上的弯矩和扭矩；W 代表圆形截面的抗弯截面模量。但是，它们只适于实心或空心圆轴，这一点必须牢牢记住。

如果作用在轴上的横向力很多，且方向各不相同，则可将每一个横向力向水平和铅垂两个平面分解，分别画出两个平面内的弯矩图，再按式(9-9)计算每一横截面上的合成弯矩，即

$$M_R = \sqrt{M_h^2 + M_v^2} \tag{9-9}$$

对于圆轴扭与拉(压)组合，或对于非圆截面轴在弯扭组合时的强度，则必须按式(9-5)和式(9-6)进行计算。

【例9-5】 如图9-16a所示的转轴是由电动机带动，轴长 $l = 1.2$ m，中间安装一带轮，重力 $G = 5$ kN，半径 $R = 0.6$ m，平带紧边张力 $F_1 = 6$ kN，松边张力 $F_2 = 3$ kN。如轴直径 $d = 100$ mm，材料许用应力 $[\sigma] = 50$ MPa。试按第三强度理论校核轴的强度。

【解】 将作用在带轮上的平带拉力 F_1 和 F_2 向轴线简化，其结果如图9-16b所示。传动轴所受铅垂力为 $F = F_1 + F_2 + G$。分别作弯矩图和扭矩图，如图9-16c、d所示，由此可以判断 C 截面为危险截面。C 截面上的 M_{max} 和 T 分别为

$$M_{max} = 4.2 \text{ kN} \cdot \text{m}, \qquad T = 1.8 \text{ kN} \cdot \text{m}$$

根据公式(9-7)得

$$\sigma_{xd3} = \frac{\sqrt{M_{max}^2 + T^2}}{W_z}$$

$$= \frac{\sqrt{(4.2 \times 10^6)^2 + (1.8 \times 10^6)^2}}{\pi \times 100^3 / 32} \text{ MPa}$$

$$= 46.6 \text{ MPa} < [\sigma]$$

所以，转轴的强度足够。

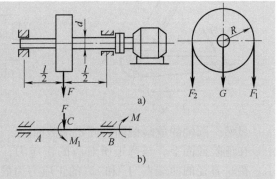

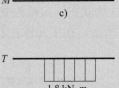

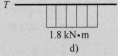

图 9-16

【例9-6】 如图9-17a所示圆轴直径为 80 mm，轴的右端装有重为 5 kN 的皮带轮。带轮上侧受水平力 $F_T = 5$ kN，下侧受水平力为 $2F_T$，轴的许用应力 $[\sigma] = 70$ MPa。试按第三强度理论校核轴的强度。

【解】 轴的计算简图如图9-17b所示，则作用于轴上的外力偶 $M_e = 2$ kN·m。因此，各截面的扭矩图如图9-17c所示。

由图 9-17d、e 可知，铅直平面最大弯矩 $M_v = 0.75$ kN·m，水平平面最大弯矩 $M_h = 2.25$ kN·m，且均发生在 B 截面。应用公式(9-9)可见

$$M_R = \sqrt{0.75^2 + 2.25^2} \text{ kN·m} = 2.37 \text{ kN·m}$$

对此轴危险点的应力状态，应用第三强度理论公式得

$$\sigma_{xd3} = \frac{\sqrt{M_B^2 + T^2}}{W} = \frac{32}{\pi \times 0.08^3} \sqrt{2.37^2 + 2^2} \times 10^3 \text{ Pa} = 61.7 \text{ MPa} < [\sigma]$$

故圆轴满足强度条件。

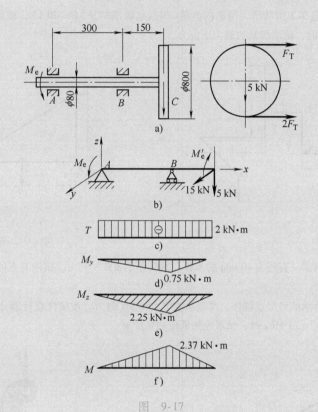

图 9-17

【讨论】 本题亦可用第四强度理论进行校核，读者可自行核算，并将其结果进行对比。

思 考 题

1. 何谓组合变形？组合变形构件的应力计算是依据什么原理进行的？

2. 试分析图 9-18 所示的杆件各段分别是哪几种基本变形的组合。

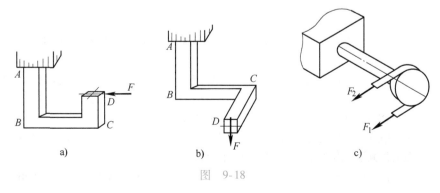

图 9-18

3. 用叠加原理处理组合变形问题，将外力分组时应注意些什么？

4. 为什么弯曲与拉伸组合变形时只需校核拉应力的强度条件，而弯曲与压缩组合变形时，脆性材料要同时校核压应力和拉应力的强度条件？

5. 由塑性材料制成的圆轴，在弯扭组合变形时怎样进行强度计算？

习　题

9-1　试求题9-1图中折杆 $ABCD$ 上 A、B、C 和 D 截面上的内力。

9-2　梁式吊车如题9-2图所示。吊起的重量（包括电动葫芦重）$F = 40$ kN，横梁 AB 为18号工字钢，当电动葫芦走到梁中点时，试求横梁的最大压应力。

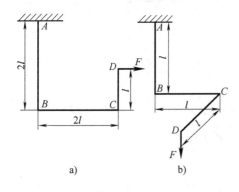

题　9-1图

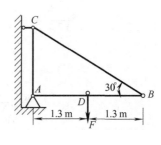

题　9-2图

9-3　如题9-3图所示一直径为40 mm的木棒，承受图示800 N的力，试求 B 点的应力，并用单元体表示。

9-4　如题9-4图所示的弓形连接件，两端承受 $F = 30$ kN的力，连接件直杆部分的截面为矩形，厚为40 mm，当许用应力 $[\sigma] = 73$ MPa时，试求连接部位的宽度 w。

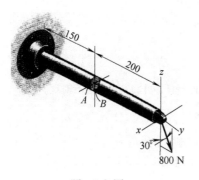

题　9-3图

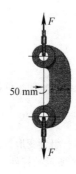

题　9-4图

9-5　如题9-5图所示的钻床的立柱由铸铁制成，$F = 15$ kN，许用拉应力 $[\sigma] = 35$ MPa。试确定立柱所需直径 d。

9-6　一夹具如题9-6图所示。已知 $F = 2$ kN，偏心距 $e = 6$ cm，竖杆为矩形截面，$b = 1$ cm，$h = 2.2$ cm，材料为Q235，其屈服极限 $\sigma_s = 240$ MPa，安全系数为1.5，试校核竖杆的强度。

9-7　如题9-7图所示的开口链环，由直径 $d = 50$ mm的钢杆制成，链环中心线到两边杆中心线尺寸各为60 mm，试求链环中段（即图中下边段）的最大拉应力。又问：若将链环开口处焊住，使链环成为完整的椭圆形时，其中段的最大拉应力又为多少？从而可得什么结论？

9-8　材料为灰铸铁HT15—33的压力机框架如题9-8图所示。许用拉应力为 $[\sigma_t] = 30$ MPa，许用压应力为$[\sigma_c] = 80$ MPa。试校核该框架立柱的强度。

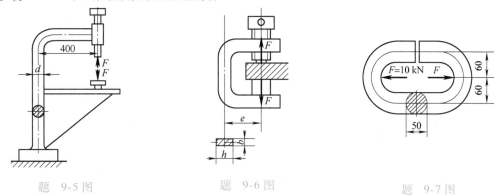

题 9-5 图   题 9-6 图   题 9-7 图

9-9 如题 9-9 图所示桥式起重吊车的大梁为 16a 工字钢，已知材料的$[\sigma] = 160$ MPa，载荷 $F = 7$ kN，$l = 4$ m，行进时由于惯性使载荷 F 偏离纵向对称面一个角度 φ，若 $\varphi = 20°$，试校核梁的强度，并与 $\varphi = 0°$ 的情况进行比较。

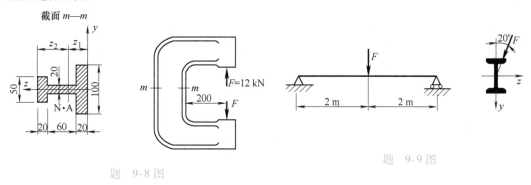

题 9-8 图   题 9-9 图

9-10 如题 9-10 图所示铁道路标的圆信号板，装在外径 $D = 60$ mm 的空心圆柱上，若信号板上作用的最大风载的压强 $p = 2$ kN/m²，已知材料的许用应力 $[\sigma] = 60$ MPa，试选定壁厚 δ。

9-11 如题 9-11 图所示电动机外伸轴上安装一带轮，带轮的直径 $D = 250$ mm，轮重忽略不计。套在轮上的带张力是水平的，分别是 $2F$ 和 F。电动机轴的外伸轴臂长 $l = 120$ mm，直径 $d = 40$ mm。轴材料的许用应力 $[\sigma] = 60$ MPa。若电动机传给轴的外力矩 $M = 120$ N·m，试按第三强度理论校核此轴的强度。

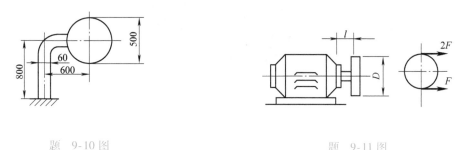

题 9-10 图   题 9-11 图

9-12 题 9-12 图所示手摇铰车中，轴的直径 $d = 30$ mm，材料为 Q235 钢，$[\sigma] = 80$ MPa。试按第三强度理论求铰车的最大起吊重量 W。

9-13 水轮机主轴的示意图如题 9-13 图所示。水轮机组的输出功率为 $P = 37\ 500$ kW，转速 $n = 150$ r/min。已知轴向推力 $F_x = 4\ 800$ kN，转轮重 $W_1 = 390$ kN；主轴内径 $d = 340$ mm，外径 $D = 750$ mm，自重 $W = 285$ kN。

主轴材料为 45 钢，许用应力 $[\sigma] = 80$ MPa。试按第四强度理论校核主轴的强度。

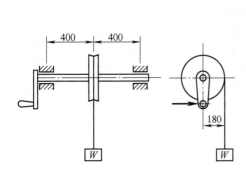

题　9-12 图

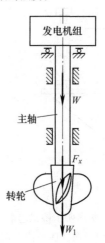

题　9-13 图

*9-14　如题 9-14 图所示一皮带传动装置，主动轮的半径 $R_1 = 300$ mm，重量 $M = 250$ N，主动轮上的皮带方向与 2 轴平行，由电动机传来的功率 $P = 13.5$ kW。被动轮半径 $R_2 = 200$ mm，重量 $W_2 = 150$ N。被动轮上的皮带方向与 z 轴成 45°，轴的转速 $n = 240$ r/min，材料的许用应力 $[\sigma] = 80$ MPa。试按第四强度理论设计轴的直径 d。

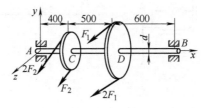

题　9-14 图

*9-15　如题 9-15 图所示为飞机起落架结构图，试按第三强度理论对图中的折轴进行强度校核。此轴为管状截面，外径 $D = 80$ mm，内径 $d = 70$ mm，材料的 $[\sigma] = 100$ MPa，$F_2 = 1$ kN，$F_1 = 4$ kN。

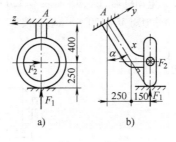

a)　　　　　b)

题　9-15 图

第十章 压杆稳定

本章主要讨论压杆稳定的概念、压杆临界力、临界应力、压杆的稳定计算等有关内容，为细长受压杆件的设计提供计算依据。

第一节 压杆稳定的概念及失稳分析

一、压杆稳定问题的提出

第二章研究直杆轴向受压时，认为它的破坏主要取决于强度，为保证构件安全可靠地工作，要求其工作应力小于许用应力。实际上，这个结论只对短粗的压杆才是正确的，若用于细长杆将导致错误的结论。例如，一根宽 30 mm，厚 5 mm 的矩形截面松木杆，对其施加轴向压力，如图 10-1 所示。设材料的抗压强度 σ_c =40 MPa，由试验可知，当杆很短时（设高为 30 mm）如图 10-1a 所示，将杆压坏所需的压力为

$$F = \sigma_c A = 40 \times 10^6 \text{ N/m}^2 \times 0.005 \text{ m} \times 0.03 \text{ m} = 6\,000\text{N}$$

但如杆长为 1 m，则不到 30 N 的压力，杆就会突然产生显著的弯曲变形而失去工作能力（图 10-1b）。这说明，细长压杆之所以丧失工作能力，是由于其轴线不能维持原有直线形状的平衡状态所致，这种现象称为丧失稳定，或简称失稳（instability）。由此可见，横截面和材料相同的压杆，由于杆的长度不同，其抵抗外力的性质将发生根本的改变：短粗的压杆是强度问题；而细长的压杆则是稳定问题。工程中有许多细长压杆，如图 10-2a 所示螺旋千斤顶的螺杆，图 10-2b 所示内燃机的连杆。同样，还有桁架结构中的抗压杆，建筑物中的柱也都是细长压杆，其破坏主要是由于失稳引起的。由于压杆失稳是骤然发生的，往往会造成严重的事故。特别是目前高强度钢和超高强度钢的广泛使用，压杆的稳定问题更为突出。因

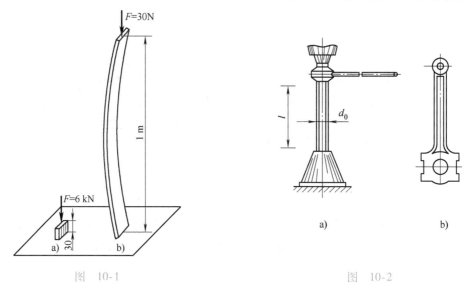

图 10-1　　　　　　　　　　　　图 10-2

此，稳定计算已成为结构设计中极为重要的一部分，对细长压杆必须进行稳定性计算。

二、失稳分析

1. 压杆平衡稳定性的概念

为了研究细长压杆的失稳过程，现以图 10-3 所示两端铰支的细长压杆来说明压弯过程。设压力与杆件轴线重合，当压力逐渐增加但小于某一极限值时，杆件一直保持直线形状的平衡，即使用微小的侧向干扰力使它暂时发生轻微弯曲（图 10-3a），但干扰力解除后，它仍将恢复直线形状（图 10-3b）。这表明压杆直线形状的平衡是稳定的。当压力逐渐增加到某一极限值时，压杆的直线平衡变为不稳定，将转变为曲线形状的平衡。这时如再用微小的侧向干扰力使它发生轻微弯曲，干扰力解除后，它将保持曲线形状的平衡，不能恢复原有的直线形状（图 10-3c）。上述压力的极限值称为临界压力（critical pressure）或临界力（critical force），记为 F_{cr}。

压杆失稳后，压力的微小增加会导致弯曲变形的显著加大，表明压杆已丧失了承载能力，可以引起机器或结构的整体损坏，可见这种形式的失效并非强度不足，而是稳定性不够。

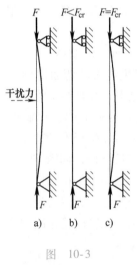

图 10-3

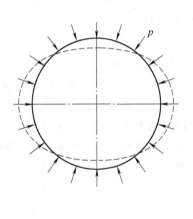

图 10-4

2. 构件其他形式的失稳现象

与压杆相似，其他构件也有失稳问题。例如，在内压强作用下的薄壁圆筒，壁内应力为拉应力（圆柱形压力容器就是这种情况），这是一个强度问题。但同样的薄壁圆筒如在均匀外压强作用下（图 10-4），壁内应力变为压应力，则当外压强达到临界值时，圆筒的圆形平衡就变为不稳定，会突然变成由虚线表示的椭圆形。又如，板条或工字梁在最大抗弯刚度平面内弯曲时（图 10-5），

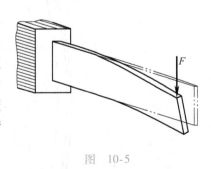

图 10-5

会因载荷达到临界值而发生侧向弯曲，并伴随着扭转。这些都是稳定性不足引起的失效。限于篇幅，本章只讨论压杆的稳定，其他形式的稳定性问题都不作讨论。

第二节　临界力和临界应力

一、理想压杆的临界力

如前所述，对确定的压杆来说，判断其是否会丧失稳定，主要取决于压力是否达到了临界力值。因此，确定相应的临界力，是解决压杆稳定问题的关键。本节先讨论细长压杆的临界力。

为了研究方便，我们把实际细长压杆理想化成理想压杆，即杆由均质材料制成，轴线为直线，外力的作用线与压杆轴线完全重合(不存在压杆弯曲的初始因素)。

由于临界力也可认为是压杆处于微弯平衡状态，当挠度趋向于零时承受的压力。因此，对一般截面形状、载荷及支座情况不复杂的细长压杆，可根据压杆处于微弯平衡状态下的挠曲线近似微分方程式(7-3)进行求解，这一方法称为<u>静力法</u>(static method)。

压杆的临界力与两端的约束类型有关。不同杆端约束时细长压杆临界力不同，因此需要分别讨论。

1. 两端铰支压杆的临界力

设长度为 l 的两端铰支细长杆，受压力 F 达到临界值 F_{cr} 时，压杆由直线平衡形态转变为曲线平衡形态(图 10-6a)。临界压力是使压杆开始丧失稳定，保持微弯平衡的最小压力。选取坐标系如图 10-6b 所示，设距原点为 x 的任意截面的挠度为 w，则弯矩为

$$M(x) = -Fw \qquad (a)$$

因为力 F 可以不考虑正负号，在所选定的坐标内当 w 为正值时，$M(x)$ 为负值，所以上式右端加一负号。可以列出其挠曲线近似微分方程为

$$EI\frac{\mathrm{d}^2 w}{\mathrm{d}x^2} = -Fw \qquad (b)$$

若令

$$k^2 = \frac{F}{EI} \qquad (c)$$

则式(b)可写成

$$\frac{\mathrm{d}^2 w}{\mathrm{d}x^2} + k^2 w = 0 \qquad (d)$$

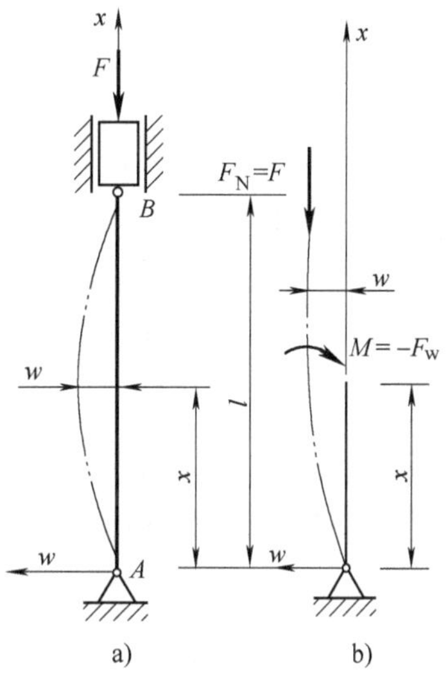

此方程的通解是

$$w = C_1 \sin kx + C_2 \cos kx \qquad (e)$$

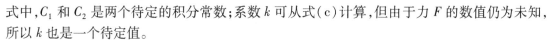

图　10-6

式中，C_1 和 C_2 是两个待定的积分常数；系数 k 可从式(c)计算，但由于力 F 的数值仍为未知，所以 k 也是一个待定值。

根据杆端的约束情况，可有两个边界条件：

$$在 x = 0 处，\quad w = 0$$
$$在 x = l 处，\quad w = 0$$

将第一个边界条件代入式(e)，得

$$C_2 = 0$$

则式(e)可改写成

$$w = C_1 \sin kx \tag{f}$$

上式表示挠曲线是一正弦曲线。再将第二个边界条件代入上式，得

$$0 = C_1 \sin kl$$

由此解得

$$C_1 = 0 \quad \text{或} \quad \sin kl = 0$$

若取 $C_1 = 0$，则由式(f)得 $w = 0$，即表明杆没有弯曲，仍保持直线形状的平衡形式，这与杆已发生微小弯曲变形的前提相矛盾。因此，只可能 $\sin kl = 0$。满足这一条件的 kl 值为

$$kl = n\pi, \quad n = 0, 1, 2, 3, \cdots$$

则由式(c)，得

$$k = \sqrt{\frac{F}{EI}} = \frac{n\pi}{l}$$

故

$$F = \frac{n^2 \pi^2 EI}{l^2} \tag{g}$$

上式表明，无论 n 取何正整值，都有与其对应的力 F。但在实用上应取最小值。若取 $n = 0$，则 $F = 0$，这与讨论情况不符。所以应取 $n = 1$，相应的压力 F 即为所求的临界力

$$F_{\text{cr}} = \frac{\pi^2 EI}{l^2} \tag{10-1}$$

式中，E 为压杆材料的弹性模量；I 为压杆横截面对中性轴的惯性矩；l 为压杆的长度。

式(10-1)是由著名数学家欧拉于 1744 年首先提出的两端铰支细长压杆临界力计算公式，称为欧拉公式(Euler formula)。此式表明压杆的临界力与压杆的抗弯刚度成正比，与杆长的平方成反比，说明杆越细长，其临界力越小，压杆越容易失稳。

应该注意，对于两端以球铰支承的压杆，公式(10-1)中横截面的惯性矩，应取最小值 $I_{\min}$。这是因为压杆失稳时，总是在抗弯能力为最小的纵向平面(即最小刚度平面)内弯曲。

【例 10-1】　试求图 10-1b 所示松木压杆的临界力。已知弹性模量 $E = 9$ GPa，矩形截面的尺寸宽为 30 mm，厚为 5 mm，杆长 $l = 1$ m。

【解】　先计算横截面的惯性矩

$$I_{\min} = \frac{0.03 \text{ m} \times 0.005^3 \text{ m}^3}{12} = \frac{1}{32 \times 10^8} \text{ m}^4$$

设杆的两端可简化为铰支，则由式(10-1)，可得其临界力为

$$F_{\text{cr}} = \frac{\pi^2 EI}{l^2} = \frac{\pi^2 \times 9 \times 10^9}{1^2 \times 32 \times 10^8} \text{ N} = 27.8 \text{ N}$$

由此可知，若轴向压力达到 27.8 N 时，此杆就会丧失稳定。

2. 其他约束情况下压杆的临界力

上面导出的是两端铰支压杆的临界力公式。当压杆的约束情况改变时，压杆的挠曲线近似微分方程和挠曲线的边界条件也随之改变，因而临界力的公式也不相同。仿照前面的方法，也可求得各种约束情况下压杆的临界力公式。

本节给出几种典型的理想支承约束条件下细长等截面中心受压直杆的临界力表达式(表 10-1)。

表 10-1 各种支承情况下等截面细长杆的临界力公式

支承情况	两端铰支	一端嵌固一端自由	一端嵌固,一端可上、下移动(不能转动)	一端嵌固一端铰支	一端嵌固,另一端可水平移动但不能转动
弹性曲线形状					
临界力公式	$F_{cr} = \dfrac{\pi^2 EI}{l^2}$	$F_{cr} = \dfrac{\pi^2 EI}{(2l)^2}$	$F_{cr} = \dfrac{\pi^2 EI}{(0.5l)^2}$	$F_{cr} = \dfrac{\pi^2 EI}{(0.7l)^2}$	$F_{cr} = \dfrac{\pi^2 EI}{l^2}$
相当长度	l	$2l$	$0.5l$	$0.7l$	l
长度因数	$\mu = 1$	$\mu = 2$	$\mu = 0.5$	$\mu = 0.7$	$\mu = 1$

由表 10-1 看到,中心受压直杆的临界力 F_{cr} 随杆端约束情况的变化而变化,杆端约束越强,杆的抗弯能力就越大,临界力也就越大。对于各种杆端的约束情况,细长等截面中心受压直杆临界力的欧拉公式可以写成统一的形式

$$F_{cr} = \frac{\pi^2 EI}{(\mu l)^2} \tag{10-2}$$

式中,μ 称为压杆的**长度因数**(length factor),与杆端的约束情况有关。μl 称为原压杆的**相当长度**(quite length)。其物理意义可以从表 10-1 中各种杆端约束条件下细长压杆失稳时挠曲线形状说明:由于压杆失稳时挠曲线上拐点处的弯矩为零,可设想拐点处有一铰支,而将压杆在挠曲线两拐点间的一段看作两端铰支压杆,并利用两端铰支压杆临界力的欧拉公式(10-1),得到原支承条件下压杆的临界力 F_{cr}。两拐点之间的长度,就是原压杆的相当长度 l。也就是说,相当长度就是各种支承条件下细长压杆失稳时,挠曲线中相当于半波正弦曲线的一段长度。

二、杆端约束情况的简化

应该指出,上边所列的杆端约束情况,是典型的理想约束。实际上,在工程实际中杆端的约束情况是复杂的,有时很难简单地将其归结为哪一种理想约束,应该根据实际情况作具体分析,看其与哪种理想情况接近,从而定出近乎实际的长度因数。下面通过几个实例说明杆端约束情况的简化。

1. 柱形铰约束

如图 10-7 所示的连杆,两端为柱形铰连接。考虑连杆在大刚度平面(xy 面)内弯曲时,杆的两端可简化为铰支(图 10-7a)。考虑在小刚度平面(xz 面)内弯曲时(图 10-7b),则应根据两端的实际固结程度而定,如接头的刚性较好,使其不能转动,就可简化为固定端;如仍可能有一定

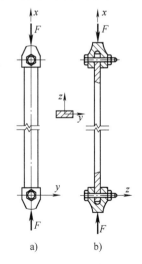

图 10-7

程度的转动，则可将其简化为两端铰支。这样处理比较安全。

2. 焊接或铆接

对于杆端与支承处焊接或铆接的压杆，例如图 10-8 所示桁架腹杆 AC、EC 等及上弦杆 CD 的两端，可简化为铰支端。因为杆受力后连接处仍可能产生微小的转动，故不能将其简化为固定端。

3. 螺母和丝杠连接

这种连接的简化将随着支承套（螺母）长度 l_0 与支承套直径（螺母的螺纹平均直径）d_0 的比值 l_0/d_0（图 10-9）而定。当 $l_0/d_0 < 1.5$ 时，可简化为铰支端；当 $l_0/d_0 > 3$ 时，则简化成固定端；当 $1.5 < l_0/d_0 < 3$ 时，则简化为非完全铰，若两端均为非完全铰，取 $\mu = 0.75$。

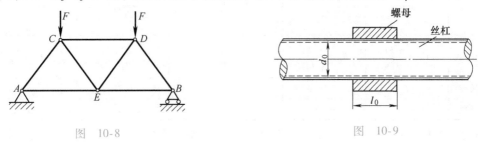

图　10-8　　　　　　　　　　　　　　　　　　图　10-9

4. 固定端

对于与坚实的基础固结成一体的柱脚，可简化为固定端，如浇铸于混凝土基础中的钢柱柱脚。

总之，理想的固定端和铰支端约束是不多见的。实际杆端的连接情况，往往是介于固定端与铰支端之间。对应于各种实际的杆端约束情况，压杆的长度因数 μ 值，在有关的设计手册或规范中另有规定。在实际计算中，为了简单起见，有时将有一定固结程度的杆端简化为铰支端，这样简化是偏于安全的。

第三节　欧拉公式的适用范围　中、小柔度杆的临界应力

欧拉公式是以压杆的挠曲线微分方程为依据推导出来的，而这个微分方程只有在材料服从胡克定律的条件下才成立。因此，当压杆内的应力不超过材料的比例极限时，欧拉公式才能适用。为了便于研究，首先介绍所谓"临界应力"和"柔度"的概念，然后讨论得出计算各类压杆临界力的公式。

一、临界应力和柔度

在临界力作用下压杆横截面上的平均应力，可以用临界力 F_{cr} 除以压杆的横截面面积 A 来求得，称为压杆的临界应力（critical stress），并以 σ_{cr} 来表示。即

$$\sigma_{cr} = \frac{F_{cr}}{A} = \frac{\pi^2 EI}{(\mu l)^2 A} \tag{a}$$

上式中的 I 和 A 都是与截面有关的几何量，如将惯性矩表示为 $I = i^2 A$，则可用另一个几何量来代替两者的组合，即令

$$i_y = \sqrt{\frac{I_y}{A}}, \quad i_x = \sqrt{\frac{I_x}{A}} \tag{10-3}$$

式中 i_y 和 i_x 分别称为截面图形对 y 轴和 x 轴的惯性半径，其量纲为长度。各种几何图形的惯性半径都可从手册上查出。

将 $I = i^2 A$ 代入式（a），得

$$\sigma_{cr} = \frac{\pi^2 E i^2}{(\mu l)^2} = \frac{\pi^2 E}{\left(\dfrac{\mu l}{i}\right)^2}$$

令

$$\lambda = \frac{\mu l}{i} \tag{10-4}$$

可得到压杆临界应力的一般公式为

$$\sigma_{cr} = \frac{\pi^2 E}{\lambda^2} \tag{10-5}$$

式（10-5）称为临界应力的欧拉公式。公式表明，对于一定材料制成的压杆，$\pi^2 E$ 是常数，σ_{cr} 与 λ^2 成反比。式中的 λ 称为压杆的柔度（soft degrees）或长细比（slenderness ratios），是一个量纲为一的量，它综合反映了压杆的长度、支承情况、横截面形状和尺寸等因素对临界应力的影响。显然，若 λ 越大，则临界应力就越小，压杆越容易丧失稳定；反之，若 λ 越小，则临界应力就比较大，压杆就不太容易丧失稳定。所以，柔度 λ 是压杆稳定计算中的一个重要参数。

二、欧拉公式的适用范围

前面已述，只有压杆的应力不超过材料的比例极限 σ_p 时，欧拉公式才能适用。因此，欧拉公式的适用条件是

$$\sigma_{cr} = \frac{\pi^2 E}{\lambda^2} \leqslant \sigma_p \tag{10-6}$$

由此式可求得对应于比例极限的柔度值。

将上面的条件用柔度表示，即

$$\lambda \geqslant \sqrt{\frac{\pi^2 E}{\sigma_p}}$$

令 $\lambda_p = \sqrt{\dfrac{\pi^2 E}{\sigma_p}}$，则欧拉公式的适用范围为

$$\lambda \geqslant \lambda_p = \sqrt{\frac{\pi^2 E}{\sigma_p}} \tag{10-7}$$

式中，λ_p 为临界应力等于材料比例极限时的柔度，是允许应用欧拉公式的最小柔度值。对于一定的材料，λ_p 为一常数。例如 Q235 钢，其弹性模量 $E = 200$ GPa，比例极限 $\sigma_p = 200$ MPa，则 λ_p 值为

$$\lambda_p = \sqrt{\frac{\pi^2 E}{\sigma_p}} = \sqrt{\frac{\pi^2 \times 200 \times 10^3}{200}} \approx 100$$

这就是说，对于 Q235 钢制成的压杆，只有当其柔度 $\lambda \geqslant 100$ 时，才能应用欧拉公式。$\lambda \geqslant \lambda_p$ 的压杆称为大柔度杆或细长杆，其临界力或临界应力可用欧拉公式计算。又如铝合金，$E = 70$ GPa，$\sigma_p = 175$ MPa，于是 $\lambda_p = 62.8$。可见，由铝合金制作的压杆，只有当 $\lambda \geqslant 62.8$ 时，才可以应用欧拉公式来计算 σ_{cr} 或者 F_{cr}。因此，在压杆设计计算时必须先判断能否

使用欧拉公式。

几种常用材料的 λ_p 值见表 10-2。

表 10-2　直线公式的系数 a 和 b 及适用的柔度范围

材料	a/MPa	b/MPa	λ_p	λ_s
Q235 钢	310	1.14	100	60
35 钢	469	2.62	100	60
45 钢	589	3.82	100	60
铸铁	338.7	1.483	80	—
松木	40	0.203	59	—

三、中、小柔度杆临界应力的计算

当压杆柔度 $\lambda < \lambda_p$ 时，欧拉公式已不适用。对于这样的压杆，目前设计中多采用经验公式确定临界应力。常用的经验公式有直线公式和抛物线公式。本书只介绍使用更方便的直线公式（又称雅辛斯基公式）。

对于柔度 $\lambda < \lambda_p$ 的压杆，试验发现，其临界应力 σ_{cr} 与柔度 λ 之间可近似用线性关系表示为

$$\sigma_{cr} = a - b\lambda \tag{10-8}$$

式中，a、b 为与压杆材料力学性能有关的常数。一些材料的 a、b 列于表 10-2 中。

由式 (10-8) 可见，此时压杆的临界应力 σ_{cr} 随柔度 λ 的减小而增大。

事实上，当压杆柔度小于某一值 λ_s 时，不管施加多大轴向力，压杆都不会发生失稳，这种压杆不存在稳定性问题，其危险应力是 σ_s（塑性材料）或 σ_b（脆性材料）。例如压缩试验中，低碳钢制短圆柱试件，直到被压扁也不会失稳，此时只考虑压杆的强度问题即可。由此可见，直线公式适用也有限制条件，以塑性材料为例，有

$$\sigma_{cr} = a - b\lambda \leqslant \sigma_s$$

$$\lambda \geqslant \frac{a - \sigma_s}{b}$$

当压杆临界应力达到材料屈服点 σ_s 时，压杆即失效，所以有

$$\sigma_{cr} = \sigma_s$$

将 $\sigma_{cr} = \sigma_s$ 代入式 (10-8) 中，可得

$$\lambda_s = \frac{a - \sigma_s}{b}$$

一般将 $\lambda < \lambda_s$ 的压杆称为<u>小柔度杆</u>或<u>短压杆</u>，将 $\lambda_s < \lambda < \lambda_p$ 的压杆称为<u>中柔度杆</u>或<u>中长杆</u>。

综上所述，根据压杆柔度值的大小可将压杆分为三类：

1) $\lambda < \lambda_s$ 为小柔度杆，按强度问题计算；

2) $\lambda_s < \lambda < \lambda_p$ 为中柔度杆，按直线公式计算压杆临界应力；

3) $\lambda \geqslant \lambda_p$ 为大柔度杆，按欧拉公式计算压杆临界应力。

四、临界应力总图

以柔度 λ 为横坐标。临界应力 σ_{cr} 为纵坐标，将临界应力与柔度的关系曲线绘于图中，

即可得到大、中、小柔度压杆的临界应力随柔度 λ 变化的临界应力总图（critical stress layout）（图 10-10）。图中曲线 AB，称为欧拉双曲线（euler hyperbolic curve）。曲线上的实线部分 BC，是欧拉公式的适用范围部分；虚线部分 CA，由于应力已超过了比例极限，为无效部分。对应于 C 点的柔度即为 λ_p，对应于 D 点的柔度为 λ_s。柔度在 λ_p 和 λ_s 之间的压杆为中柔度杆或中长杆。当 $\lambda < \lambda_s$ 时，是短压杆，在图中以水平线段 DE 表示，不存在稳定性问题，只有强度问题，临界应力就是屈服极限或者强度极限。

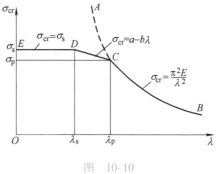

图 10-10

【例 10-2】 图 10-11 所示，用 Q235 钢制成的三根压杆，两端均为铰链支承，横截面为圆形，直径 $d = 50$ mm，长度分别为 $l_1 = 2$ m，$l_2 = 1$ m，$l_3 = 0.5$ m，材料的弹性模量 $E = 200$ GPa，屈服极限 $\sigma_s = 235$ MPa。求三根压杆的临界应力和临界力。

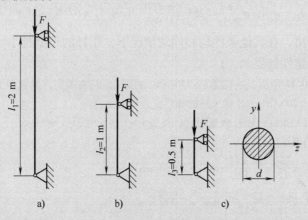

图 10-11

【解】 （1）计算各压杆的柔度 因压杆两端为铰链支承，查表 10-1 得长度系数 $\mu = 1$。圆形截面对 y 轴和 z 轴的惯性矩相等，均为

$$I_y = I_z = I = \frac{\pi d^4}{64}$$

故圆形截面的惯性半径为

$$i = \sqrt{\frac{I}{A}} = \sqrt{\frac{\frac{\pi d^4}{64}}{\frac{\pi d^2}{4}}} = \sqrt{\frac{d^2}{16}} = \frac{d}{4} = \frac{50}{4} \text{ mm} = 12.5 \text{ mm}$$

由式（10-4）得各压杆的柔度分别为

$$\lambda_1 = \frac{\mu l_1}{i} = \frac{1 \times 2\,000}{12.5} = 160$$

$$\lambda_2 = \frac{\mu l_2}{i} = \frac{1 \times 1\,000}{12.5} = 80$$

$$\lambda_3 = \frac{\mu l_3}{i} = \frac{1 \times 500}{12.5} = 40$$

（2）计算各压杆的临界应力和临界力 查表 10-2，对于 Q235 钢 $\lambda_p = 100$，$\lambda_s = 60$。

对于压杆 1，其柔度 $\lambda_1 = 160 > \lambda_p$，所以压杆 1 为大柔度杆，临界应力用欧拉公式计算

$$\sigma_{cr} = \frac{\pi^2 E}{\lambda_1^2} = \frac{\pi^2 \times 200 \times 10^3}{160^2} \text{ MPa} = 77.1 \text{ MPa}$$

临界力为

$$F_{cr} = \sigma_{cr} A = \sigma_{cr} \frac{\pi d^2}{4} = 77.1 \times \frac{\pi \times 50^2}{4} \text{ N} = 1.51 \times 10^5 \text{ N} = 151 \text{ kN}$$

对于压杆 2，其柔度 $\lambda_2 = 80$，$\lambda_s < \lambda_2 < \lambda_p$，所以压杆 2 为中柔度杆，临界应力用经验公式计算。查表 10-2，对于 Q235 钢 $a = 310$ MPa，$b = 1.14$ MPa，故临界应力为

$$\sigma_{cr} = a - b\lambda = 310 \text{ MPa} - 1.14 \times 80 \text{ MPa} = 218.8 \text{ MPa}$$

临界力为

$$F_{cr} = \sigma_{cr} A = \sigma_{cr} \frac{\pi d^2}{4} = 218.8 \times \frac{\pi \times 50^2}{4} \text{ N} = 4.30 \times 10^5 \text{ N} = 430 \text{ kN}$$

对于压杆 3，其柔度 $\lambda_3 = 40 < \lambda_s = 60$，所以压杆 3 为小柔度杆。又因为 Q235 钢为塑性材料，故其临界应力为

$$\sigma_{cr} = \sigma_s = 235 \text{ MPa}$$

临界力为

$$F_{cr} = \sigma_s A = \sigma_s \frac{\pi d^2}{4} = 235 \times \frac{\pi \times 50^2}{4} \text{ N} = 4.61 \times 10^5 \text{ N} = 461 \text{ kN}$$

由本例题可以看出，在其他条件均相同的情况下，压杆的长度越小，则其临界应力和临界力越大，压杆的稳定性越强。

【例 10-3】 如图 10-12 所示，一长度 $l = 750$ mm 的压杆，两端固定，横截面为矩形，压杆的材料为 Q235 钢，其弹性模量 $E = 200$ GPa。计算压杆的临界应力和临界力。

【解】 (1) 计算压杆的柔度 压杆两端固定，查表 10-1 得长度因数 $\mu = 0.5$。

矩形截面对 y 轴和 z 轴的惯性矩分别为

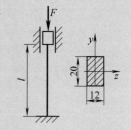

图 10-12

$$I_y = \frac{hb^3}{12} = \frac{20 \times 12^3}{12} \text{ mm}^4 = 2\,880 \text{ mm}^4$$

$$I_z = \frac{bh^3}{12} = \frac{12 \times 20^3}{12} \text{ mm}^4 = 8\,000 \text{ mm}^4$$

所以 $I_y < I_z$，因此压杆的横截面必定绕着 y 轴转动而失稳，将 I_y 代入式(10-3)中，得到截面对 y 轴的惯性半径为

$$i_y = \sqrt{\frac{I_y}{A}} = \sqrt{\frac{2\,880}{20 \times 12}} \text{ mm} = 3.46 \text{ mm}$$

由式(10-4)得，压杆的柔度为

$$\lambda = \frac{\mu l}{i_y} = \frac{0.5 \times 750}{3.46} = 108.4$$

(2) 计算临界应力和临界力 查表 10-2，对于 Q235 钢 $\lambda_p = 100$，则 $\lambda > \lambda_p$，故临界应力可用欧拉公式计算，即

$$\sigma_{cr} = \frac{\pi^2 E}{\lambda^2} = \frac{\pi^2 \times 200 \times 10^3}{108.4^2} \text{ MPa} = 167.99 \text{ MPa}$$

临界力为

$$F_{cr} = \sigma_{cr} A = 167.99 \times 20 \times 12 \text{ N} = 4.03 \times 10^4 \text{ N} = 40.3 \text{ kN}$$

第四节   压杆的稳定性计算

对于大、中柔度的压杆需进行压杆稳定计算，通常采用安全因数法(safety factor method)。为了保证压杆不失稳，并具有一定的稳定储备，压杆的稳定条件可表示为

$$n = \frac{F_{cr}}{F} = \frac{\sigma_{cr}}{\sigma} \geqslant [n_w] \tag{10-9}$$

此式即为安全因数法表示的<u>压杆的稳定条件</u>(the stability condition of compression strut)。式中，F_{cr} 为压杆的临界压力；F 为压杆的实际工作压力；σ_{cr} 为压杆的临界应力；σ 为压杆的工作压应力；n 为压杆工作安全因数；$[n_w]$ 是规定的稳定安全因数，它表示要求受压杆件必须达到的稳定储备程度。

一般规定稳定安全因数比强度安全因数要高。主要是考虑到一些难以预测的因素，如杆件的初弯曲、压力的偏心、材料的不均匀和支座的缺陷等，降低了杆件的临界压力，影响了压杆的稳定性。下面列出几种常用零件稳定安全因数的参考值：

机床丝杠	$[n_w] = 2.5 \sim 4.0$	低速发动机的挺杆	$[n_w] = 4 \sim 6$
高速发动机的挺杆	$[n_w] = 2 \sim 5$	磨床油缸的活塞杆	$[n_w] = 4 \sim 6$
起重螺旋杆	$[n_w] = 3.5 \sim 5$		

应该强调的是，压杆的临界压力取决于整个杆件的弯曲刚度。但在工程实际中，难免碰到压杆局部有截面削弱的情况，如铆钉孔、螺钉孔、油孔等，在确定临界压力或临界应力时，此时可以不考虑杆件局部截面削弱的影响，因为它对压杆稳定性的影响很小，仍按未削弱的截面面积、最小惯性矩和惯性半径等进行计算。但对这类杆件，还需对削弱的截面进行强度校核。

压杆的稳定性计算也可以解决三类问题，即校核稳定性、设计截面和确定许可载荷。

【例 10-4】 图 10-13 所示为一根 Q235A 钢制成的矩形截面压杆 AB，A、B 两端用柱销联接。设联接部分配合精密。已知 $l = 2\,300$ mm，$b = 40$ mm，$h = 60$ mm，$E = 206$ GPa，$\lambda_p = 100$，规定稳定安全因数 $[n_w] = 4$，试确定该压杆的许用压力 F。

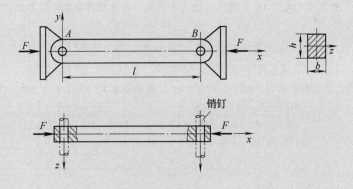

图 10-13

【解】 (1) 计算柔度 λ 在 xy 平面，压杆两端可简化为铰支 $\mu_{xy} = 1$，则

$$i_z = \sqrt{\frac{I_z}{A}} = \sqrt{\frac{bh^3}{12} \frac{1}{bh}} = \frac{h}{\sqrt{12}}$$

$$\lambda_z = \frac{\mu_{xy} l}{i_z} = \frac{\mu l \times \sqrt{12}}{h} = \frac{1 \times 2\,300}{60} \frac{\sqrt{12}}{} = 133 > \lambda_p = 100$$

在 xz 平面，压杆两端可简化为固定端，$\mu_{xz} = 0.5$，则

$$i_y = \sqrt{\frac{I_y}{A}} = \sqrt{\frac{hb^3}{12} \frac{1}{bh}} = \frac{b}{\sqrt{12}}$$

$$\lambda_y = \frac{\mu_{xz}l}{i_z} = \frac{\mu_{xz}l\sqrt{12}}{b} = \frac{0.5 \times 2300}{40}\sqrt{12} = 100$$

(2)计算临界力 F_{cr}　因为 $\lambda_z > \lambda_y$，故压杆最先在 xy 面内失稳。按 λ_z 计算临界应力，因 $\lambda_z > \lambda_p$，即压杆在 xy 面内是细长压杆，可用欧拉公式计算其临界压力，得

$$F_{cr} = A\sigma_{cr} = A\frac{\pi^2 E}{\lambda^2} = bh\frac{\pi^2 E}{\lambda^2}$$

$$= 40 \times 10^{-3} \times 60 \times 10^{-3} \times \frac{\pi^2 \times 206 \times 10^9}{133^2} \, \text{N} = 276 \times 10^3 \, \text{N} = 276 \, \text{kN}$$

(3)确定该压杆的许用压力 F　由稳定条件可得压杆的许用压力 F 为

$$F \leqslant \frac{F_{cr}}{[n_w]} = \frac{276}{4} \, \text{kN} = 69 \, \text{kN}$$

【例10-5】　图10-14所示结构中，梁 AB 为 No.14 普通热轧工字钢，CD 为圆截面直杆，其直径为 $d = 20$ mm，二者材料均为 Q235 钢，A、C、D 三处均为球铰约束，已知 $F_P = 25$ kN，$l_1 = 1.25$ m，$l_2 = 0.55$ m，$\sigma_s = 235$ MPa，$E = 206$ GPa，强度安全系数 $n_s = 1.45$，稳定安全系[n_w]=1.8。试校核此结构是否安全？

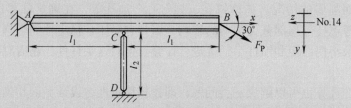

图 10-14

【解】　(1)分析题意　结构中存在两个构件：大梁 AB 和直杆 CD，在外力 F_P 的作用下，大梁 AB 受到拉伸与弯曲的组合作用，属于强度问题；直杆 CD 承受压力作用，在此主要属于稳定性问题。

(2)大梁 AB 的强度校核　大梁 AB 在截面 C 处弯矩最大，该处横截面为危险截面，其上的弯矩和轴力分别为

$$M_{max} = F_p \sin 30° l_1 = 25 \times 0.5 \times 1.25 \, \text{kN} \cdot \text{m} = 15.63 \, \text{kN} \cdot \text{m}$$

$$F_{Nx} = F_p \cos 30° = 25 \times 0.866 \, \text{kN} = 21.65 \, \text{kN}$$

查型钢表可得到大梁的截面面积 $A = 21.5 \times 10^2 \, \text{mm}^2$，截面系数 $W_z = 102 \times 10^3 \, \text{mm}^3$，由此得到

$$\sigma_{max} = \frac{M_{max}}{W_z} + \frac{F_{Nx}}{A} = \frac{15.63 \, \text{kN} \cdot \text{m}}{102 \times 10^3 \times 10^{-9} \, \text{m}^3} + \frac{21.65 \, \text{kN}}{21.5 \times 10^2 \times 10^{-6} \, \text{m}^2}$$

$$= 153.24 \, \text{MPa} + 10.07 \, \text{MPa} = 163.3 \, \text{MPa}$$

Q235 钢的许用应力　　　　　　　$$[\sigma] = \frac{\sigma_s}{n_s} = \frac{235}{1.45} = 162 \, \text{MPa}$$

此时　　　　　　　　　　　　　$$\sigma_{max} > [\sigma]$$

最大应力已经超过许用应力，只是刚超过许用应力，所以工程上还可以认为是安全的。

(3)压杆 CD 的稳定性校核　由平衡方程求得压杆 CD 的轴向压力

$$P_{NCD} = 2F_p \sin 30° = 25 \, \text{kN}$$

惯性半径　　　　　　　$$i = \sqrt{\frac{I}{A}} = \frac{d}{4} = 5 \, \text{mm}　（两端为铰支约束 \mu = 1）$$

所以压杆柔度　　　　　$$\lambda = \frac{\mu l_2}{i} = \frac{1 \times 0.55 \, \text{m}}{5 \times 10^{-3} \, \text{m}} = 110 > \lambda_p = 101$$

说明此压杆为细长杆，可以用欧拉公式计算临界力　　$$\sigma_{cr} = \frac{F_{cr}}{A} = \frac{\pi^2 E}{\lambda^2}$$

$$F_{cr} = \sigma_{cr} A = \frac{\pi^2 E}{\lambda^2} \times \frac{\pi d^2}{4} = \frac{3.14^3 \times 206 \times 10^9 \ \text{N/m}^2 \times 20^2 \times 10^{-6} \ \text{m}^2}{110^2 \times 4}$$
$$= 52.7 \ \text{kN}$$

于是，压杆的工作安全因数

$$n_w = \frac{\sigma_{cr}}{\sigma_w} = \frac{F_{cr}}{F_{NCD}} = \frac{52.7 \ \text{kN}}{25 \ \text{kN}} = 2.11 > [n_w] = 1.8$$

这一结果说明压杆的稳定性是安全的。

上述两项计算结果表明，整个结构的强度和稳定性都是安全的。

第五节　提高压杆稳定性的措施

下面从这几方面来讨论提高压杆稳定性的一些措施。

一、合理选择材料

对于大柔度杆，临界应力 σ_{cr} 用欧拉公式计算。σ_{cr} 与材料的弹性模量 E 成正比，选 E 值大的材料可提高大柔度杆的稳定性。例如，钢杆的临界应力大于铁杆和铝杆的临界应力。但是，因为各种钢的 E 值相近，选用高强度钢，增加了成本，却不能有效地提高其稳定性。所以，对于大柔度杆，宜选用普通钢材。

对于中柔度杆，临界应力 σ_{cr} 用经验公式计算。a、b 与材料的强度有关，材料的强度高，临界应力就大。所以，选用高强度钢，可有效地提高中柔度杆的稳定性。

二、选择合理的截面形状

由细长杆和中长杆的临界应力公式 $\sigma_{cr} = \dfrac{\pi^2 E}{\lambda^2}$，$\sigma_{cr} = a - b\lambda$ 可知，两类压杆的临界应力的大小均与其柔度有关，柔度越小，则临界应力越高，压杆抵抗失稳的能力越强。对于一定长度和支承方式的压杆，在横截面面积一定的前提下，应尽可能使材料远离截面形心，以加大惯性矩，从而减小其柔度。如图 10-15 所示，采用空心截面比实心截面更为合理。但应注意，空心截面的壁厚不能太薄，以防止出现局部失稳现象。

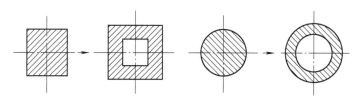

图　10-15

三、减小杆长，改善两端支承

由于柔度 λ 与 μl 成正比，因此在工作条件允许的前提下，应尽量减小压杆的长度 l。还可以利用增加中间支承的办法来提高压杆的稳定性。如图 10-16a 所示两端铰支的细长杆，在压杆中点处增加一铰支座(图 10-16b)，其柔度为原来的1/2。

由表 10-1 可见，压杆两端的支承越牢固，则长度因数越小，柔度越小，临界应力越大。如图 10-16a 所示压杆的两端铰支约束加固为两端固定约束（图 10-16c），其柔度为原来的1/2。

无论是压杆增加中间支承，还是加固杆端约束，都是提高压杆稳定性的有效方法。因

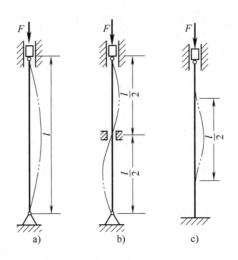

图　10-16

此，压杆在与其他构件连接时，应尽可能制成刚性连接或采用较紧密的配合。

思　考　题

1. 试列举受压杆件的工程实例，并简化其约束，建立力学模型。

2. 什么是柔度？它的大小与哪些因素有关？

3. 如何区分大、中、小柔度杆？它们的临界应力是如何确定的？

4. 如图 10-17 所示两组截面，每组中的两个截面面积相等。问：作为压杆时（两端为球形铰链支承），各组中哪一种截面形状更为合理？

5. 如图 10-18 所示截面形状的压杆，两端为球形铰链支承。问：失稳时，其截面分别绕着哪根轴转动？为什么？

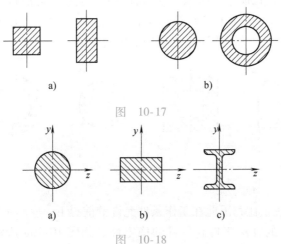

图　10-17

图　10-18

6. 若用钢做成细长压杆，宜采用高强度钢还是普通钢？为什么？

习　题

10-1　如题 10-1 图所示，压杆的材料为 Q235 钢，弹性模量 $E = 200$ GPa，横截面有四种不同的几何形状，如图所示，其面积均为 3 600 mm²。求各压杆的临界应力和临界力。

10-2　如题 10-2 图所示压杆的材料为 Q235 钢，$E = 210$ GPa。在正视图 a 的平面内，两端为铰支；在

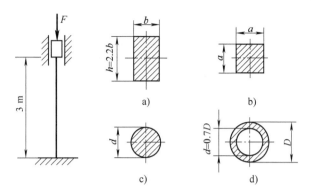

题 10-1 图

俯视图 b 的平面内，两端认为固定。试求此杆的临界力。

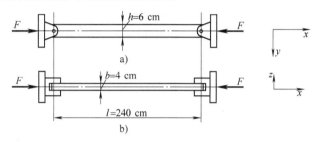

题 10-2 图

10-3　如题 10-3 图所示螺旋千斤顶，螺杆旋出的最大长度 $l = 400$ mm，螺纹内径 $d = 40$ mm，最大起重量 $F = 80$ kN，螺杆材料为 45 钢，$\lambda_p = 100$，$\lambda_s = 60$，规定稳定安全因数 $[n_w] = 4$。试校核螺杆的稳定性。（提示：设与螺母配合尺寸 h 很大，可视为固定端约束）

10-4　如题 10-4 图所示支架中，$F = 60$ kN，AB 杆的直径 $d = 40$ mm，两端为铰链支承，材料为 45 钢，弹性模量 $E = 200$ GPa，稳定安全系数 $[n_w] = 2$。校核 AB 杆的稳定性。

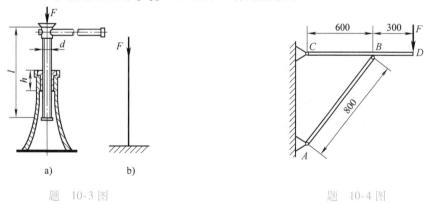

题 10-3 图　　　　　　　　　　　　　　　题 10-4 图

10-5　如题 10-5 图所示为由横梁 AB 与立柱 CD 组成的结构。载荷 $F = 10$ kN，$l = 60$ cm，立柱的直径 $d = 2$ cm，两端铰支，材料是 Q235 弹性模量 $E = 200$ GPa，规定稳定安全系数 $[n_w] = 2$。（1）试校核立柱的稳定性；（2）如已知许用应力 $[\sigma] = 120$ MN/m^2，试选择横梁 AB 的工字钢号码。

10-6　题 10-6 图所示的木制压杆，长为 6 m，两端为铰接。试利用临界应力公式求所能支撑的最大轴向力 F。

10-7　题 10-7 图所示的压杆由木材制成，其底部固连而顶部自由。若用其支撑 $F = 30$ kN 的轴向载荷，

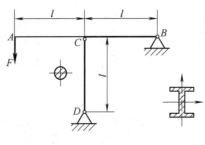

题　10-5 图

试杆件的最大许用长度。

*10-8　题 10-8 图所示的钢管外径为 50 cm，厚度为 10 cm。若其用牵索固定，试求不引起钢管屈曲时能够施加的最大水平力 F。假定管子两端为铰接。取 $E = 210$ GPa，$\sigma_s = 250$ MPa。

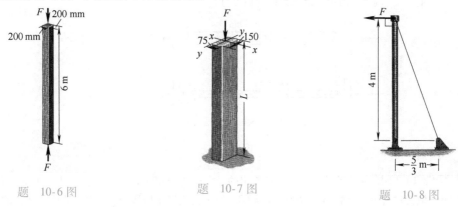

题 10-6 图　　　　　题 10-7 图　　　　　题 10-8 图

*10-9　题 10-9 图所示的桁架由钢杆制成，每一根杆件的横截面都是直径为 40 mm 的圆。试求不引起任何一根杆件屈曲时可施加的最大力 F。设杆件在端点铰接。取 $E = 210$ GPa，$\sigma_s = 250$ MPa。

*10-10　题 10-10 图所示的钢制成的控制圆杆 BC，为使不出现屈曲，试求能够施加于手柄的最大力 F。已知圆杆的直径为 25 mm，$E = 200$ GPa，$\sigma_s = 250$ MPa。

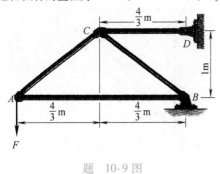

题　10-9 图　　　　　　　题　10-10 图

第十一章 交变应力及疲劳破坏

本章主要讨论交变应力的概念，疲劳破坏的概念与机理，应力循环的概念与特征量，持久极限的测定及影响构件持久极限的因素等。并简要介绍疲劳强度的计算方法。

第一节 交变载荷和交变应力的概念

机械中有许多构件，工作时所受的载荷随时间做周期性变化，这种载荷称为交变载荷（alternating load）。构件在交变载荷下产生的应力称为交变应力（alternating stress）。例如图11-1a所示齿轮的齿，它可以近似地简化成悬臂梁，其端部受一集中载荷 F 的作用，轴旋转一周，各个齿啮合一次，每一次啮合过程中，齿根 A 点处的载荷随时间做周期性变化。弯曲正应力也就不断地由零变化到最大值，然后再变到零。轴不断地旋转，A 点应力也就不断地重复上述变化。应力随时间变化的曲线如图11-1b所示。再如火车车轮轴在载荷作用下产生弯曲变形（图11-2a），当车轮轴转动时，任意截面上任一点的应力就随时间做周期性变化。以中间截面上点 C 的应力为例，当点 C 顺次通过图11-2a中的1、2、3、4各位置时，点 C 的应力变化情况如下所述：当 C 点处于1的位置时，其应力为最大拉应力；当 C 点旋转到2的位置时，应力为零；至3的位置时，其应力为最大压应力；至4的位置时，应力又为零；再回到1的位置时，应力又为最大拉应力。由此可知，轴继续转动，C 点的应力不断地重复以上变化。若以时间 t 为横坐标、弯曲正应力 σ 为纵坐标，则应力随时间变化如图11-2b所示。

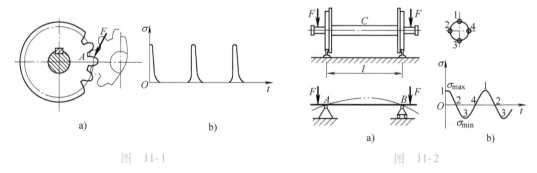

图 11-1　　　　　　　　　　　　　图 11-2

从上述这些实例中可见，构件都受到为交变应力，但其交变情况不同。应力从某一值经最大值 σ_{man} 和最小值 σ_{min} 后回到同一值的过程称为一个应力循环（stress cycle），如图11-3所示。

应力循环有如下特征量：

（1）应力循环——应力变化一个周期，称为应力的一次循环。例如，应力从最大值变到最小值，从最小值变回到最大值。

（2）最大应力——一个应力循环中代数值最大的应力，用 σ_{max} 表示。

（3）最小应力——一个应力循环中代数值最小的应力，用 σ_{min} 表示。

（4）平均应力——最大应力与最小应力和值的一半，用 σ_m 表示，即

$$\sigma_\mathrm{m} = \frac{\sigma_\mathrm{max} + \sigma_\mathrm{min}}{2}$$

（5）应力幅值——最大应力与最小应力差值的一半，用 σ_a 表示，即

$$\sigma_\mathrm{a} = \frac{\sigma_\mathrm{max} - \sigma_\mathrm{min}}{2} \qquad (11\text{-}1)$$

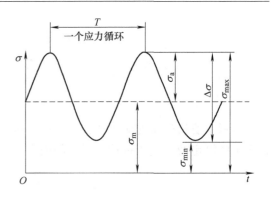

图　11-3

（6）循环特征（circulation characteristics）——应力循环中最小应力与最大应力的比值，用 r 表示，即

$$r = \frac{\sigma_\mathrm{min}}{\sigma_\mathrm{max}} \quad （当 \, |\sigma_\mathrm{min}| \leqslant |\sigma_\mathrm{max}|） \qquad (11\text{-}2a)$$

$$r = \frac{\sigma_\mathrm{max}}{\sigma_\mathrm{min}} \quad （当 \, |\sigma_\mathrm{min}| > |\sigma_\mathrm{max}|） \qquad (11\text{-}2b)$$

当构件处于交变应力作用时，r 必在 $+1$ 和 -1 之间变化。当 $r = -1$ 时，称为对称循环（symmetric circulation）的交变应力（图 11-2b）。实践证明，对称循环交变应力是最常见、也是最危险的。除 $r = -1$ 的循环外，统称为非对称循环（asymmetric circulation）的交变应力。其中 $r = 0$ 时，称为脉动循环交变应力（图 11-1），这也是常见的交变应力。

第二节　疲劳破坏和持久极限

一、疲劳破坏的概念

气锤的锤杆、钢轨及螺圈弹簧等工程构件，长期处于交变应力下工作。实践表明，尽管杆件的最大工作应力远小于强度极限，甚至低于屈服极限，但在长期处在交变应力下工作，常在没有明显塑性变形的情况下发生突然断裂，这种现象称为疲劳破坏（fatigue damage）。

二、疲劳破坏的机理

图 11-4 所示表示汽锤杆疲劳破坏后的断口。由图可见，疲劳破坏的断口表面通常有两个截然不同的区域，即光滑区和粗糙区。这种断口特征可从引起疲劳破坏的过程来解释。当交变应力中的最大应力超过一定限度并经历了多次循环后，在最大正应力处或材质薄弱处产生细微的裂纹源（如果材料有表面损伤、夹杂物或加工造成的细微裂纹等缺陷，则这些缺陷本身就成为裂纹源）。随着应力循环次数的增多，裂纹逐

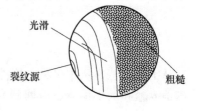

图　11-4

渐扩大。由于应力的交替变化，裂纹两侧面的材料时而压紧，时而分开，逐渐形成表面的光滑区。另一方面，由于裂纹的扩展，有效的承载截面将随之削弱，而且裂纹尖端处形成高度应力集中，当裂缝扩大到一定程度后，在一个偶然的振动或冲击下，构件沿削弱了的截面发生脆性断裂，形成断口如图 11-4 所示的粗糙区域。由此可见"疲劳破坏"只不过是一个惯用名词，并不反映这种破坏的实质。

三、疲劳破坏的特征

与静应力破坏明显不同，有如下特征：

(1)构件内的工作应力远远低于静荷载下材料的极限强度或屈服强度。

(2)破坏前没有明显的塑性变形。

(3)破坏断口表面呈现两个截然不同的区域，光滑区和粗糙区。

(4)疲劳破坏的发生需要有一个过程，即需要经过一定数量的应力循环。

由于疲劳破坏是在构件没有明显的塑性变形时突然发生的，故常会产生严重的后果。

四、材料的持久极限及其测定

1. 材料的持久极限

实践表明，在交变应力作用下，构件内的最大应力若不超过某一极限值，则构件可经历无限次应力循环而不发生疲劳破坏，这个应力的极限值称为持久极限(lasting limit)，用 σ_r 表示，r 为交变应力的循环特征。构件的持久极限与循环特征有关，构件在不同循环特征的交变应力作用下有着不同的持久极限，以对称循环下的持久极限 σ_{-1} 为最低。因此，通常都将 σ_{-1} 作为材料在交变应力下的主要强度指标。

2. 对称循环下材料的持久极限

材料的持久极限可以通过疲劳实验测定。实验表明，材料抵抗对称循环交变应力的能力最差，而对称循环实验又最简单，实际工程中也较为常见，因此重点讨论对称循环问题。

下面以常用的对称循环下的弯曲疲劳实验为例，对称循环弯曲疲劳实验机如图 11-5 所示。

实验时准备 6～10 根直径 $d=7～10$ mm 的光滑小试件，调整载荷，一般将第一根试件的载荷调整至使试件内最大弯曲应力达 $(0.5～0.6)\sigma_s$。开机后试件每旋转一周，其横截面上各点就经受一次对称的应力循环，经过 N 次循环后，试件断裂；然后依次逐根降低试件的最大应力，记录下每一根试件断裂时的最大应力和循环次数。若以最大应力 σ_{max} 为纵坐标，以断裂时的循环次数 N 为横坐标，绘成一条 $\sigma-N$ 曲线，即为疲劳曲线，如图 11-6 所示。

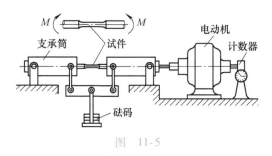

图 11-5   图 11-6

从疲劳曲线可以看出，试件断裂前所经受的循环次数，随构件内最大应力的减小而增加；当最大应力降低到某一数值后，疲劳曲线趋于水平，即疲劳曲线有一条水平渐近线，只要应力不超过这一水平渐近线对应的应力值，就认为试件可以经历无限次循环而不发生疲劳破坏。这一应力值即为材料的持久极限。通常认为，钢制的光滑小试件经过 10^7 次应力循环仍未疲劳破坏，则继续实验也不破坏。因此，$N=10^7$ 次应力循环对应的最大应力值，即为材料的持久极限 σ_{-1}。各种材料的持久极限可以从有关手册中查得。试验表明，材料的持久极限与其静载荷下的强度极限之间存在以下近似关系：

对于拉伸交变载荷 　　　　　　　　$\sigma_{-1} \approx 0.28\sigma_b$

对于弯曲交变载荷 　　　　　　　　$\sigma_{-1} \approx 0.4\sigma_b$

对于扭转交变载荷 　　　　　　　　$\sigma_{-1} \approx 0.22\sigma_b$

第三节　影响构件持久极限的因素及强度计算简介

一、影响构件持久极限的因素

以上所介绍的测定材料的持久极限疲劳实验，是利用表面磨光、横截面尺寸无突然变化以及直径 7~10 mm 的标准试样测得的。当用材料制成构件后，尚要确定构件的持久极限，试验表明，它不仅与材料有关，而且与构件的外形、横截面尺寸以及表面状况等因素相关。

影响构件持久极限的因素主要可归结为以下三个方面。

1. 应力集中的影响

在构件或零件截面形状和尺寸突变处（如阶梯轴肩圆角、开孔、切槽等），这种现象会引起应力集中。显然应力集中的存在不仅有利于初始疲劳裂纹的形成，而且有利于裂纹的扩展，从而降低零件的持久极限。

由于工艺和使用要求，构件常需钻孔、开槽或设台阶等，这样，在截面尺寸突变处就会产生应力集中现象。此时局部应力远大于按一般理论公式算得的数值。由于构件在应力集中处容易出现微观裂纹，从而引起疲劳破坏，因此构件的持久极限要比标准试件的低。通常，用光滑小试件与其他情况相同而有应力集中的试件的持久极限之比，来表示应力集中对持久极限的影响。这个比值称为有效应力集中系数（effective stress concentration factor），用 K_σ 表示。在对称循环下，

$$K_\sigma = \frac{\sigma_{-1}}{\sigma_{-1}^k} \tag{11-3}$$

式中，σ_{-1} 和 σ_{-1}^k 分别为在对称循环下无应力集中与有应力集中试件的持久极限。

K_σ 是一个大于 1 的系数，可以通过实验确定。一些常见情况的有效应力集中系数已制成图表，可以在有关的设计手册中查到。材料的有效应力集中系数图表反映，相同形状的构件，其使用材料的强度极限越高，有效应力集中系数亦越大。因此，应力集中对高强度材料的持久极限的影响更大。此外，对轴类零件，截面尺寸突变处要采用圆角过渡，圆角半径越大，其有效应力集中系数则越小。若结构需要直角过渡，则需在直径大的轴段上设卸荷槽或退刀槽，以降低应力集中的影响，如图 11-7 所示。

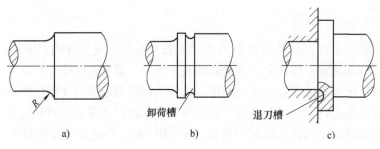

a)　　　　　　　　　卸荷槽　b)　　　　　　　退刀槽　c)

图　11-7

2. 构件尺寸的影响

实验表明，相同材料、形状的构件，若尺寸大小不同，其持久极限也不相同。构件尺寸越大，其内部所含的杂质和缺陷随之增多，产生疲劳裂纹的可能性就越大，材料的持久极限则相应降低。

构件尺寸对持久极限的影响可用尺寸系数 ε_σ 表示。在对称循环下

$$\varepsilon_\sigma = \frac{\sigma_{-1}^{d}}{\sigma_{-1}} \tag{11-4}$$

式中，σ_{-1}^{d} 为对称循环下大尺寸光滑试件的持久极限。

ε_σ 是一个小于 1 的系数，常用材料的尺寸系数可从有关的设计手册中查到。

3. 表面加工质量的影响

通常，构件的最大应力发生在表层，疲劳裂纹往往也会在此形成。测试材料持久极限的标准试件，其表面是经过磨削加工的，而实际构件的表面加工质量若低于标准试件，就会因表面存在刀痕或擦伤而引起应力集中，疲劳裂纹将由此产生并扩展，材料的持久极限就随之降低。表面加工质量对持久极限的影响，用表面质量系数 β 表示。在对称循环下，

$$\beta = \frac{\sigma_{-1}^{\beta}}{\sigma_{-1}} \tag{11-5}$$

式中，σ_{-1}^{β} 表示表面加工质量不同的试件的持久极限。

表面质量系数可以从有关的设计手册中查到。随着表面加工质量的降低，高强度钢的 β 值下降更为明显。因此，优质钢材必须进行高质量的表面加工，才能提高疲劳强度。此外，强化构件表面，如采用渗氮、渗碳、滚压、喷丸或表面淬火等措施，也可提高构件的持久极限。

综合以上三种主要因素，对称循环下构件的持久极限为

$$\sigma_{-1}^{0} = \frac{\varepsilon_\sigma \beta}{K_\sigma} \sigma_{-1} \tag{11-6}$$

构件的持久极限除以上主要影响因素外，还有如介质的腐蚀、温度的变化等因素的影响，这些影响可以用修正系数来表示。

二、构件的疲劳强度计算简介

考虑到一定的安全储备，用 n 表示规定的安全因数，则构件在对称循环交变正应力下的许用应力 $[\sigma_{-1}^{0}]$ 就等于其持久极限除以安全因数。则构件的疲劳强度准则为

$$\sigma_{max} \leqslant [\sigma_{-1}^{0}] = \frac{\varepsilon_\sigma \beta}{nK_\sigma} \sigma_{-1} \tag{11-7}$$

式中，σ_{max} 是构件危险点的最大工作应力。在机械设计中，一般疲劳强度计算采用安全因数法。若令 n_σ 为工作安全因数，n 为许用安全因数，则有

$$n_\sigma = \frac{\sigma_{-1}^{0}}{\sigma_{max}} = \frac{\varepsilon_\sigma \beta \sigma_{-1}}{K_\sigma \sigma_{max}} \geqslant n \tag{11-8}$$

构件在对称循环交变切应力下的疲劳强度计算与以上所述的相类似。对于非对称循环，只要在对称循环的强度计算式中增加一个修正项，即可得到其疲劳强度计算式，具体参数可查阅有关设计手册。

三、疲劳破坏的危害

疲劳破坏往往是在没有明显预兆情况下发生的，很容易造成事故。机械零件的损坏大部

分是疲劳损坏，因此对在交变应力下工作的零件进行疲劳强度计算是非常必要的，也是较为复杂的。许多零件的使用寿命就是根据此理论确定的，具体应用将在后继课程（如机械设计）中结合具体零部件的设计时再讨论。

四、提高疲劳强度的措施

因为疲劳裂纹大多发生在应力集中部位、焊缝及构件表面，所以一般来说，提高构件疲劳强度从减缓应力集中、提高加工质量等方面入手，基本措施如下：

（1）合理设计构件形状，减缓应力集中　构件上应避免出现有内角的孔和带尖角的槽，在截面变化处，应使用较大的过渡圆角或斜坡；在角焊缝处，应采用坡口焊接。

（2）采用止裂措施　当构件上已经出现了宏观裂纹后，可以通过在裂尖钻孔、热熔等措施，减缓或终止裂纹扩展，提高构件的疲劳强度。

（3）提高构件表面质量　制造中应尽量降低构件表面的粗糙度，使用中尽量避免构件表面发生机械损伤和化学损伤，如腐蚀、锈蚀等。

（4）增加表层强度　适当地进行表层强化处理，可以显著提高构件的疲劳强度。如采用高频淬火热处理方法，渗碳、氮化等化学处理方法，滚压、喷丸等机械处理方法。这些方法在机械零件制造中应用较多。

思　考　题

1. 疲劳破坏有何特点？它与静荷破坏有何区别？疲劳破坏是如何形成的？

2. 何谓对称循环与脉动循环？其应力比各为何值？何谓非对称循环？

3. 如何由试验测得 $\sigma\text{-}N$ 曲线与材料疲劳极限？

4. 材料的疲劳极限与构件的疲劳极限有何区别？材料的疲劳极限与强度极限有何区别？

5. 影响构件疲劳极限的主要因素是什么？如何确定有效应力集中因数、尺寸因数与表面质量因数？试述提高构件疲劳强度的措施。

*6. 如何进行对称循环应力作用下构件的疲劳强度计算？

*7. 如何进行非对称循环应力作用下构件的疲劳强度计算？

8. 如图11-8所示应力循环，试求平均应力、应力幅与应力比。

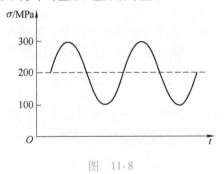

图　11-8

第十二章 能量法基础

本章研究外力功与杆件应变能的一般表达式，计算位移的卡氏定理和单位载荷法，以及分析冲击应力的能量方法。研究对象包括直杆、桁架、刚架与曲杆。

第一节 概 述

构件受外力作用而变形，载荷作用点随之产生位移，载荷作用点沿载荷作用方向的位移分量，称为该载荷的相应位移(corresponding displacement)。外力通过相应位移做功，同时，在构件内部积蓄了能量，称为应变能(strain energy)，并用 V 表示。

根据能量守恒定律可知，如果载荷由零逐渐地、缓慢地增加，以至在加载过程中，构件的动能与热能的变化均可忽略不计，则存储在构件内的应变能 V，数值上等于外力所做的功 W，即

$$V = W \tag{12-1}$$

上式称为能量原理(energy principle)。能量原理不仅可分析构件或结构的位移与应力，也可用于分析与变形有关的其他问题，如超静定结构。利用能量原理分析构件或结构的位移与应力的方法称为能量法(energy method)。能量法的具体原理、方法很多，十分丰富，但本书仅介绍能量法的基本部分。

第二节 外力功和应变能的计算

外力功和应变能的计算是能量法的基础，因此，须首先介绍其计算方法。

一、线性弹性体的外力功

图 12-1a 所示杆承受载荷 f 作用。该载荷由零逐渐地增加，最后达到最大值 F；f 的相应位移 δ 也随之增长，最后达到最大值 Δ。在线弹性范围内，载荷 f 与位移 δ 成正比，其关系如图 12-1b 所示。

在加载过程中，当载荷 f 增加微量 $\mathrm{d}f$ 时，位移相应增长 $\mathrm{d}\delta$(图 12-1a)，这时，载荷 f 所做之功为 $f\mathrm{d}\delta$，即等于图 12-1b 所示阴影区域的面积。因此，在整个加载过程中，载荷所做之总功为

$$W = \int_0^\Delta f\mathrm{d}\delta$$

数值上等于图 12-1b 所示三角形 OAB 的面积，于是得

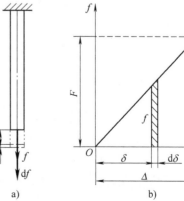

图 12-1

$$W = \frac{F \cdot \Delta}{2} \tag{12-2}$$

上式表明，在线弹性范围内，外力功等于载荷 F 与相应位移 Δ 的乘积之半。式中，F 为广义力（generalized force）；而 Δ 则为相应于该广义力的广义位移（generalized displacement）。

上式为计算外力功的一般公式，适用于载荷与相应位移保持正比关系的弹性体，即所谓线性弹性体。处于小变形条件下并工作在线弹性范围内的拉压杆、轴与梁，均为线性弹性体。

还应指出，式（12-2）中的载荷 F 应理解为广义力，它可以是集中力，集中力偶，一对大小相等、方向相反的力或力偶等；与此相应，式中的位移 Δ 则应理解为广义位移，例如，与集中力相应的位移为线位移，与集中力偶相应的位移为角位移，与一对大小相等、方向相反的力（或力偶）相应的位移为相对线位移（或角位移），等等。总之，广义力在相应广义位移上做功。

当弹性体上同时作用多个载荷时，例如在简支梁上作用载荷 F_1，F_2，$\cdots$，F_n，而每一载荷在各自作用点上的相应位移为 Δ_1，Δ_2，$\cdots$，Δ_n（图 12-2），由于弹性体在变形过程中存储的应变能只取决于载荷和位移的最终值，与加载的次序无关，这样，设加载过程中各载荷之间始终保持一定的比例关系，则根据叠加原理可知，各载荷分别与相应的位移成正比，则载荷所做之总功应为

$$W = \frac{F_1\Delta_1}{2} + \frac{F_2\Delta_2}{2} + \cdots + \frac{F_n\Delta_n}{2} = \sum_{i=1}^{n}\frac{F_i\Delta_i}{2} \tag{12-3}$$

上述关系称为克拉贝依隆原理（Kelabei depends on the prosperous principle）。

上述载荷 F_i（$i = 1$，2，$\cdots$，n）应理解为广义力，而位移 Δ_i（$i = 1$，$2\cdots$，n）应理解为相应的广义位移。

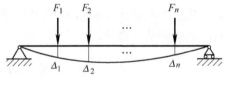

图　12-2

二、杆件应变能（strain energy）计算

不失一般性地讨论，当杆件在横截面上的内力同时存在轴力 $F_N(x)$、扭矩 $T(x)$ 及弯矩 $M(x)$ 时，在微段杆内（图 12-3a），轴力 $F_N(x)$ 仅在轴力引起的轴向变形 $\mathrm{d}\delta$ 上做功（图 12-3b），而扭矩 $T(x)$ 与弯矩 $M(x)$ 则仅分别在各自引起的扭转变形 $\mathrm{d}\varphi$（图 12-3c）与弯曲变形 $\mathrm{d}\theta$ 上做功（图 12-3d），它们相互独立。因此，由克拉贝依隆原理与能量守恒定律得微段 $\mathrm{d}x$ 的应变能为

$$\mathrm{d}V_\varepsilon = \mathrm{d}W = \frac{F_N(x)\mathrm{d}\delta}{2} + \frac{T(x)\mathrm{d}\varphi}{2} + \frac{M(x)\mathrm{d}\theta}{2} = \frac{F_N^2(x)\mathrm{d}x}{2EA} + \frac{T^2(x)\mathrm{d}x}{2GI_p} + \frac{M^2(x)\mathrm{d}x}{2EI}$$

而整个杆或杆系的应变能则为

$$V_\varepsilon = \int_l \frac{F_N^2(x)}{2EA}\mathrm{d}x + \int_l \frac{T^2(x)}{2GI_p}\mathrm{d}x + \int_l \frac{M^2(x)}{2EI}\mathrm{d}x \tag{12-4}$$

应变能计算式中，忽略了剪力引起的应变能，这是因为一般细长杆中，剪切引起的应变能远小于其他内力引起的应变能，因此，在一般情况下都忽略不计。

根据上述分析，当杆件仅受到轴向拉伸（或压缩）时的应变能为

$$V_\varepsilon = \int_l \frac{F_N^2(x)}{2EA}\mathrm{d}x \tag{12-5}$$

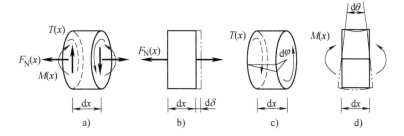

图 12-3

当轴力沿杆轴线为常数 F 时，则有

$$V_\varepsilon = \frac{F_N^2 l}{2EA}$$ (12-6)

当轴仅受到扭转时的应变能为

$$V_\varepsilon = \int_l \frac{T^2(x)}{2GI_p}dx$$ (12-7)

当扭矩沿杆轴线为常数 T 时，则有

$$V_\varepsilon = \frac{T^2 l}{2GI_p}$$ (12-8)

当梁在平面弯曲时的应变能为

$$V_\varepsilon = \int_l \frac{M^2(x)}{2EI}dx$$ (12-9)

从式(12-4)~式(12-9)中可以看出，应变能是载荷的二次函数。因此，产生同一基本变形的一组外力在杆内所产生的应变能，计算上不适用于叠加法。另外，应变能恒为正。

【例 12-1】 求图 12-4a 所示桁架应变能及节点 C 的垂直位移 Δ_C。各杆的抗拉刚度均为 EA。

【解】 取节点 C 研究，其受力情况如图 12-4b 所示，由静力平衡方程 $\sum F_x = 0$，$\sum F_y = 0$，求得两杆轴力分别为

$$F_{N1} = F(拉)，\quad F_{N2} = \sqrt{2}F(压)$$

由式(12-6)，结构总的应变能为

$$V_\varepsilon = \frac{F_{N1}^2 \cdot l_1}{2EA} + \frac{F_{N2}^2 \cdot l_2}{2EA} = \frac{F^2 l}{2EA} + \frac{(\sqrt{2}F)^2 \sqrt{2}l}{2EA} = \frac{1 + 2\sqrt{2}}{2}\frac{F^2 l}{EA}$$

Δ_C 为外力 F 在其作用点沿作用力方向上的位移，由公式(12-2)知，外力功为

$$W = \frac{1}{2}F\Delta_C$$

由公式(12-1)，则有

$$\frac{1}{2}F\Delta_C = \frac{1 + 2\sqrt{2}}{2}\frac{F^2 l}{EA}$$

由此解得

$$\Delta_C = \frac{(1 + 2\sqrt{2})Fl}{EA}$$

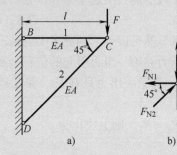

例 12-1 中，用能量原理求得力作用点沿力作用方向上的位移。若求结构任一点或任一方向上的位移，上述方法就要复杂多了。

图 12-4

第三节　互　等　定　理

对线弹性结构，利用应变能的概念，可以导出功的互等定理和位移互等定理。它们在结构分析中起着重要作用。

设在线弹性结构上作用有力 F_1 和 F_2（图 12-5a），引起两力作用点沿力作用方向的位移分别为 δ_1 和 δ_2。F_1 和 F_2 完成的功应为 $\frac{1}{2}F_1\delta_1 + \frac{1}{2}F_2\delta_2$。然后，在结构上再作用 F_3 和 F_4，引起 F_3、F_4 作用点沿力作用方向的位移为 δ_3 和 δ_4（图 12-5b），并引起 F_1 和 F_2 作用点沿力作用方向位移 δ_1' 和 δ_2'。这样，除了 F_3 和 F_4 完成数量为 $\frac{1}{2}F_3\delta_3 + \frac{1}{2}F_4\delta_4$ 的功外，原已作用于结构上的 F_1 和 F_2 又位移了 δ_1' 和 δ_2'，且在位移中 F_1 和 F_2 的大小不变，所以又完成了数量为 $F_1\delta_1' + F_2\delta_2'$ 的功。因此，按先加 F_1、F_2 后加 F_3 和 F_4 的次序加力，结构应变能为

$$V_{\varepsilon 1} = \frac{1}{2}F_1\delta_1 + \frac{1}{2}F_2\delta_2 + \frac{1}{2}F_3\delta_3 + \frac{1}{2}F_4\delta_4 + F_1\delta_1' + F_2\delta_2'$$

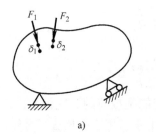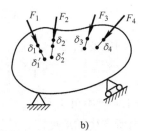

a)　　　　　　　　　　　　　　b)

图　12-5

如改变加载次序，先加力 F_3、F_4，后加力 F_1、F_2。当作用 F_1 和 F_2 时，虽然结构上已经先作用了 F_3 和 F_4，但只要结构是线弹性的，则 F_1 和 F_2 引起的位移和所做的功，依然和未曾作用过 F_3、F_4 一样。于是仿照上述步骤，又可求得结构的应变能为

$$V_{\varepsilon 2} = \frac{1}{2}F_3\delta_3 + \frac{1}{2}F_4\delta_4 + \frac{1}{2}F_1\delta_1 + \frac{1}{2}F_2\delta_2 + F_3\delta_3' + F_4\delta_4'$$

式中，δ_3' 和 δ_4' 是作用力在点 F_1、F_2 时，引起 F_3、F_4 作用点沿力方向的位移。

由于应变能只决定于力和位移的最终值，与加力的次序无关，故 $V_{\varepsilon 1} = V_{\varepsilon 2}$，从而得出

$$F_1\delta_1' + F_2\delta_2' = F_3\delta_3' + F_4\delta_4' \tag{12-10}$$

以上结果显然可以推广到更多力的情况。即第一组力在第二组力引起的位移上所做的功，等于第二组力在第一组力引起的位移上所做的功，这就是功的互等定理（The reciprocal theorem of work）。若第一组力只有 F_1，第二组力只有 F_3，则式（12-10）化为

$$F_1\delta_1' = F_3\delta_3' \tag{12-11}$$

若 $F_1 = F_3$，则上式化为

$$\delta_1' = \delta_3' \tag{12-12}$$

这表明，F_1 作用点沿 F_1 方向因作用 F_3 而引起的位移，等于 F_3 作用点沿 F_3 方向因作用 F_1 而引起的位移，这就是位移互等定理（Displacement equality theorem）。

上述互等定理中的力和位移都应理解为是广义的。例如，把力换成力偶，把力的量纲换

成力偶矩的量纲，相应的位移换成角位移，推导过程依然一样，结论自然不变。此外这里的位移是指在结构不可能发生刚性位移的情况下，只是由变形引起的位移。

【例12-2】 装有尾顶针的车削工件可简化成超静定梁，如图12-6a所示，试利用互等定理求解。

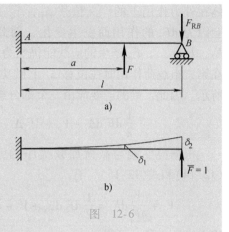

图 12-6

【解】 解除支座B的多余约束，把工件看作悬臂梁。把工件上作用的切削力F和尾顶针的约束力F_{RB}作为第一组力。然后，设想在同一悬臂梁的右端作用$\overline{F}=1$的单位力（图12-6b），并作为第二组力。在$\overline{F}=1$作用下，不难求出F及F_{RB}作用点的相应位移分别为

$$\delta_1 = \frac{a^2}{6EI}(3l-a), \quad \delta_2 = \frac{l^3}{3EI}$$

第一组力在第二组力引起的位移上所做的功应为

$$F\delta_1 - F_{RB}\delta_2 = \frac{Fa^2}{6EI}(3l-a) - \frac{F_{RB}l^3}{3EI}$$

在第一组力作用下（图12-6a），由于右端B实际上是铰支座，它沿$\overline{F}=1$方向的位移应等于零，故第二组力在第一组力引起的位移上所做的功等于零。于是由功的互等定理得

$$\frac{Fa^2}{6EI}(3l-a) - \frac{F_{RB}l^3}{3EI} = 0$$

由此解出

$$F_{RB} = \frac{F}{2}\frac{a^2}{l^3}(3l-a)$$

第四节 卡氏定理

本节将讨论结构位移分析的一个重要定理——卡氏定理（concurrent theorem）。

卡氏定理可以通过不同的方法证明，以下将利用弹性体应变能与载荷加载次序的无关性，即应变能仅仅取决于载荷终值的性质加以推导证明。

为了简化问题，以简支梁表示弹性体，假设有任意一组载荷F_1，F_2，$\cdots$，F_n作用于结构，如图12-7a所示。在这一组载荷作用下，外力F_1，F_2，$\cdots$，F_n对应的广义位移分别为Δ_1，Δ_2，$\cdots$，Δ_n。根据能量原理，外力做功等于梁的应变能。设梁的应变能V_ε为外力F_1，F_2，$\cdots$，F_n的函数，有

$$V_\varepsilon = f(F_1, F_2, F_3, \cdots, F_i, \cdots, F_n) \tag{12-13}$$

如果任意一个外力F_i有增量$\mathrm{d}F_i$，则应变能也有对应的增量。应变能增量可以表示为

$$V_\varepsilon + \mathrm{d}V_s = V_\varepsilon + \frac{\partial V_s}{\partial F_i}\mathrm{d}F_i \tag{12-14}$$

由于弹性体的应变能与外力的加载次序是无关的，因此可以将上述两组载荷的作用次序颠倒。首先在弹性体上作用第一组F_i的增量$\mathrm{d}F_i$，然后再作用第二组外力F_1，F_2，$\cdots$，F_n。由于弹性体满足胡克定律和小变形条件，因此两组外力引起的变形是很小的，而且相互独立互不影响。

当作用第一组增量$\mathrm{d}F_i$时，$\mathrm{d}F_i$作用点沿力作用方向的位移为$\mathrm{d}\Delta_i$，如图12-7b所示，

外力功为 $(\mathrm{d}F_i\mathrm{d}\Delta_i)/2$。作用第二组载荷 F_1，F_2，…，F_n 时，尽管弹性体已经有 $\mathrm{d}F_i$ 作用，但是弹性体在外力作用下的广义位移 Δ_1，Δ_2，…，Δ_n 并不会因为 $\mathrm{d}F_i$ 的作用而发生变化。因此第二组载荷 F_1，F_2，…，F_n 产生的应变能仍然为 V_ε。只是 $\mathrm{d}F_i$ 在第二组载荷作用时在位移 Δ_i 上做功，如图 12-7c 所示。因此，梁的应变能由三个部分组成，有

$$\frac{1}{2}\mathrm{d}F_i\mathrm{d}\Delta_i + V_\varepsilon + \mathrm{d}F_i\Delta_i \qquad (12\text{-}15)$$

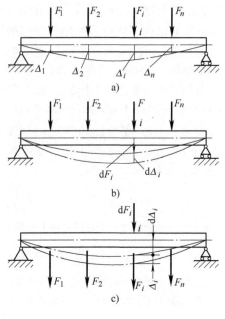

图　12-7

根据应变能与载荷加载次序的无关性，由式（12-14）和式（12-15），有

$$V_\varepsilon + \frac{\partial V_\varepsilon}{\partial F_i}\mathrm{d}F_i = \frac{1}{2}\mathrm{d}F_i\mathrm{d}\Delta_i + V_\mathrm{s} + \mathrm{d}F_i\Delta_i$$

略去高阶小量，可得

$$\Delta_i = \frac{\partial V_\varepsilon}{\partial F_i} \qquad (12\text{-}16)$$

公式（12-16）说明，应变能对于任意一个外力 F_i 的偏导数等于 F_i 的作用点沿 F_i 方向的位移。公式（12-16）通常称为卡氏定理。

卡氏定理对于任意弹性体都是成立的。卡氏定理中的外力 F_i 可以看作广义力，则 Δ_i 为广义位移。显然，如果 F_i 为集中力，则 Δ_i 为与集中力方向一致的位移；如果 F_i 为力偶，则 Δ_i 为与力偶方向一致的角位移。

将式（12-4）表示的弹性体应变能代入式（12-16），则

$$\Delta_i = \frac{\partial V_\varepsilon}{\partial F_i} = \frac{\partial}{\partial F_i}\Big[\int_l \frac{F_\mathrm{N}^2(x)}{2EA}\mathrm{d}x + \int_l \frac{T^2(x)}{2GI_\mathrm{P}}\mathrm{d}x + \int_l \frac{M_y^2(x)}{2EI_y}\mathrm{d}x + \int_l \frac{M_z^2(x)}{2EI_z}\mathrm{d}x\Big]$$

由于上式的积分是对杆件轴线坐标 x 的，而偏导数运算是对广义力 F_i 的，因此可以先求偏导数然后积分。这样位移计算公式可以写作

$$\Delta_i = \frac{\partial V_\mathrm{s}}{\partial F_i} = \int_l \frac{F_\mathrm{N}(x)}{EA}\frac{\partial F_\mathrm{N}(x)}{\partial F_i}\mathrm{d}x + \int_l \frac{T(x)}{GI_\mathrm{P}}\frac{\partial T(x)}{\partial F_i}\mathrm{d}x$$

$$+ \int_l \frac{M_y(x)}{EI_y}\frac{\partial M_y(x)}{\partial F_i}\mathrm{d}x + \int_l \frac{M_z(x)}{EI_z}\frac{\partial M_z(x)}{\partial F_i}\mathrm{d}x$$

【例12-3】　桁架由杆件 BC 和 BD 组成，在结点 B 作用有铅垂载荷 F，如图 12-8a 所示。已知两杆的抗拉刚度 EA 相同并且为常量，试求 B 点的水平和铅垂位移。

【解】　桁架为拉压杆件组成的杆系结构，桁架的总应变能为

$$V_\varepsilon = \sum_{i=1}^n \frac{F_{\mathrm{N}i}^2 l_i}{2EA}$$

根据卡氏定理，铅垂位移

$$y_B = \frac{\partial V_\varepsilon}{\partial F_y}$$

$$x_B = \frac{\partial V_\varepsilon}{\partial F_\mathrm{af}}$$

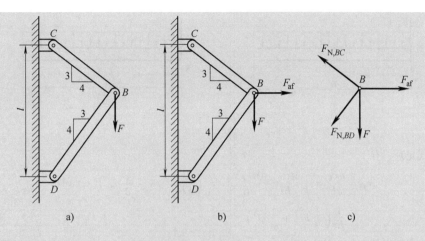

图　12-8

　　根据题意需要计算 B 点的水平位移，而结构中并没有对应的广义力。因此在应用卡氏定理时需要施加一个虚拟的广义力 F_{af}，如图 12-8b 所示。

　　根据平衡关系可得两杆的内力，如图 12-8c 所示，即

$$F_{N,BC} = 0.6F + 0.8F_{af}$$

$$F_{N,BD} = -0.8F + 0.6F_{af}$$

　　因此，桁架的应变能为

$$V_\varepsilon = \frac{F_{N,BC}^2 l_{BC}}{2EA} + \frac{F_{N,BD}^2 l_{BD}}{2EA}$$

　　结点位移为

$$x_B = \frac{\partial V_\varepsilon}{\partial F_{af}} = \frac{F_{N,BC} l_{BC}}{EA} \frac{\partial F_{N,BC}}{\partial F_{af}} + \frac{F_{N,BD} l_{BD}}{EA} \frac{\partial F_{N,BD}}{\partial F_{af}}$$

$$y_B = \frac{\partial V_\varepsilon}{\partial F} = \frac{F_{N,BC} l_{BC}}{EA} \frac{\partial F_{N,BC}}{\partial F} + \frac{F_{N,BD} l_{BD}}{EA} \frac{\partial F_{N,BD}}{\partial F}$$

$$\frac{\partial F_{N,BC}}{\partial F_{af}} = 0.8, \quad \frac{\partial F_{N,BD}}{\partial F_{af}} = 0.6$$

　　因为

$$\frac{\partial F_{N,BC}}{\partial F} = 0.6, \quad \frac{\partial F_{N,BD}}{\partial F} = -0.8$$

偏导数求解完成后，令内力表达式中的虚拟广义力 F_{af} 为 0，则将上述结果代入位移表达式，可得

$$x_B = -0.096 \frac{Fl}{EA}, \quad y_B = 0.728 \frac{Fl}{EA}$$

根据虚拟广义力 F_{af} 的方向，可知 B 点的水平位移是向左的；而铅垂位移是向下的。

　　【例 12-4】　悬臂梁 AB 作用载荷如图 12-9a 所示。已知梁的抗弯刚度 EI 为常量，试求 A 点的挠度 y_A 和截面的转角 θ_A。轴力和剪力对于变形的影响忽略不计。

　　【解】　（1）首先求 A 点的挠度 y_A　写出梁的弯矩方程

$$M(x) = -Fx - \frac{1}{2}qx^2 \quad (0 \leqslant x < l)$$

弯矩对于集中力 F 的偏导数为　　　　　　　$$\frac{\partial M(x)}{\partial F} = -x$$

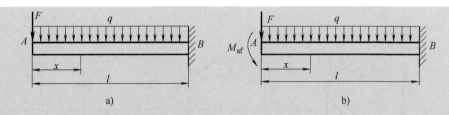

图 12-9

根据卡氏定理，有

$$y_A = \frac{\partial V_\varepsilon}{\partial F} = \int_l \frac{M(x)}{EI} \frac{\partial M(x)}{\partial F} dx = \int_l \frac{1}{EI}\left(-Fx - \frac{1}{2}qx^2\right)(-x)\,dx$$

$$= \frac{1}{EI}\left(\frac{1}{3}Fl^3 + \frac{1}{8}ql^4\right)$$

结果为正，表示挠度与外力 F 方向一致。

（2）求解 A 截面的转角 θ_A　由于 A 截面没有作用外力偶，因此不能直接应用卡氏定理。假设在 A 截面作用一个虚拟的外力偶 M_{af}，如图 12-9b 所示。这个虚拟的外力偶 M_{af} 称为附加力偶，通过应变能对于附加力偶的偏导数可以计算截面转角。

悬臂梁在外力和附加力偶共同作用下的弯矩方程为

$$M(x) = -Fx - \frac{1}{2}qx^2 - M_{af} \quad (0 < x < l)$$

弯矩对于附加力偶的偏导数为

$$\frac{\partial M(x)}{\partial M_{af}} = -1$$

将上述两式代入卡氏定理式（12-16），并且令虚拟的附加力偶 M_{af} 为 0，则

$$\theta_A = \frac{\partial V_\varepsilon}{\partial M_{af}} = \int_l \frac{M(x)}{EI} \frac{\partial M(x)}{\partial M_{af}} dx = \int_l \frac{1}{EI}\left(-Fx - \frac{1}{2}qx^2\right)(-1)\,dx$$

$$= \frac{1}{EI}\left(\frac{1}{2}Fl^2 + \frac{1}{6}ql^3\right)$$

应该注意，计算弯矩的偏导数需要附加力偶，而一旦偏导数求解完成，就可以令附加力偶为零。不要在积分之后才令附加力偶为零，那样增加了计算工作量。

上述两个例题均采用虚拟的广义力作为附加力计算结构位移，这种方法也称为附加力法。

第五节　虚 功 原 理

外力作用下处于平衡状态的杆件如图 12-10 所示。图中由实线表示的曲线为轴线的真实变形。若因其他原因，例如其他的外力或温度变化等，又引起杆件变形，则用虚线表示杆件变形后的位置，可把这种位移称为虚位移（virtual displacement）。"虚"位移只表示是其他因素造成的位

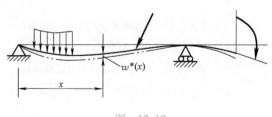

图 12-10

移，以区别于杆件因原有外力引起的位移。虚位移是在平衡位置上再增加的位移，在虚位移中，杆件的原有外力和内力保持不变，且始终是平衡的。虚位移应满足边界条件和连续性条

件，并符合小变形要求。例如，在铰支座上虚位移应等于零，虚位移 $\omega'(x)$ 是连续函数。又因虚位移符合小变形要求，它不改变原有外力的效应，建立平衡方程时，仍可用杆件变形前的位置和尺寸。满足了这些要求的任一位移都可作为虚位移。正因为它满足上述要求，所以也是杆件实际上可能发生的位移。杆件上的力由于虚位移而完成的功称为<u>虚功</u>（virtual work）。

设想把杆件分成无穷多微段，从中取出任一微段如图 12-11 所示。除微段上力外，两端横截面上还有轴力、弯矩、剪力等内力。当它由平衡位置经虚位移到达由虚线表示的位置时，微段上的内、外力都做了虚功。把所有力和外力所做的虚功逐段相加（积分），便可求出整个杆件的外力和内力的总虚功。因为虚功是连续的，两个相邻微段的公共截面的位移和转角是相同的，但相邻微段公共截面上的内力又是大小相等、方向相反的，故它们所做的虚功相互抵消。逐段相加之后，就只剩下外力在虚位移中所做的虚功。若以 F_1，F_2，F_3，$\cdots$，$q(x)$，$\cdots$表示杆件上的外力（广义力），以 w_1^*，w_2^*，w_3^*，$\cdots$，$w^*(x)$，$\cdots$表示外力作用点沿外力方向的虚位移，因在虚位移中外力保持不变，故总虚功为

$$W = F_1 w_1^* + F_2 w_2^* + F_3 w_3^* + \cdots + \int_l q(x) w^*(x) \mathrm{d}x + \cdots \tag{a}$$

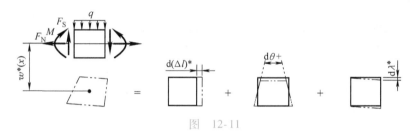

图 12-11

还可按另一方式计算总虚功。在上述杆件中，微段以外的其余部分的变形，使所研究的微段得到刚性虚位移；此外，所研究的微段在虚位移中还发生虚变形。作用于微段上的力系（包括外力和内力）是一个平衡力系，根据质点系的虚位移原理，这一平衡力系在刚性虚位移上做功的总和等于零，因而只剩下在虚变形中所做的功。微段的虚变形可以分解成：两端截面的轴向相对位移 $\mathrm{d}(\Delta l)^*$、相对转角 $\mathrm{d}\omega^*$、相对错动 $\mathrm{d}\theta^*$（图 12-12）。在上述微段的虚变形中，只有两端截面上的内力做功，其值为

$$\mathrm{d}W = F_N \mathrm{d}(\Delta l)^* + M\mathrm{d}\theta^* + F_S \mathrm{d}\lambda^* \tag{b}$$

上式积分得总虚功为

$$W = \int F_N \mathrm{d}(\Delta l)^* + \int M\mathrm{d}\theta^* + \int F_S \mathrm{d}\lambda^* \tag{c}$$

按两种方式求得的总虚功表达式（a）与式（c）应该相等，即

$$F_1 w_1^* + F_2 w_2^* + F_3 w_3^* + \cdots + \int_l q(x) w^*(x) \mathrm{d}x + \cdots$$

$$= \int F_N \mathrm{d}(\Delta l)^* + \int M\mathrm{d}\theta^* + \int F_S \mathrm{d}\lambda^* \tag{12-17}$$

上式表明，在虚位移中，外力所做虚功等于内力在相应虚变形上所做虚功，这就是虚功原理（principle of virtual work）。也可把上式右边看作是相应于虚位移的应变能。这样，虚功原理表明，在虚位移中，外力虚功等于杆件的<u>虚应变能</u>。

若杆件上还有扭转力偶 M_{e1}，M_{e2}，$\cdots$，M_{en}，与其相应的虚位移为 φ_1^*，φ_2^*，$\cdots$，φ_n^*，则微段两端截面上的内力中还有扭矩 T，因虚位移使两端截面有相对扭转 $\mathrm{d}\varphi'$。这样，在式 (12-17) 左端的外力虚功中应加入 M_{e1}，M_{e2}，$\cdots M_{en}$ 的虚功，而在右端内力虚功中应加入 T 的虚功。于是有

$$F_1 w_1^* + F_2 w_2^* + \cdots + \int_l q(x) w^*(x)\,\mathrm{d}x + \cdots + M_{e1}\varphi_1^* + M_{e2}\varphi_2^* + \cdots + M_{en}\varphi_n^*$$

$$= \int F_N \mathrm{d}(\Delta l)^* + \int M \mathrm{d}\theta^* + \int F_S \mathrm{d}\lambda^* + \int T \mathrm{d}\varphi^* \qquad (\mathrm{d})$$

在导出虚功原理时，并未应用应力 – 应变关系，故虚功原理与材料的性能无关，它可用于线弹性材料，也可用于非线性弹性材料。虚功原理并不要求力与位移的关系一定是线性的，故可用于力与位移呈非线性关系的构件。

【例 12-5】　试求图 12-12 所示桁架各杆的内力。设三杆的横截面面积相等，材料相同，且是线弹性的。

【解】　杆 3 的伸长与杆 2 相等，内力也相同。由胡克定律求出三杆的内力分别为

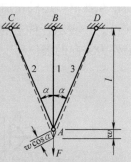

图　12-12

$$F_{N1} = \frac{EA}{l}w, \quad F_{N2} = F_{N3} = \frac{EA}{l_2}w\cos\alpha = \frac{EA}{l}w\cos^2\alpha \qquad (1)$$

设节点 A 有一铅垂的虚位移 $\delta\omega$（图中未画出）。对这一虚位移，外力虚功是 $F\delta\omega$。杆 1 因虚位移 $\delta\omega$ 引起的伸长是 $(\Delta l_1)^* = \delta\omega$，杆 2 和杆 3 的伸长是 $(\Delta l_2)^* = \delta\omega\cos\alpha$。计算内力虚功时，注意到每根杆件只受拉伸，且共有三杆，所以式 (12-17) 的右端只剩下第一项，且应求三杆内力虚功的总和。杆 1 的内力 F_{N1} 沿轴线不变，故内力虚功为

$$\int_l F_{N1}\mathrm{d}(\Delta l_1)^* = F_{N1}\int_l \mathrm{d}(\Delta l_1)^* = F_{N1}(\Delta l_1)^* = \frac{EA}{l}w\delta w$$

同理可以求出杆 2 和杆 3 的内力虚功同为整个桁架的内力虚功为

$$F_{N1}(\Delta l_1)^* + 2F_{N2}(\Delta l_2)^* = \frac{EAw}{l}(1 + 2\cos^3\alpha)\delta w$$

由虚功原理，内力虚功应等于外力虚功，即

$$\frac{EAw}{l}(1 + 2\cos^3\alpha)\delta w = F\delta w$$

消去 δw，可将上式写成

$$\frac{EAw}{l}(1 + 2\cos^3\alpha) - F = 0 \qquad (2)$$

由此解出

$$w = \frac{Fl}{EA(1 + 2\cos^3\alpha)}$$

把上式代回式 (1) 即可求出

$$F_{N1} = \frac{F}{1 + 2\cos^3\alpha}, \quad F_{N2} = F_{N3} = \frac{F\cos^2\alpha}{1 + 2\cos^3\alpha}$$

注意到在式 (2) 中，$\dfrac{EAw}{l}$ 和 $\dfrac{EAw}{l}\cos^3\alpha$ 分别是杆 1 和杆 2 的内力 F_{N1} 和 F_{N2} 在铅垂方向的投影。式 (2) 实际上是节点 A 的平衡方程，相当于 $\sum F_y = 0$。所以，以位移为基本未知量，通过虚功原理得出的式 (2) 是静力平衡方程。同一问题在第二章第七节中作为超静定结构求解时，以杆件内力为基本未知量，而补充方程则是变形协调条件。

第六节　单位载荷法·莫尔定理

本节将推导一种求位移的简便方法——单位载荷法(unit load method)，又称莫尔定理(Moore theorem)。与卡氏定理比较，单位载荷法具有计算工作量小和简单的特点，可方便地求得结构任何一点在任何方向上的位移。

设简支梁在载荷 F_1，F_2，…，F_n 作用下，梁上任一截面 C 的位移为 Δ（图 12-13a）。在线弹性范围内，由式(12-9)，梁的弯曲应变能为

$$V_\varepsilon = \int_l \frac{M^2(x)}{2EI} \mathrm{d}x \tag{a}$$

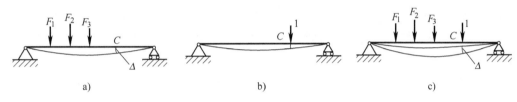

a)　　　　　　　　　　b)　　　　　　　　　　c)

图　12-13

式中，$M(x)$ 是载荷作用下梁任意横截面上的弯矩。为了求出截面 C 的位移 Δ，设想在 C 点沿位移 Δ 的方向上单独作用数值为 1 的单位力（图 12-13b），梁内任意横截面上相应的弯矩为 $\overline{M}(x)$。则梁在单位力作用下的应变能为

$$\overline{V}_\varepsilon = \int_l \frac{\overline{M}^2(x)}{2EI} \mathrm{d}x \tag{b}$$

若先在梁上作用单位力，然后再作用载荷 F_1，F_2，…，F_n，梁的应变能除 V_ε 和 $\overline{V}_\varepsilon$ 外，还因为作用载荷 F_1，F_2，…，F_n 时，使已作用于 C 点的单位力又产生位移 Δ（图 12-13c），从而又完成了 $1 \cdot \Delta$ 的功，故应变能为

$$V_\varepsilon' = V_\varepsilon + \overline{V}_\varepsilon + 1 \cdot \Delta \tag{c}$$

另外，梁在单位力和 F_1，F_2，…，F_n 的共同作用下，其任意横截面上的弯矩为 $M(x) + \overline{M}(x)$，此时，梁上应变能的另外一种表达式为

$$V_\varepsilon' = \int_l \frac{(M(x) + \overline{M}(x))^2}{2EI} \mathrm{d}x \tag{d}$$

故有

$$V_\varepsilon + \overline{V}_\varepsilon + 1 \cdot \Delta = \int_l \frac{(M(x) + \overline{M}(x))^2}{2EI} \mathrm{d}x \tag{e}$$

将等式(e)右端展开，并比较式(a)、式(b)，即可求得

$$\Delta = \int_l \frac{M(x)\overline{M}(x)}{EI} \mathrm{d}x \tag{12-18}$$

上式即为计算结构位移的莫尔定理，或称莫尔积分。

关于莫尔定理的应用作如下说明：

(1) 当外载荷在杆件横截面上同时产生轴力 $F_\mathrm{N}(x)$、弯矩 $M(x)$ 和扭矩 $T(x)$ 时，则类似可推出莫尔积分的普遍形式

$$\Delta = \int_l \frac{F_N(x)\overline{F}_N(x)}{EA}dx + \int_l \frac{M(x)\overline{M}(x)}{EI}dx + \int_l \frac{T(x)\overline{T}(x)}{GI_p}dx \qquad (12\text{-}19)$$

上式中，仍然忽略了剪力的影响。$\overline{F}_N(x)$、$\overline{M}(x)$、$\overline{T}(x)$分别为单位力引起的杆件横截面上的轴力、弯矩和扭矩。

在只受节点载荷作用的桁架中，由于各杆在横截面上只有轴力 F_N 且沿杆长为定值，则表达式(12-19)可写为

$$\Delta = \sum_{i=1}^n \frac{F_{Ni}\overline{F}_{Ni}l_i}{E_iA_i} \qquad (12\text{-}20)$$

式中，$E_iA_i(i=1, 2, \cdots, n)$为各杆的拉压刚度。

(2) 单位力为广义力，视所要确定位移的性质而定。若 Δ 为所求截面处的线位移，则单位力即为施加于该处沿待定线位移方向的力；若 Δ 为某截面的转角或扭转角，则单位力为施加于该截面处的弯曲力偶或扭转力偶；若 Δ 为桁架上两节点间的相对位移，则单位力应该是施加在两节点上，并与两节点连线重合的一对大小相等、指向相反的力。

(3) 公式(12-19)右端的计算结果若为正值，则表示待定位移 Δ 的指向与单位力指向一致；若为负值，则 Δ 的指向与单位力指向相反。

【例12-6】 按莫尔定理计算例12-1所示桁架节点 C 的铅垂位移和水平位移。

【解】 在外力作用下(图12-14a)，杆1和杆2的轴力分别为

$$F_{N1} = F, \ F_{N2} = -\sqrt{2}F \qquad (a)$$

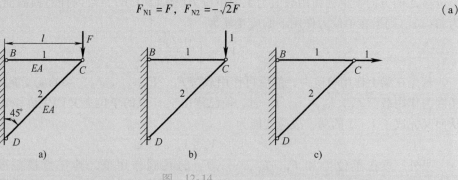

图　12-14

欲求 C 点的铅垂位移，在 C 点施加一垂直向下的单位力(图12-14b)，则此时两杆由单位力引起的轴力应为式(a)中取1时的值，即

$$\overline{F}_{N1} = 1, \ \overline{F}_{N2} = -\sqrt{2} \qquad (b)$$

由莫尔定理公式(12-20)，可得结构 C 点的铅垂位移为

$$\Delta_y = \frac{F_{N1}\overline{F}_{N1}l_1}{EA} + \frac{F_{N2}\overline{F}_{N2}l_2}{EA} = \frac{F \cdot 1 \cdot l}{EA} + \frac{(-\sqrt{2}F)(-\sqrt{2})\sqrt{2}l}{EA} = \frac{(1+2\sqrt{2})Fl}{EA}$$

欲求 C 点的水平位移，在 C 点施加一水平单位力(图12-14c)，则此时两杆单位力引起的轴力应为

$$\overline{F}_{N1} = 1, \ \overline{F}_{N2} = 0 \qquad (c)$$

则 C 点的水平位移为

$$\Delta_x = \frac{F_{N1}\overline{F}_{N1}l_1}{EA} + \frac{F_{N2}\overline{F}_{N2}l_2}{EA} = \frac{F \cdot 1 \cdot l}{EA} + 0 = \frac{Fl}{EA}$$

Δ_x 与 Δ_y 均为正值，说明 C 点的垂直与水平位移与各自单位力方向是一致的。

【例12-7】 图12-15a所示直角折杆,在端点C上作用集中力F,设折杆两段均为等截面直杆,材料相同,试用莫尔定理确定C点的铅垂位移Δ_C。

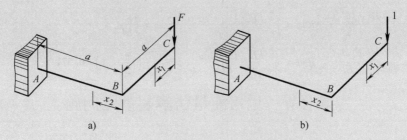

图 12-15

【解】 在C点竖直方向施加一单位力,根据图12-15a、b计算实际载荷和单位力单独作用时各段的内力方程如下:

CB 段

$$M(x_1) = Fx_1, \ \overline{M}(x_1) = x_1$$

AB 段

$$M(x_2) = Fx_2, \ \overline{M}(x_2) = x_2$$

$$T(x_2) = Fa, \ \overline{T}(x_2) = a$$

由莫尔定理,C点的垂直位移为

$$\Delta_C = \int_l \frac{M(x_1)\overline{M}(x_1)}{EI}dx_1 + \int_l \frac{M(x_2)\overline{M}(x_2)}{EI}dx_2 + \int_l \frac{T(x_2)\overline{T}(x_2)}{GI_p}dx_2$$

$$= \frac{1}{EI}\int_0^a Fx_1 \cdot x_1 \cdot dx_1 + \frac{1}{EI}\int_0^a Fx_2 \cdot x_2 \cdot dx_2 + \frac{1}{GI_p}\int_0^a Fa \cdot a \cdot dx_2$$

$$= \frac{Fa^3}{3EI} + \frac{Fa^3}{3EI} + \frac{Fa^3}{GI_p} = \frac{2Fa^3}{3EI} + \frac{Fa^3}{GI_p}$$

【例12-8】 图12-16a所示等截面曲杆如图所示,试求截面B的垂直位移和水平位移以及截面B的转角。

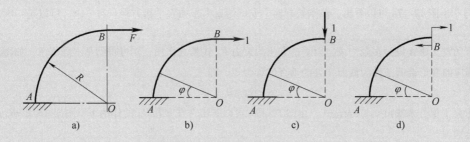

图 12-16

【解】 由题意可得曲杆AB的弯矩方程为

$$M(\varphi) = F(1 - \sin\varphi)R$$

φ为曲杆上的点与A端所成的圆心角。

在曲杆的B端施以不同的单位载荷,如12-16b、c、d所示,则在这些单位载荷下曲杆的弯矩分别为

$$\overline{M}_1(\varphi) = (1 - \sin\varphi)R, \ \overline{M}_2(\varphi) = R\cos\varphi, \ \overline{M}_3(\varphi) = 1$$

于是,由单位载荷法可得B的位移

$$x_B = \int_0^{\frac{\pi}{2}} \frac{M(\varphi)\overline{M}_1(\varphi)}{EI} R\mathrm{d}\varphi = \int_0^{\frac{\pi}{2}} \frac{FR^3(1-\sin\varphi)^2}{EI}\mathrm{d}\varphi = \frac{FR^3}{EI}\left(\frac{3}{4}\pi - 2\right) = 0.356\frac{FR^3}{EI}(\rightarrow)$$

$$y_B = \int_0^{\frac{\pi}{2}} \frac{M(\varphi)\overline{M}_2(\varphi)}{EI} R\mathrm{d}\varphi = \int_0^{\frac{\pi}{2}} \frac{FR^3(1-\sin\varphi)\cos\varphi}{EI}\mathrm{d}\varphi = \frac{FR^3}{2EI}(\downarrow)$$

$$\theta_B = \int_0^{\frac{\pi}{2}} \frac{M(\varphi)\overline{M}_3(\varphi)}{EI} R\mathrm{d}\varphi = \int_0^{\frac{\pi}{2}} \frac{FR^2(1-\sin\varphi)}{EI}\mathrm{d}\varphi = \frac{FR^2}{EI}\left(\frac{\pi}{2} - 1\right) = 0.571\frac{FR^2}{EI}(\curvearrowleft)$$

*第七节　运用能量法解超静定问题

　　前面已讨论过较简单的拉压超静定杆系和超静定梁的求解，其方法是：除列出静力学平衡方程外，还需根据变形的协调条件列出几何方程，根据力与变形的物理关系列出物理方程，物理方程代入几何方程得补充方程，方可求出全部未知力。对几何关系比较复杂的超静定问题，以前的方法就显得很烦琐，有时甚至无法解决。运用能量法可以较方便地建立与变形协调条件相应的补充方程，使求解过程便简许多。现举一例说明能量法在解超静定问题中的应用。更详细的用能量法解超静定问题可参阅材料力学专著（如刘鸿文编《材料力学》）。

　　【例12-9】　图12-17a所示等截面刚架，一端为固定端，另一端为可动铰支座，在杆AB受均布载荷q作用，试计算支座约束力。

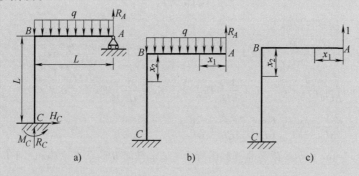

图　12-17

　　【解】　由图12-17a可以看出，该刚架有四个支座约束力，独立平衡方程只有三个，所以是一次超静定问题。

　　将可动铰支座A设为多余约束，以垂直支座约束力R_A代替其作用，则可得到基本静定系，如图12-17b所示。相应的变形谐调条件为截面A处的垂直位移为零，即

$$y_A = 0 \tag{1}$$

　　使用莫尔积分来找出y_A的表达式。由图12-17b可以看出，在q和R_A的作用下，刚架AB和BC段的弯矩方程分别为

$$M(x_1) = R_A x_1 - \frac{qx_1^2}{2} \quad (0 \leqslant x_1 < L)$$

$$M(x_2) = R_A L - \frac{qL^2}{2} \quad (0 < x_2 < L)$$

　　在基本静定系上沿R_A方向作用一单位力，由图12-17c所示，可以看出，在单位力作用下，刚架AB和BC段的弯矩方程分别为

$$\overline{M}(x_1) = 1 \times x_1 = x_1 \quad (0 \leqslant x_1 < L)$$

$$\overline{M}(x_2) = 1 \times L = L \quad (0 < x_2 < L)$$

$$y_A = \int_0^L \frac{\left(R_A x_1 - \frac{qx_1^2}{2}\right) \cdot x_1}{EI} \mathrm{d}x_1 + \int_0^L \frac{\left(R_A L - \frac{qL^2}{2}\right)L}{EI} \mathrm{d}x_2 = \frac{4R_A L^3}{3EI} - \frac{5qL^4}{8EI} \tag{2}$$

将式(2)代入式(1)，得补充方程

$$\frac{4R_A L^3}{3EI} - \frac{5qL^4}{8EI} = 0$$

由此得

$$R_A = \frac{15qL}{32}$$

多余约束力确定后，由平衡方程

$$\sum F_x = 0, \ H_C = 0$$

$$\sum F_y = 0, \ R_C + R_A - qL = 0$$

$$\sum M_C = 0, \ M_C + R_A L - \frac{qL^2}{2} = 0$$

得

$$H_C = 0, \ R_C = \frac{17qL}{32}, \ M_C = \frac{qL^2}{32}$$

*第八节　动载荷应力

一、概述

材料力学的主要任务是讨论静载荷作用下构件的强度、刚度和稳定性。静载荷作用下构件内部各个质点的加速度很小，因此可以忽略不计。如果载荷作用下构件内部各个部分的加速度比较显著，则不能忽略，这种载荷简称为动载荷。实际工程结构中，很多构件均承受各种形式的动载荷作用，例如，起重机加速吊升或者放落重物、汽车发动机的曲轴连杆、高速旋转的飞轮和冲床的机座等，均受到动载荷的作用。

构件在动载荷作用下的承载能力与静载荷有明显的不同。一是相同水平的载荷引起的构件应力水平不等，一般动载荷相比静载荷引起的应力水平要高很多；二是构件材料在动载荷作用下的材料性能不同。构件在动载荷作用下引起的应力称为动应力(dynamic stress)。

实验证明：静载荷作用下服从胡克定律的材料，只要动应力不超过比例极限，在动载荷作用下胡克定律仍然成立，而且弹性模量与静载荷作用下相同。

动应力是工程构件设计中的常见问题，工程界对于不同形式的动应力通过一些专门学科分析讨论。本章的工作主要是利用已经学习的静强度知识，介绍部分可以转化为静载荷分析的动应力问题，并且建立动应力的基本概念和简单动应力的分析方法。

因此，本章的讨论仅限于两类常见问题：(1)等加速直线运动或者匀速圆周运动的构件动应力分析；(2)冲击载荷作用构件动应力计算。

二、等加速直线运动及匀速转动时构件的动应力计算

构件在等加速直线运动时，构件内部各个质点将产生与加速度方向相反的惯性力；匀速转动时将产生向心力。对上述两种问题，一般而言加速度较容易计算，而且由于材料的均匀性，构件惯性力也是均匀分布的，因此可以利用理论力学中的动静法(达朗贝尔原理)分析。即先计算出构件的惯性力，再将惯性力作为外力作用于构件，分析构件的承载能力。

1. 构件做等加速直线运动时的动应力

水平放置在一排滚子上的等直杆，在载荷 F 牵引下沿杆件轴线方向做等加速直线运动，如图 12-18a 所示。设杆件材料的单位体积重量(重度)为 γ，长度为 l，横截面面积为 A，假设摩擦力可以忽略不计，杆件的动应力分析如下。

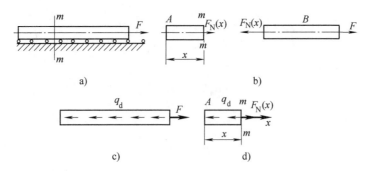

图　12-18

等直杆在载荷 F 作用下沿轴线做等加速直线运动，根据牛顿第二定律，有

$$F = Ma = \frac{\gamma}{g} A l a$$

式中，M 为杆件质量；a 为加速度。杆件加速度为

$$a = \frac{Fg}{\gamma A l}$$

首先采用截面法分析任意横截面 m—m 的内力，使用假想截面沿 m—m 截面将杆为 A、B 两部分，如图 12-18b 所示。以 A 部分作为研究对象，轴力 $F_N(x)$ 是 B 部分对于 A 部分的作用力，即使 A 部分运动并且产生加速度 a 所需要的力。因此轴力 $F_N(x)$ 可以根据构件的质量和加速度，按照牛顿第二定律计算。

对于等直杆，质量沿轴线是均匀分布的。根据动静法，在杆件各个点施加与加速度方向相反的惯性力，外力与惯性力组成平衡力系（图 12-18c）。因此，单位长度的惯性力（惯性力集度）为

$$q_d = \frac{\gamma}{g} A a$$

上述分析同样适用于构件的任意部分。对于 A 部分，如图 12-18d 所示，有

$$F_N(x) = q_d x = \frac{\gamma}{g} A a x$$

横截面 m—m 的动应力为

$$\sigma_d(x) = \frac{\gamma}{g} a x = \frac{F}{A l} x$$

其他匀加速直线运动构件，同样可以使用动静法计算动应力。

【例 12-10】　简易滑轮装置通过钢丝绳起吊重物，如图 12-19a 所示。已知物体重量 $W = 40$ kN，钢丝绳横截面面积 $A = 8$ cm^2，许用应力 $[\sigma] = 80$ MPa。假设钢丝绳重量不计，以加速度 $a = 5$ m/s^2 提升物体时，试校核钢丝绳的强度。

【解】　用假想平面截取研究对象如图 12-19b 所示。

在物体上施加与加速度方向相反的惯性力，惯性力的数值为 $\frac{W}{g} a$。根据平衡关系，可得

$$F_{Nd} - W - \frac{W}{g} a = 0$$

解得

$$F_{Nd} = W \left(1 + \frac{a}{g} \right) = 40 \times 10^3 \times \left(1 + \frac{5}{9.8} \right) \text{N} = 60.4 \times 10^3 \text{N} = 60.4 \text{ kN}$$

钢丝中的动应力为

$$\sigma_{Nd} = \frac{F_{Nd}}{A} = \frac{60.4 \times 10^3}{8 \times 10^{-4}} \text{Pa} = 75.5 \times 10^6 \text{Pa} = 75.5 \text{ MPa} < [\sigma]$$

所以钢丝绳的强度满足要求。

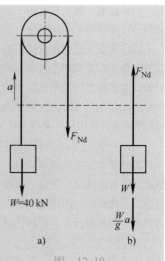

图　12-19

2. 构件作匀速转动的动应力

机械工程中大量使用飞轮类构件，下面以旋转飞轮为例介绍匀速转动构件的动应力计算。假设旋转飞轮以匀角速度 ω 在水平平面内转动，飞轮轮缘的平均直径为 D，横截面积为 A，材料的重度为 γ。如果不考虑轮辐对于强度分析的影响，则飞轮可以抽象为旋转的薄壁圆环，如图 12-20a 所示。

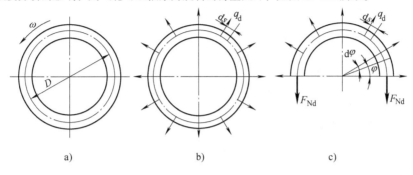

图　12-20

薄壁圆环在匀速旋转时，圆环的切向加速度为零，法向加速度为 $D\omega^2/2$，方向指向圆心。在圆环上截取长度 ds 的微段，微段的质量为 dm，则该微段的惯性力为

$$dm \frac{D}{2}\omega^2 = \frac{\gamma A}{g}ds \frac{D}{2}\omega^2 = q_d ds$$

式中，q_d 表示薄壁圆环单位长度上的惯性力。因此薄壁圆环的惯性力可以看作是作用于圆环轴线、方向向外的均匀分布载荷，图 12-20b 所示。

截取飞轮的一半作为研究对象，如图 12-20c 所示。作为薄壁圆环，由于飞轮轮缘很薄，因此假设横截面正应力近似均匀分布。横截面内力只有轴力 F_{Nd}，根据平衡关系 $\sum F_y = 0$，即

$$-2F_{Nd} + \int q_d ds \sin\varphi = 0$$

由于 $ds = \dfrac{D}{2}d\varphi$，代入上式解得

$$F_{Nd} = \frac{\gamma}{4g}A\omega^2 D^2 = \frac{\gamma}{g}Av^2$$

三、冲击载荷

当运动物体（冲击物）以一定的速度作用于静止构件（被冲击物）而受到阻碍时，其速度急剧下降，使构件受到很大的作用力，这种现象称为冲击。此时，由于冲击物的作用，被冲击物中所产生的应力，称为冲击应力（impact stress）。工程中的锻造、冲压等，就是利用了这种冲击作用。但是，一般的工程构件都要避免或减小冲击，以免受损。

工程中只需求冲击变形和应力的瞬时最大值，冲击过程中的规律并不重要。由于冲击是发生在短暂的时间内，且冲击过程复杂，加速度难以测定，所以很难用动静法计算，通常采用能量法。如图 12-21 所示，物体重力为 W，由高度 h 自由下落，冲击下面的直杆，使直杆发生轴向压缩。为便于分析，通常假设：

（1）冲击物变形很小，可视为刚体；

（2）直杆质量相对于冲击载荷很小，可忽略不计，杆的力学性能是线弹性的；

（3）冲击过程中，无能量损耗。冲击物与被冲击物一经接触后就相互附着，作为一个整体运动。

根据功能原理，在冲击过程中，冲击物所做的功 A 应等于

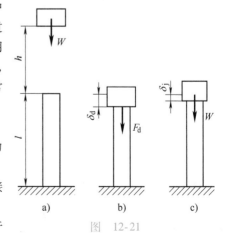

图　12-21

被冲击物的变形能 U_d，即

$$A = U_d \tag{a}$$

当物体自由落下时，其初速度为零；当冲击直杆后，其速度还是为零，而此时杆的受力从零增加到 F_d，杆的缩短量达到最大值 δ_d。因此，在整个冲击过程中，冲击物的动能变化为零，冲击物所做的功为

$$A = W(h + \delta_d) \tag{b}$$

杆的变形能为

$$U_d = \frac{1}{2} F_d \delta_d \tag{c}$$

又因假设杆的材料是线弹性的，故有

$$\frac{F_d}{\delta_d} = \frac{W}{\delta_j} \quad 或 \quad F_d = \frac{\delta_d}{\delta_j} W \tag{d}$$

式中，δ_j 为直杆受静载荷 W 作用时的静位移。

将式（d）代入式（c），有

$$U_d = \frac{1}{2} \frac{W}{\delta_j} \delta_d^2 \tag{e}$$

再将式（b）、式（e）代入式（a），得

$$W(h + \delta_d) = \frac{1}{2} \frac{W}{\delta_j} \delta_d^2$$

整理后得

$$\delta_d^2 - 2\delta_d \delta_j - 2h\delta_j = 0$$

解方程得

$$\delta_d = \delta_j \pm \sqrt{\delta_j^2 + 2h\delta_j} = \left(1 \pm \sqrt{1 + \frac{2h}{\delta_j}}\right)\delta_j$$

为求冲击时杆的最大缩短量，上式中根号前应取正号，得

$$\delta_d = \left(1 + \sqrt{1 + \frac{2h}{\delta_j}}\right)\delta_j = K_d \delta_j \tag{12-21}$$

式中，K_d 为自由落体冲击的动荷系数。

$$K_d = 1 + \sqrt{1 + \frac{2h}{\delta_j}} \tag{12-22}$$

由于冲击时材料服从胡克定律，故有

$$\sigma_d = K_d \sigma_j \tag{12-23}$$

由式（12-22）可见，当 $h = 0$ 时，$K_d = 2$，即杆受突加载荷时，杆内应力和变形都是静载荷作用下的两倍，故加载时应尽量缓慢且避免突然放开。为提高构件抗冲击的能力，还应设法降低构件的刚度。当 h 一定时，构件的静位移 δ_j 增大，动荷系数 K_d 则减小，从而降低了构件在冲击过程中产生的动应力。如汽车车身与车轴之间加上钢板弹簧，就是为了减小车身对车轴冲击的影响。

【例 12-11】　一重力为 W 的重物，从简支梁 AB 的上方 h 处自由下落至梁中点 C，如图 12-22 所示。梁的跨度为 l，横截面的惯性矩为 I_z，抗弯截面系数为 W_z，材料的弹性模量为 E。求梁受冲击时横截面上的最大应力。

【解】　在静载荷 W 的作用下，梁中点的挠度为

$$\delta_j = \frac{Wl^3}{48EI_z}$$

梁横截面上的最大静弯曲应力为

$$\sigma_{jmax} = \frac{Wl}{4W_z}$$

梁受冲击时的动荷系数为

$$K_d = 1 + \sqrt{1 + \frac{2h}{\delta_j}} = 1 + \sqrt{1 + \frac{96hEI_z}{Wl^3}}$$

梁受冲击时横截面上的最大正应力为

$$\sigma_{\mathrm{d,max}} = K_{\mathrm{d}}\sigma_{\mathrm{j,max}} = \frac{Wl}{4W_z}\left(1 + \sqrt{1 + \frac{96hEI_z}{Wl^3}}\right)$$

【例 12-12】　如图 12-23 所示所示制动器，1 为制动轮，2 为飞轮。在转轴被制动时，因飞轮(齿轮)与轴等已具有一定的转速而有一定的动能，制动时它因惯性使轴受到扭转冲击。若已知轴直径 $d = 50$ mm，长 $l = 1.5$ m，切变模量 $G = 80$ GPa；飞轮回转半径 $\rho = 250$ mm，重力 $W = 450$ N，转速 $n = 120$ r/min。求：(1)10 s 内制动所产生的最大扭转切应力；(2)瞬时急刹车时的最大扭转切应力。

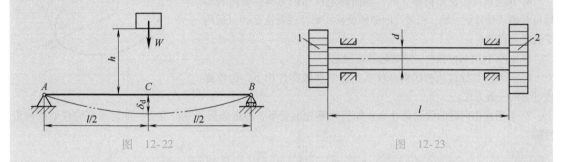

图 12-22　　　　　　　　　　　　　图 12-23

【解】　(1) 10s 内制动时的角加速度为

$$\alpha = \frac{\omega - \omega_0}{t} = \frac{-2\pi \times 120}{60 \times 10}/\mathrm{s}^2 = \frac{-120\pi}{30 \times 10}/\mathrm{s}^2 = -0.4\pi/\mathrm{s}^2$$

其制动时的力偶矩(惯性扭矩)为

$$M_{\mathrm{n}} = -I_\rho\alpha = -\frac{W}{g}\rho^2\alpha = \frac{450}{9.8 \times 10^3} \times 250^2 \times 0.4\pi \ \mathrm{N\cdot mm} = 3606.4 \ \mathrm{N\cdot mm}$$

$$\tau_{\mathrm{max}} = \frac{M_{\mathrm{n}}}{W_{\mathrm{n}}} = \frac{16 \times 3606.4}{\pi \times 50^3} \ \mathrm{MPa} = 0.147 \ \mathrm{MPa}$$

(2) 急刹车时，动能转化为轴的变形能

$$T = \frac{1}{2}I_\rho\omega^2 = \frac{1}{2}\frac{W}{g}\rho^2\left(\frac{n\pi}{30}\right)^2$$

扭转变形能

$$U = \frac{1}{2}M_{\mathrm{nd}}\varphi_{\mathrm{d}} = \frac{1}{2}\frac{M_{\mathrm{nd}}^2 l}{GI_\rho}$$

可得

$$M_{\mathrm{nd}} = \frac{n\pi}{30}\rho\sqrt{\frac{WGI_\rho}{gl}}$$

因此，急刹车时产生的最大扭转切应力为

$$\tau_{\mathrm{d,max}} = \frac{M_{\mathrm{nd}}}{W_{\mathrm{n}}} = \frac{M_{\mathrm{nd}}d}{2I_\rho} = \frac{\pi n\rho d}{60}\sqrt{\frac{WG}{glI_\rho}} = \frac{\pi \times 120 \times 250 \times 50}{60}\sqrt{\frac{450 \times 80 \times 10^3 \times 32}{9.8 \times 10^3 \times 1.5 \times 10^3 \pi \times 50^4}} \ \mathrm{MPa}$$

$$= 157\mathrm{MPa}$$

因此，急刹车时产生的切应力与匀减速制动时的切应力之比为

$$\frac{157}{0.147} = 1068$$

实验表明，一般情况下，材料在冲击载荷下的强度略高于受静载时的强度。为计算的简化与偏于安全计，仍用静载下的许用应力值来建立强度条件。

<big>思　考　题</big>

1. 如何计算线性弹性体的外力功？

2. 何谓应变能？如何计算杆在基本变形与组合变形时的应变能？

3. 一对等值、反向、共线的力 F 作用于如图 12-24 所示弹性模量为 E、泊松比为 μ 的弹性体上，试用功的互等定理求其体积改变量。

4. 单位载荷法是如何建立的？如何确定位移的方向？如何利用单位载荷法计算梁、轴、桁架与刚架的位移？单位载荷法是否只适用于线性弹性体？

*5. 如何利用单位载荷法求解超静定问题？

6. 动载荷与静载荷的区别是什么？说明动载荷作用下，构件强度计算的一般方法。

7. 分析冲击问题的假设是什么？如何计算冲击变形、冲击载荷与冲击应力？如何提高构件的抗冲击性能？

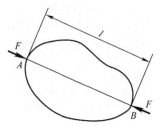

图　12-24

<big>习　题</big>

12-1　试分别计算题 12-1 图所示各梁的变形能。

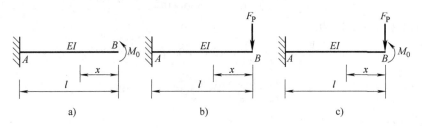

a)　　　　　　　　　　b)　　　　　　　　　　c)

题　12-1 图

12-2　试求题 12-2 图所示简支梁的变形能。

12-3　题 12-3 图所示杆系，在节点 C 受铅垂力 P 作用。已知杆 AC 和 BC 的抗拉（压）刚度 EA 相等，试求节点 C 沿铅垂方向的位移 δ。

12-4　题 12-4 图所示两根圆截面直杆的材料相同，尺寸如图所示。一根为等截面杆，另一根是变截面杆，试比较两根杆件的变形能。

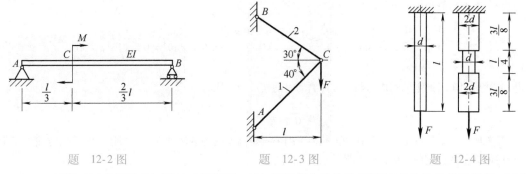

题　12-2 图　　　　　　　　题　12-3 图　　　　　　　　题　12-4 图

12-5　刚架 ABC 作用载荷如题 12-5 图所示。已知刚架所有件的抗弯刚度 EI 为常量并且相等，试求 A 点的垂直位移 y_A，轴力和剪力对于变形的影响忽略不计。

12-6　题12-6图所示，桁架各杆的材料相同，截面面积相等；试求节点 C 处的水平位移和铅垂位移。

12-7　由杆系及梁组成的混合结构如题12-7图所示。设 F、a、E、A、l 均为已知，试求 C 点的铅垂位移。

12-8　题12-8图所示变截面悬臂梁，试求在力 F 作用下，截面 A 的挠度和转角、截面 B 的挠度。

*12-9　如题12-9图所示变截面简支梁，试求在力 F 作用下，截面 C 的挠度和截面 B 的转角。

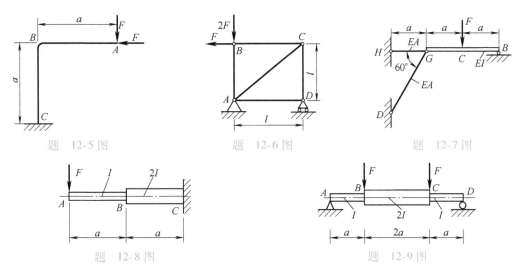

题 12-5 图　　　　　题 12-6 图　　　　　题 12-7 图

题 12-8 图　　　　　　　　题 12-9 图

*12-10　试作题12-10图所示刚架的弯矩图。设刚架各杆的 EI 皆相等。

12-11　题12-11图所示角拐 BAC，A 处为一轴承，允许 AC 轴的端截面在轴承内自由转动，但不能上下移动。已知 $F=60$ N，$E=210$ GPa，$G=0.4E$。试求截面 B 的垂直位移。

12-12　题12-12图所示三支座等截面轴，由于制造不精确，轴承有高低。设 EI、δ 和 l 均为已知量，试求图示两种情况的最大弯矩。

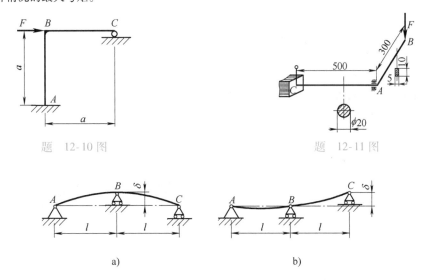

题 12-10 图　　　　　　　　　　题 12-11 图

a)　　　　　　　　　　b)

题 12-12 图

12-13　如题12-13图所示，已知一物体的重量 $Q=40$ kN。提升时的最大加速度 $a=5$ m/s²，吊装绳索的许用应力 $[\sigma]=80$ MPa，设绳索自重不计，试确定图所示的起吊绳索的横截面积的大小。

12-14　如题12-14图所示，长度为 $l=12$ m 的 32a 号工字钢，每米质量为 $m=52.7$ kg，用两根横截面

$A = 1.12 \ cm^2$ 的钢绳起吊。设起吊对的加速度 $a = 10 \ m/s^2$，求工字钢中最大动应力及钢绳的动应力。

12-15　题 12-15 图所示飞轮的最大圆周速度 $v = 25 \ m/s$，材料密度为 $\rho = 7.41 \ kg/m^3$。若不计轮辐的影响，试求轮缘内的最大正应力。

12-16　如题 12-16 图所示，重量为 W 的重物自高度 h 下落冲击于梁上的 C 点。设梁的 E、I 及抗弯截面系数 W_z 皆为已知量。试求梁内最大正应力及梁的跨度中点的挠度。

12-17　如题 12-17 图所示，AB 杆下端固定，长度为 l，在 C 点受到沿水平运动的物体的冲击。物体的重量为 W，当其与杆件接触时速度为 v。设杆件的 E、l 及 W_z 皆为已知量。试求 AB 杆的最大应力。

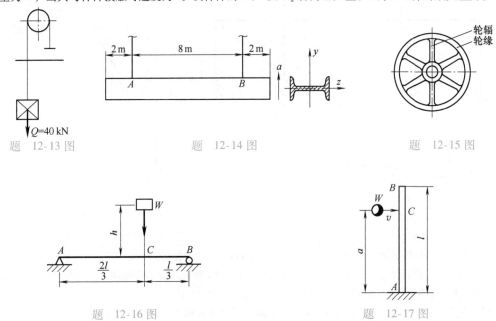

题 12-13 图　　　　　　题 12-14 图　　　　　　题 12-15 图

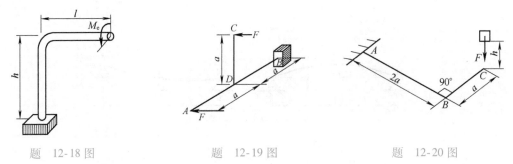

题 12-16 图　　　　　　　　　　题 12-17 图

*12-18　题 12-18 图所示折杆的横截面为圆形。试求在力偶矩 M_e 作用下，折杆自由端的线位移和角位移。

*12-19　题 12-19 图所示刚架的各组成部分的抗弯刚度 EI 相同，抗扭刚度 GI_P 也相同，在 F 力作用下，试求截面 A 和 C 的水平位移。

*12-20　如题 12-20 图所示等截面刚架 ABC 位于水平平面内，一重物 F 自高度 h 自由下落，冲击刚架的 C 点。已知刚架横截面为圆截面，直径为 d，材料的弹性模量为 E，剪切弹性模量为 G。试求结构的冲击动荷系数和结构的最大应力。

题 12-18 图　　　　　　题 12-19 图　　　　　　题 12-20 图

12-21　如习题 12-21 图所示的外伸梁，在自由端 D 处受矩为 M_e 的力偶作用，试用互等定理求跨中 C 截面的挠度，已知梁的抗弯刚度为 EI。

*12-22　如习题 12-22 图所示，矩形截面直杆受到一对方向相反、作用线相同、大小均为 F 的横向力

作用。已知截面尺寸 h、b，杆的抗拉（压）刚度 EA，材料的泊松比 μ。试用互等定理求该杆的轴向变形。

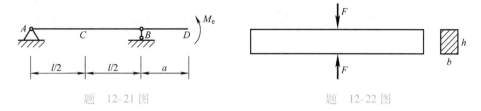

题 12-21 图   题 12-22 图

第十三章 超静定结构与用力法求解超静定问题

第一节 超静定结构概述

超静定结构和相应的静定结构相比，具有强度高、刚度大的显著优点，因此工程中的结构大多数是超静定结构。

前面在介绍几种基本变形和能量方法时，曾讨论过一些超静定问题，现在对这一问题以能量法为基础，进一步研究分析求解超静定问题的原理与方法。

一、超静定结构分类

根据超静定结构约束的特点，大致可以将其分为三类：仅在结构外部存在多余约束的结构称为外力超静定结构，仅在结构内部存在多余约束的结构称为内力超静定结构，不仅在结构外部而且在结构内部都存在多余约束的结构称为混合型超静定结构。

例如图 13-1a 所示梁 AB 和图 13-1b 所示平面曲杆，其支座 A、B 处各共有 4 个约束力；而平面任意力系只有 3 个独立的平衡方程；而且，当支座约束力确定以后，利用截面法可以求出任一截面的内力。所以，该曲杆具有一个多余的外部约束，属于一次外力超静定结构。

如图 13-2a 所示的平面刚架，支座处的 3 个约束力可以由平面任意力系 3 个独立平衡方程求出；但是，用截面法将刚架截开以后（图 13-2b），截面上还存在 3 个内力分量（F_N、F_S、M），以整体为研究对象，未知力的总数是 6 个，显然该结构属于三次内力超静定结构。确定内力超静定次数的方法是：用截面法将结构切开一个或几个截面（即去内部多余约束），使它变成几何不变的静定结构，那么切开截面上的内力分量的总数（即原结构内部多余约束数目）就是超静定次数。

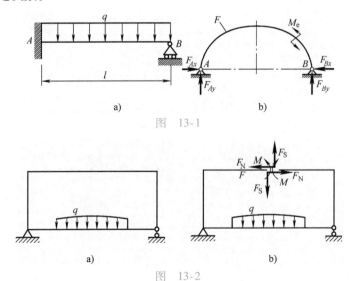

图 13-1

图 13-2

对于图 13-3 所示的平面刚架，如果从铰链处切开，该截面上有 2 个内力分量（F_S、F_S），相当于去掉了 2 个多余约束，所以结构是二次内力超静定结构。可见，轴线为单闭合曲线的平面刚架（包括平面曲杆）并且仅在轴线平面内承受外力时，为三次内力超静定结构。

图 13-4 所示平面刚架属于混合型超静定结构。确定混合型超静定次数的方法是：首先判定其外力超静定次数，再确定其内力超静定次数，二者之和即为此结构的超静定次数。显然，该结构具有 1 个多余的外部约束、3 个多余的内部约束，即为 4 次超静定结构。

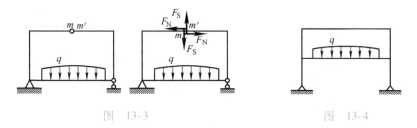

图　13-3　　　　　　　　　　　图　13-4

二、求解超静定问题的方法

由于超静定结构有内、外多余约束，使得未知力数目超过了独立的平衡方程数目，因此求解超静定结构必须综合考虑静力平衡、变形协调和力与变形之间的物理关系三方面条件，这就是求解超静定问题的基本方法。

分析求解超静定问题的具体方法很多，最基本的有两种：力法与位移法。力法是以多余未知力为基本未知量，将变形或位移表示为未知力的函数，然后按变形或位移条件建立补充方程，从而解出多余未知力。位移法是以结构的某些位移为基本未知量进行分析求解的。

本书主要介绍用力法求解超静定问题，用位移法求解超静定问题的方法可参阅其他《材料力学》教材。

第二节　用力法解超静定结构

用力法分析求超静定问题是求解超静定问题的基本力法，它可以用来求解各类超静定问题。该法思路清晰，过程规范，便于掌握。它的缺点是对于超静定次数较高的问题，计算过于繁琐。下面以求解图 13-1a 所示超静定梁为例，介绍力法的基本思路。

前面已述及图 13-1a 中的梁为一次超静定结构，具有一个多余约束。

首先，将活动铰支座 B 作为多余约束，将其撤除，得到图 13-5a 所示的静定梁。而支座 B 对梁的作用则用其对应的约束力 X_1 来替代。超静定结构撤除多余约束后得到的静定结构，称为原结构的基本静定结构或基本静定体系。与多余约束对应的未知力称为多余未知力。所谓力法，就是以多余未知力作为基本未知量，并根据多余约束处的位移条件，求出多余未知力。显然，多余未知力一旦求出，超静定问题即转成为静定问题。

要使图 13-5a 所示的基本静定梁完全等价于图 13-1a 所示的超静定梁，还必须满足原超静定梁在支座 B 处的位移条件。由于原超静定梁在 B 端为活动铰支座，沿 X_1 方向的位移为零。因此，基本静定梁在载荷 q 和多余未知力 X_1 的共同作用下，B 截面沿 X_1 方向的位移也应当为零。用 Δ_{1X_1} 表示 X_1 的作用点沿 X_1 作用方向的位移，即应有

$$\Delta_1 = 0$$

（a）

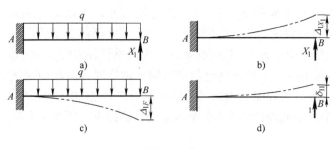

图　13-5

以 Δ_{1X_1} 代表 X_1 单独作用于基本静定梁上时，所引起的 X_1 的作用点沿 X_1 作用方向的位移（图 13-5b）；Δ_{1F} 代表载荷 q 单独作用于基本静定梁上时，所引起的 X_1 的作用点沿 X_1 作用方向的位移（图 13-5c），则由叠加法

$$\Delta_{1X_1} + \Delta_{1F} = \Delta_1 \tag{b}$$

再以 δ_{11} 表示与 X_1 同方向的单位力单独作用于基本静定梁上时，所引起的 X_1 的作用点沿 X_1 作用方向的位移（图 13-5d），而对于线弹性结构，位移与载荷成正比，因此又有

$$\Delta_{1X_1} = \delta_{11} X_1 \tag{c}$$

综合上述三式，最后得到

$$\delta_{11} X_1 + \Delta_{1F} = 0 \tag{13-1}$$

式（13-1）称为力法典型方程或力法正则方程（Regular equation of force method）。

根据卡式定理或单位载荷法，易得力法典型方程中的参数 δ_{11} 和 Δ_{1F} 分别为

$$\delta_{11} = \frac{l^3}{3EI}, \Delta_{1F} = -\frac{ql^4}{8EI}$$

其中，Δ_{1F} 为负，代表其方向与 X_1 方向相反。

将 δ_{11} 与 Δ_{1F} 的计算结果代入力法典型方程，即式（13-1），求得多余未知力

$$X_1 = \frac{3}{8}ql(\uparrow)$$

多余未知力既已求出，超静定问题即成为静定问题。

对于二次超静定问题，按照相同思路不难理解，力法典型方程应为

$$\left.\begin{array}{l}\delta_{11}X_1 + \delta_{12}X_2 + \Delta_{1F} = 0 \\ \delta_{21}X_1 + \delta_{22}X_2 + \Delta_{2F} = 0\end{array}\right\} \tag{13-2}$$

对于 n 次超静定问题，力法典型方程则成为

$$\left.\begin{array}{l}\delta_{11}X_1 + \delta_{12}X_2 + \cdots + \delta_{1n}X_n + \Delta_{1F} = 0 \\ \delta_{21}X_1 + \delta_{22}X_2 + \cdots + \delta_{2n}X_n + \Delta_{2F} = 0 \\ \vdots \\ \delta_{n1}X_1 + \delta_{n2}X_2 + \cdots + \delta_{nn}X_n + \Delta_{nF} = 0\end{array}\right\} \tag{13-3}$$

式中，δ_{ij} 为与 X_j 同方向的单位力单独作用于基本静定结构上，所引起的 X_i 的作用点沿 X_i 作用方向的位移，称为力法典型方程中的系数，由位移互等定理可知，$\delta_{ij} = \delta_{ji}$；$\Delta_{1F}$ 为实际载荷单独作用于基本静定结构上，所引起的 X_i 的作用点沿 X_i 作用方向的位移，称为力法典型方程中的自由项。

由上例可见，运用力法求解超静定结构的基本步骤为：

（1）解除多余约束，得基本静定结构，并以相应的多余未知力来代替多余约束的作用；

（2）根据多余约束处的位移条件，由叠加法，建立力法典型方程；

（3）通过计算基本静定结构的位移，确定力法典型方程中的系数和自由项；

（4）解力法典型方程，求出多余未知力，使之转为静定问题。

下面举例说明力法的应用。

【例 13-1】　试作图 13-6a 所示超静定梁的弯矩图。已知梁的抗弯刚度为 EI。

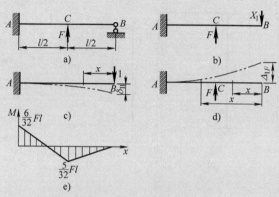

图　13-6

【解】　（1）选择基本静定结构　解除多余约束。以活动铰支座 B 作为多余约束，将其撤除，得基本静定梁（图 13-6b），其作用以相应的多余未知力 X_1 代替。

（2）建立力法典型方程

$$\delta_{11} X_1 + \Delta_{1F} = 0$$

（3）计算基本静定结构的位移 δ_{11} 与 Δ_{1F}　δ_{11} 为与 X_1 同方向的单位力单独作用于基本静定梁上（图 13-6c），所引起的 B 截面沿 X_1 方向的位移；Δ_{1F} 为实际载荷单独作用于基本静定梁上（图 13-6d），所引起的 B 截面沿 X_1 方向的位移。采用单位载荷法计算如下：

在单位载荷作用下（图 13-6c），基本静定梁的弯矩方程为

$$\overline{M}_1 = -x$$

在实际载荷作用下（图 13-6d），基本静定梁的弯矩方程为

CB 段 $\left(0 \leqslant x \leqslant \dfrac{l}{2}\right)$：

$$M(x) = 0$$

AB 段 $\left(\dfrac{l}{2} \leqslant x \leqslant l\right)$：

$$M(x) = F\left(x - \frac{l}{2}\right)$$

根据莫尔积分，即得

$$\delta_{11} = \int_l \frac{\overline{M}(x)\,\overline{M}(x)}{EI}\mathrm{d}x = \frac{1}{EI}\int_0^l (-x)^2\,\mathrm{d}x = \frac{l^3}{3EI}$$

$$\Delta_{1F} = \int_l \frac{M(x)\,\overline{M}(x)}{EI}\mathrm{d}x = \frac{1}{EI}\int_{l/2}^l \left(Fx - F\,\frac{l}{2}\right)(-x)\,\mathrm{d}x = -\frac{5Fl^3}{48EI}$$

（4）解方程，求多余未知力

将求出的 δ_{11} 与 Δ_{1F} 代入力法典型方程，解得多余未知力

$$X_1 = \frac{5}{16}F(\downarrow)$$

X_1 既得，即可作出梁的弯矩图，如图 13-6e 所示。

［例 13-2］　超静定刚架如图 13-7a 所示，已知均布载荷 $q = 10\text{kN/m}$，各段杆的抗弯刚度均为 EI，试计算各支座处的约束力。

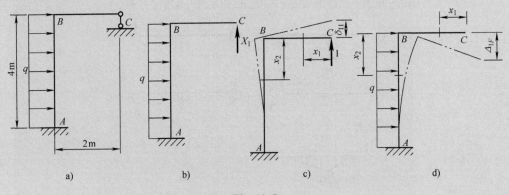

图　13-7

［解］　（1）选择基本静定结构　以活动铰支座 C 作为多余约束，将其撤除，并以相应的多余未知力 X_1 代替其作用，得图 13-7b 所示的基本静定结构，为一次超静定问题。

（2）建立力法典型方程

$$\delta_{11} X_1 + \Delta_{1F} = 0$$

（3）计算 δ_{11} 与 Δ_{1F}　δ_{11} 为与 X_1 同方向的单位力单独作用于基本静定刚架上（图 13-7c），所引起的 C 沿 X_1 方向的位移；Δ_{1F} 为实际载荷单独作用于基本静定刚架上（图 13-4d），所引起的面沿 X_1 方向的位移。采用单位载荷法计算如下：

在单位载荷作用下（图 13-7c），基本静定刚架的弯矩方程为

BC 段：

$$\overline{M}(x_1) = x_1$$

AB 段：

$$M(x_2) = 2$$

在实际载荷作用下（图 13-7d），基本静定刚架的弯矩方程为

BC 段：
$$M(x_1) = 0$$

AB 段：
$$M(x_2) = -\frac{1}{2}q x_2^2 = -5 x_2^2$$

根据莫尔积分，即得

$$\delta_{11} = \frac{1}{EI}\int_0^2 x_1^2 \,\mathrm{d}x_1 + \frac{1}{EI}\int_0^4 2^2 \,\mathrm{d}x_2 = \frac{56}{3EI}$$

$$\Delta_{1F} = \frac{1}{EI}\int_0^4 (-5 x_2^2) \times 2 \,\mathrm{d}x_2 = -\frac{640}{3EI}$$

（4）解方程，求多余未知力　将求出的 δ_{11} 与 Δ_{1F} 代入力法典型方程，解得多余未知力

$$X_1 = \frac{80}{7} \text{ kN} = 11.4 \text{ kN}(\uparrow)$$

此即 C 支座的约束力。再由平衡方程，即得 A 支座的约束力

$$F_{Ax} = 40 \text{ kN}(\leftarrow), F_{Ay} = 11.4 \text{ kN}(\downarrow), M_A = 57.2 \text{ kN} \cdot \text{m}(\text{逆时针})$$

第三节　对称及反对称性质的利用

利用结构和载荷的对称或反对称性质，可使正则方程得到一些简化，如减少多余未知力的数。图 13-8a 所示结构的几何形状、支承条件和备杆的刚度 EI 对称于某一轴线，可称为对称结构。在这样的结构上，如载荷的作用位置、大小和方向也都对称于结构的对称轴（图 13-8a、b），则为对称载荷。如两侧载荷的作用位置和大小仍然是对称的，但方向或转向却是反对称的（图 13-8c）。则为反对称载荷。与此相似，杆件的内力也可分成对称和反对称的。例如，平面结构的杆件的横截面上，一般有剪力、弯矩和轴力等三个内力（图 13-9）对该图中所考察的截面来说，弯矩 M 和轴力 F_N 是对称的内力，剪力 F_S 则是反对称的内力。

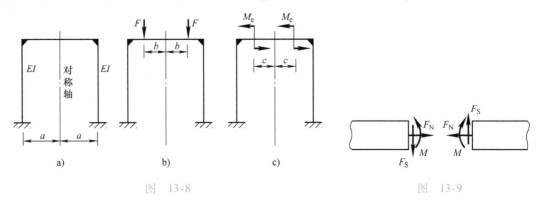

图 13-8　　　　　　　　　　　　　　　　　图 13-9

现以图 13-8b 为例，说明载荷对称性质的利用。刚架有 3 个多余约束，如沿对称轴将刚架切开，就可解除 3 个多余约束，得到基本静定系。3 个多余约束力是对称截面上的轴力 X_1、剪力 X_2 和弯矩 X_3（图 13-10a）。变形协调条件是，上述切开截面两侧的水平相对位移、铅垂相对位移和相对转角都等于零。这三个条件写成正则方程就是

$$\left.\begin{aligned}\delta_{11}X_1 + \delta_{12}X_2 + \delta_{13}X_3 + \Delta_{1F} &= 0\\\delta_{21}X_1 + \delta_{22}X_2 + \delta_{23}X_3 + \Delta_{2F} &= 0\\\delta_{31}X_1 + \delta_{32}X_2 + \delta_{33}X_3 + \Delta_{3F} &= 0\end{aligned}\right\} \qquad (*)$$

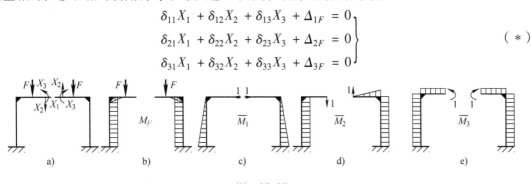

图 13-10

　　基本静定系在外载荷单独作用下的弯矩 M_F 图如图 13-10b 所示；至于令 $X_1 = 1$、$X_2 = 1$ 和 $X_3 = 1$ 且各自单独作用时的弯矩图 $\overline{M}_1$、$\overline{M}_2$ 和 $\overline{M}_3$，则分别表示在图 13-10c、d、e 中。注意弯矩图画在产生压应力的一侧。在这些弯矩图中，$\overline{M}_2$ 是反对称的，其余都是对称的。计算 Δ_{2F} 的莫尔积分是

$$\Delta_{2F} = \int_l \frac{M_F \, \overline{M}_2 \mathrm{d}x}{EI}$$

其中，M_F 是对称的，而 $\overline{M}_2$ 是反对称的，积分的结果必然等于零，即

$$\Delta_{2F} = \int_l \frac{M_F \, \overline{M}_2 \mathrm{d}x}{EI} = 0$$

　　同理可知，$\delta_{12} = \delta_{21} = \delta_{23} = \delta_{32} = 0$，于是正则方程（ * ）化为

$$\left.\begin{array}{r} \delta_{11}X_1 + \delta_{13}X_3 = -\Delta_{1F} \\[4pt] \delta_{31}X_1 + \delta_{33}X_3 = -\Delta_{3F} \\[4pt] \delta_{22}X_2 = 0 \end{array}\right\}$$

这样，正则方程就分成两组：第一组是前两式，包含两个对称的内力 X_1 和 X_3；第二组就是第三式，它只包含反对称的内力 X_2（剪力），且 $X_2 = 0$。可见，当对称结构上受对称载荷作用时，在对称截面上，反对称内力等于零。

　　图 13-8c 是对称结构上受反对称载荷作用的情况。如仍沿对称轴将刚架切开，并代以多余约束力，得相当系统如图 13-11a 所示。这时，正则方程仍为式（a）；但外载荷单独作用下的 M_F 图是反对称的（图 13-11b），而 $\overline{M}_1$、$\overline{M}_2$ 和 $\overline{M}_3$ 仍然如图 13-10 所示。由于 M_F 是反对称的，而 $\overline{M}_1$ 和 $\overline{M}_3$ 是反对称的，这就使

$$\Delta_{1F} = \int_l \frac{M_F \, \overline{M}_1 \mathrm{d}x}{EI} = 0, \quad \Delta_{3F} = \int_l \frac{M_F \, \overline{M}_3 \mathrm{d}x}{EI} = 0$$

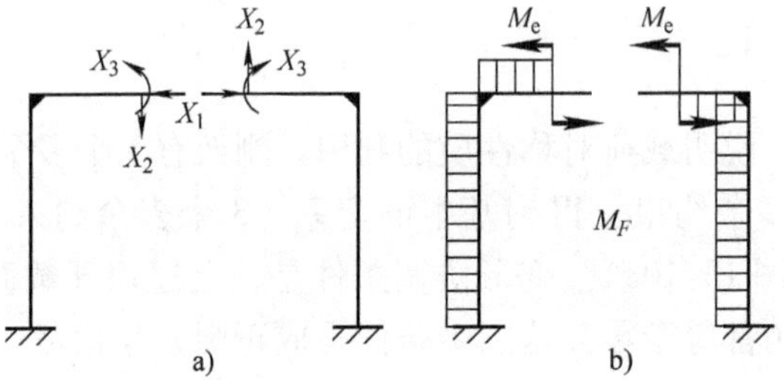

图　13-11

　　此外，和前面一样

$$\delta_{12} = \delta_{21} = \delta_{23} = \delta_{32} = 0$$

于是正则方程化为

$$\left.\begin{array}{r} \delta_{11}X_1 + \delta_{13}X_3 = 0 \\[4pt] \delta_{31}X_1 + \delta_{33}X_3 = 0 \\[4pt] \delta_{22}X_2 = -\Delta_{2F} \end{array}\right\}$$

　　前两式是 X_1 和 X_3 的齐次方程组，显然有 $X_1 = X_3 = 0$ 的解。所以在对称结构上作用反对称载荷时，在对称截面上，对称内力 X_1 和 X_3（即轴力和弯矩）都等于零。

有些载荷虽不是对称或反对称的(图 13-12a)，但可把它转化为对称和反对称的两种载荷的叠加(图 13-12b、c)，分别求出对称和反对称两种情况的解，叠加后即为原载荷作用下的解。

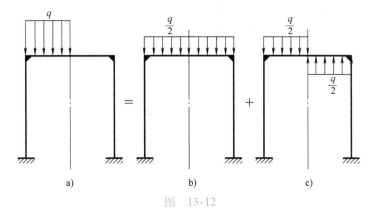

图　13-12

【例 13-3】　超静定刚架如图13-13a 所示，试求其支座约束力，已知各段杆的抗弯刚度为 EI。

【解】　该刚架为一次超静定，但这是反对称性问题，利用上述关于反对称性问题的结论，可以将其转化为静定问题。分析如下。

由于轴力与弯矩是对称内力(图 13-13b)，因此在对称截面 C 上，轴力 F_N 与弯矩 M 必为零。于是，沿截面 C 截取刚架的 1/2 为研究对象，如图 13-13c 所示，截面 C 上只作用有剪力 F_S。显然，这已成为静定问题。根据图 13-13c，由平衡方程易得支座 A 的约束力

$$F_{Ay} = \frac{1}{2}ql(\uparrow), \quad F_{Ax} = 0$$

再根据反对称性问题的性质，即得支座 B 的约束力

$$F_{By} = \frac{1}{2}ql(\downarrow), \quad F_{Bx} = 0$$

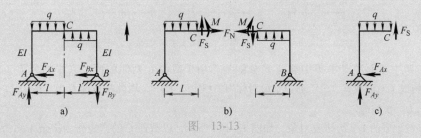

图　13-13

【例 13-4】　如图 13-14a 所示，用三根完全相同的等直杆悬挂一刚性横梁。已知三杆的长度为 l、抗拉(压)刚度为 EA，试求三杆的轴力。

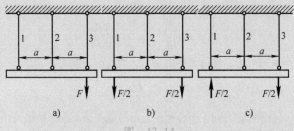

图　13-14

【解】　如图 13-14a 所示，该对称结构所受载荷既不是对称的也不是反对称的，但可以将其视为对称载荷（图 13-14b）与反对称载荷（图 13-l4c）的叠加。

在图 13-14b 所示对称载荷作用下，显然三杆轴力相等，为

$$F'_{N1} = F'_{N2} = F'_{N3} = \frac{1}{3}F$$

在图 13-14c 所示反对称载荷作用下，根据反对称性问题的性质，易知三杆轴力分别为

$$F''_{N1} = -\frac{1}{2}F, \quad F''_{N2} = 0, \quad F''_{N3} = \frac{1}{2}F$$

将上述两组解代数相加，即得在实际载荷作用下三杆的轴力

$$F_{N1} = F'_{N1} + F''_{N1} = \frac{1}{3}F - \frac{1}{2}F = -\frac{1}{6}F$$

$$F_{N2} = F'_{N2} + F''_{N2} = \frac{1}{3}F$$

$$F_{N3} = F'_{N3} + F''_{N3} = \frac{1}{3}F + \frac{1}{2}F = \frac{5}{6}F$$

【例 13-5】　超静定梁如图 13-15a 所示，试求跨中截面 C 的挠度，已知梁的抗弯刚度为 EI。

【解】　该梁为二次超静定，但这是对称性问题，利用上述关于对称性问题的结论，可以将其转化为一次超静定问题。分析如下。

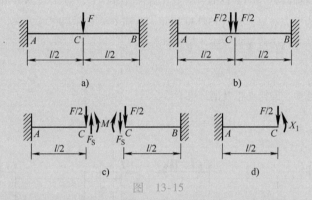

图　13-15

将作用于跨中截面 C 处的集中载荷 F 分解为作用于截面 C 两侧的两个大小均为 $F/2$ 的分力（图 13-15b），即构成了对称载荷。由于剪力是反对称内力（图 13-15c），因此在截面 C 上，剪力 F_S 必为零。于是，问题简化为一次超静定。

沿截面 C 截取梁的 1/2 为研究对象，如图 13-15d 所示，以截面 C 的弯矩作为多余未知力，记作 X_1。因为截面 C 的转角为零，故有力法典型方程

$$\delta_{11} X_1 + \Delta_{1F} = 0$$

运用单位载荷法求得

$$\delta_{11} = \frac{l}{2EI}, \quad \Delta_{1F} = -\frac{Fl^2}{16EI}$$

将求出的 δ_{11} 与 Δ_{1F} 代入力法典型方程，解得多余未知力，即截面 C 的弯矩

$$X_1 = \frac{Fl}{8}$$

至此，问题转为静定。根据图 13-15d，由叠加法或单位载荷法，求得该梁跨中截面 C 的挠度

$$\Delta_{CV} = \frac{Fl^3}{192EI}(\downarrow)$$

思 考 题

1. 何为超静定结构？

2. 何为超静定次数？如何确定超静定次数？

3. 何为多余约束？何谓多余未知力？

4. 外力超静定与内力超静定问题分别有何特点？如何判定平面刚架与平面曲杆的超静定次数？

5. 用力法求解超静定结构的基本步骤是什么？

6. 力法正则方程中的系数 δ_{11} 代表什么？自由项 Δ_{1F} 又代表什么？

7. 什么是对称结构？能否说，只要结构对称，结构的支座约束力就一定对称？为什么？

8. 什么是对称载荷？什么是反对称载荷？

9. 在对称载荷与反对称载荷作用下，对称结构的内力与变形各有何特点？如利用对称与反对称条件简化分析计算？

习 题

13-1 判定题 13-1 图所示各结构的超静定次数。

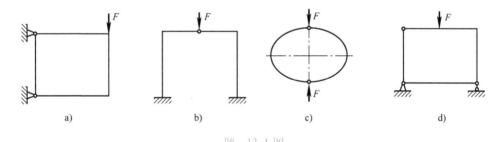

题 13-1 图

13-2 试求题 13-2 图所示超静定梁的两端约束力。设固定端沿梁轴线的约束力可以忽略。

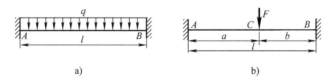

题 13-2 图

13-3 求解习题 13-3 图所示超静定梁，并作弯矩图，已知梁的抗弯刚度为 EI。

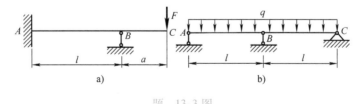

题 13-3 图

13-4 试作题 13-4 图所示刚架的弯矩图。设刚架各杆的 EI 皆相等。

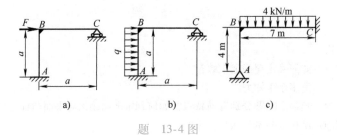

题　13-4 图

13-5　题 13-5 图所示杆系各杆的材料相同，横截面面积相等，试用力法求各杆的内力。

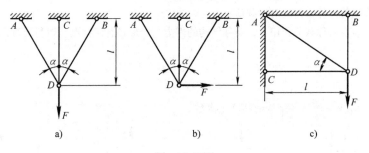

题　13-5 图

附 录

附录 A 常用的平面图形几何性质

材料力学中所讨论的各种构件，其横截面都是具有一定几何形状的平面图形。构件的承载能力与截面图形的一些几何性质有关，例如：在计算轴向拉压杆件的应力与变形时，用到杆件的横截面面积 A；在计算扭转和弯曲问题时，用到横截面的极惯性矩 I_P 和惯性矩 I_z 等。这些量都是与截面形状有关的几何性质，它们与载荷、材料无关，却直接影响杆件的承载能力。因此，掌握图形几何性质的计算方法，合理使用截面图形的几何性质，对设计构件的合理截面、改善杆件的承载能力是非常有意义的。在本附录中仅将本书中常用到的平面图形的几何性质作了系统的简介。

A.1 截面的静矩与形心

任意平面几何图形如图 A.1 所示。在其上取面积微元 dA，该微元在 zOy 坐标系中的坐标为 (z, y)。下列积分

$$S_y = \int_A z dA, \quad S_z = \int_A y dA \tag{A.1}$$

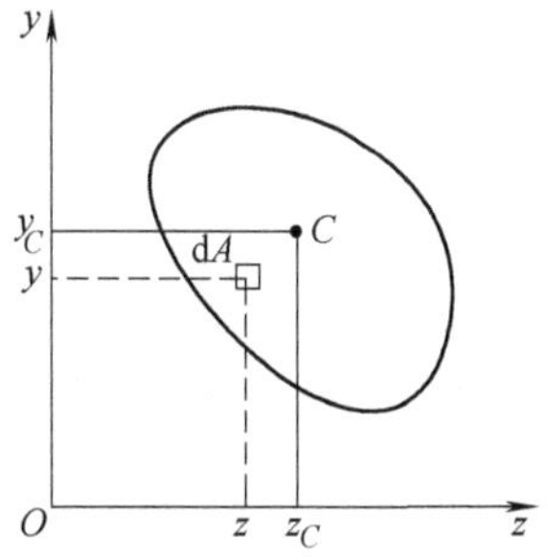

S_y、S_z 定义为截面图形对 y、z 轴的静矩。量纲为长度的三次方。

由于均质薄板的重心与平面图形的形心有相同的坐标 z_C 和 y_C，则

$$A \cdot z_C = \int_A z \cdot dA = S_y$$

由此可得薄板重心的坐标 z_C 为

$$z_C = \frac{\int_A z dA}{A} = \frac{S_y}{A}$$

同理有

$$y_C = \frac{S_z}{A}$$

所以形心坐标

$$z_C = \frac{S_y}{A}, \ y_C = \frac{S_z}{A} \tag{A.2}$$

或

$$S_y = A z_C, \ S_z = A y_C$$

图 A.1

由式（A.2）得知，若某坐标轴通过形心轴，则图形对该轴的静矩等于零，即 $y_C = 0$，$S_z = 0$；$z_C = 0$，则 $S_y = 0$。反之，若图形对某一轴的静矩等于零，则该轴必然通过图形的形心。静矩与所选坐标轴有关，其值可能为正、负或零。

如一个平面图形是由几个简单平面图形组成，称为组合平面图形。设第 i 块分图形的面积为 A_i，形心坐标为 y_{Ci}，z_{Ci}，则其静矩和形心坐标分别为

$$S_z = \sum_{i=1}^{n} A_i y_{Ci}, \quad S_y = \sum_{i=1}^{n} A_i z_{Ci} \tag{A.3}$$

$$y_C = \frac{S_z}{A} = \frac{\sum_{i=1}^{n} A_i y_{Ci}}{\sum_{i=1}^{n} A_i}, \quad z_C = \frac{S_y}{A} = \frac{\sum_{i=1}^{n} A_i z_{Ci}}{\sum_{i=1}^{n} A_i} \tag{A.4}$$

【例 A-1】 求图 A.2 所示半圆形的 S_y、S_z 及形心位置。

【解】 由对称性，$y_C = 0$，$S_z = 0$。现取平行于 y 轴的狭长条作为微面积 $\mathrm{d}A$，则

$$\mathrm{d}A = 2y\mathrm{d}z = 2\sqrt{R^2 - z^2}\mathrm{d}z$$

所以

$$S_y = \int_A z\mathrm{d}A = \int_0^R z \cdot 2\sqrt{R^2 - z^2}\mathrm{d}z = \frac{2}{3}R^3$$

$$z_C = \frac{S_y}{A} = \frac{4R}{3\pi}$$

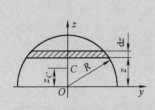

图 A.2

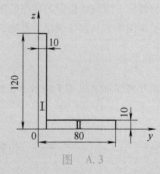

图 A.3

【例 A-2】 确定形心位置，如图 A.3 所示。

【解】 将图形看做由两个矩形 I 和 II 组成，在图示坐标下每个矩形的面积及形心位置分别为

矩形 I：
$$A_1 = 120 \times 10 \ \mathrm{mm}^2 = 1200 \ \mathrm{mm}^2$$

$$y_{C1} = \frac{10}{2}\mathrm{mm} = 5 \ \mathrm{mm}, \quad z_{C1} = \frac{120}{2} \ \mathrm{mm} = 60 \ \mathrm{mm}$$

矩形 II：
$$A_2 = 70 \times 10 \ \mathrm{mm}^2 = 700 \ \mathrm{mm}^2$$

$$y_{C2} = \left(10 + \frac{70}{2}\right) \mathrm{mm} = 45 \ \mathrm{mm}, \quad z_{C1} = \frac{10}{2} \ \mathrm{mm} = 5 \ \mathrm{mm}$$

整个图形形心 C 的坐标为

$$y_C = \frac{A_1 y_{C1} + A_2 y_{C2}}{A_1 + A_2} = \frac{1200 \times 5 + 700 \times 45}{1200 + 700} \ \mathrm{mm} = 19.7 \ \mathrm{mm}$$

$$z_C = \frac{A_1 z_{C1} + A_2 z_{C2}}{A_1 + A_2} = \frac{1200 \times 60 + 700 \times 5}{1200 + 700} \ \mathrm{mm} = 39.7 \ \mathrm{mm}$$

A.2 惯性矩与惯性积、极惯性矩

一、惯性矩

如图 A.4 所示，我们把平面图形对某坐标轴的二次矩，定义为截面图形的惯性矩

$$I_y = \int_A z^2 \mathrm{d}A, \quad I_z = \int_A y^2 \mathrm{d}A \tag{A.5}$$

式中，I_y、I_z 为截面图形对 y、z 轴的惯性矩，量纲为长度的 4 次方，恒为正。

组合图形的惯性矩：设 I_{yi}、I_{zi} 为分图形的惯性矩，则总图形对同一轴惯性矩为

$$I_y = \sum_{i=1}^{n} I_{yi}, \quad I_z = \sum_{i=1}^{n} I_{zi} \qquad (A.6)$$

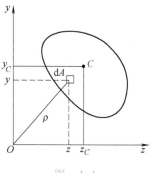

图　A.4

二、惯性积

定义式

$$I_{yz} = \int_A yz\,\mathrm{d}A \qquad (A.7)$$

为图形对一对正交轴 y、z 轴的惯性积，量纲是长度的四次方。惯性积其值可能为正、为负或为零，若 y、z 轴中有一根为对称轴则其惯性积为零。

三、极惯性矩

若以 ρ 表示微面积 $\mathrm{d}A$ 到坐标原点 O 的距离，则定义图形对坐标原点 O 的极惯性矩为

$$I_P = \int_A \rho^2 \,\mathrm{d}A \qquad (A.8)$$

因为

$$\rho^2 = y^2 + z^2$$

所以

$$I_P = \int_A (y^2 + z^2)\,\mathrm{d}A = I_y + I_z \qquad (A.9)$$

$$i_y = \sqrt{\frac{I_y}{A}}, \quad i_z = \sqrt{\frac{I_z}{A}} \qquad (A.10)$$

i_y 和 i_z 为图形对 y 轴和对 z 轴的惯性半径。

【例 A-3】　试计算图 A.5a 所示矩形截面对其对称轴（形心轴）x 和 y 的惯性矩。

【解】　先计算截面对 x 轴的惯性矩 I_x。取平行于 x 轴的狭长条（图 A.5a 作为面积元素，即 $\mathrm{d}A = b\mathrm{d}y$），根据公式（A.5）的第二式可得

$$I_x = \int_A y^2 \mathrm{d}A = \int_{-\frac{h}{2}}^{\frac{h}{2}} by^2 \mathrm{d}y = \frac{bh^3}{12}$$

同理在计算对 y 惯性矩 I_y 时可以取 $\mathrm{d}A = h\mathrm{d}x$（图 A.5a）。根据公式（A.5）的第一式，可得

$$I_y = \int_A x^2 \mathrm{d}A = \int_{-\frac{h}{2}}^{\frac{h}{2}} hx^2 \mathrm{d}x = \frac{b^3 h}{12}$$

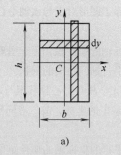 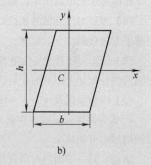

a)　　　　　　b)

图　A.5

若截面是宽度为 b 高度为 h 的平行四边形（图 A.5b）则它对于形心的惯性矩同样为 $I_x = \dfrac{bh^3}{12}$。

【例 A-4】　求如图 A.6 所示圆形截面的 I_y、I_z、I_{yz}、I_P。

【解】　如图所示取 $\mathrm{d}A$，根据定义

$$I_y = \int_A z^2 \mathrm{d}A = \int_{-\frac{D}{2}}^{\frac{D}{2}} z^2 \cdot 2\sqrt{R^2 - z^2}\,\mathrm{d}z = \frac{\pi D^4}{64}$$

由于轴对称性，则有

$$I_y = I_z = \frac{\pi D^4}{64}$$

$$I_{yz} = 0$$

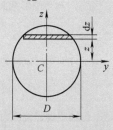

图　A.6

由公式（A.9），得

$$I_P = I_y + I_z = \frac{\pi D^4}{32}$$

对于空心圆截面，外径为 D，内径为 d，内外径比为 α，则

$$I_y = I_z = \frac{\pi D^4}{64}(1 - \alpha^4)$$

$$\alpha = \frac{d}{D}$$

$$I_P = \frac{\pi D^4}{32}(1 - \alpha^4)$$

四、平行移轴公式

由于同一平面图形对于相互平行的两对直角坐标轴的惯性矩或惯性积并不相同，如果其中一对轴是图形的形心轴（y_C，z_C）时，如图 A.7 所示，可得到平行移轴公式

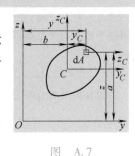

$$\begin{cases} I_y = I_{y_C} + a^2 A \\ I_z = I_{z_C} + b^2 A \\ I_{yz} = I_{y_C z_C} + abA \end{cases} \quad \text{(A. 11)}$$

图 A.7

简单证明之：　$I_y = \int_A z^2 dA = \int_A (z_C + a)^2 dA = \int_A z_C^2 dA + 2a\int_A z_C dA + a^2 \int_A dA$

其中 $\int_A z_C dA$ 为图形对形心轴 y_C 的静矩，其值应等于零，则得

$$I_y = I_{y_C} + a^2 A$$

同理可证（A.11）中的其他两式。

此即关于图形对于平行轴惯性矩与惯性积之间关系的移轴定理。式（A.11）表明：

（1）图形对任意轴的惯性矩，等于图形对于与该轴平行的形心轴的惯性矩加上图形面积与两平行轴间距离平方的乘积。

（2）图形对于任意一对直角坐标轴的惯性积，等于图形对于平行于该坐标轴的一对通过形心的直角坐标轴的惯性积加上图形面积与两对平行轴间距离的乘积。

（3）因为面积及 a^2、b^2 项恒为正，故自形心轴移至与之平行的任意轴，惯性矩总是增加的。

a、b 为原坐标系原点在新坐标系中的坐标，故二者同号时为正，异号时为负。所以，移轴后惯性积有可能增加也可能减少。

结论：同一平面内对所有相互平行的坐标轴的惯性矩中，对形心轴的惯性矩最小。在使用惯性积移轴公式时应注意 a、b 的正负号。

【例 A-5】　试求图 A.8 所示 $r = 1$ m 的半圆形截面对于轴 x 的惯性矩，其中轴 x 与半圆形的底边平行，相距 1 m。

【解】　知半圆形截面对其底边的惯性矩

$$I_{x_1} = \frac{\pi d^4}{128} = \frac{\pi r^4}{8}$$

用平行轴定理得截面对形心轴 x_C 的惯性矩

$$I_{x_C} = \frac{\pi r^4}{8} - \frac{\pi r^2}{2}\left(\frac{4r}{3\pi}\right)^2 = \frac{\pi r^4}{8} - \frac{8r^4}{9\pi}$$

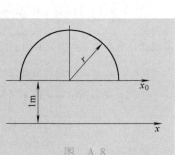

图 A.8

再用平行轴定理，得截面对 x 轴的惯性矩

$$I_x = I_{x_C} + \frac{\pi r^2}{2}\left(1 + \frac{4r}{3\pi}\right)^2 = \frac{\pi r^4}{8} - \frac{8r^4}{9\pi} + \frac{\pi r^2}{2} + \frac{4r^3}{3} + \frac{8r^4}{9\pi}$$

五、组合截面的惯性矩和惯性积

工程计算中应用最广泛的是组合图形的惯性矩与惯性积，即求图形对于通过其形心的轴的惯性矩与惯性积。为此必须首先确定图形的形心以及形心轴的位置。

因为组合图形都是由一些简单的图形（例如矩形、正方形、圆形等）所组成，所以在确定其形心、形心主轴以至形心主惯性矩的过程中，均不采用积分，而是利用简单图形的几何性质以及移轴和转轴定理。一般应按下列步骤进行。

将组合图形分解为若干简单图形，并应用式（A.4）确定组合图形的形心位置；以形心为坐标原点，设 xOy 坐标系，x、y 轴一般与简单图形的形心主轴平行；确定简单图形对自身形心轴的惯性矩和惯性积；利用移轴定理（必要时用转轴定理）确定各个简单图形对 x、y 轴的惯性矩和惯性积；相加（空洞时则减）后便得到整个图形的惯性矩和惯性积。

【例 A-6】　确定图 A.9 所示图形的形心位置，并计算平面图形对形心轴 y_C 的惯性矩。

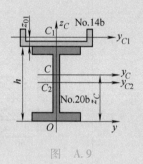

图　A.9

【解】　（1）查型钢表得

槽钢 No.14b：

$$A_1 = 21.316 \text{ cm}^2, \quad I_{y_{C_1}} = 61.1 \text{ cm}^4, \quad z_{01} = 1.67 \text{ cm}$$

工字钢 N020b：
$$A_2 = 39.578 \text{ cm}^2, \quad I_{y_{C_2}} = 2\,500 \text{ cm}^4, \quad h = 20 \text{ cm}$$

（2）计算形心位置

由组合图形的对称性（对称轴是 z_C 轴）知

$$y_C = 0$$

$$z_C = \frac{A_1 \cdot z_{C1} + A_2 \cdot z_{C2}}{A_1 + A_2} = \frac{21.316 \times (1.67 + 20) + 39.578 \times 10}{21.316 + 39.578} \text{ cm} = 14.09 \text{ cm}$$

（3）用平行移轴公式计算各个图形对 y_C 轴的惯性矩

$$I_{1)y_C} = I_{y_{C_1}} + \overline{CC_1}^2 A_1 = [61.1 + (1.67 + 20 - 14.09)^2 \times 21.316] \text{ cm}^4 = 1\,285.8 \text{ cm}^4$$

$$I_{2)y_C} = I_{y_{C_2}} + \overline{CO}^2 A_2 = [2\,500 + (14.09 - 10)^2 \times 39.578] \text{ cm}^4 = 3\,162.1 \text{ cm}^4$$

（4）求组合图形对 y_C 轴的惯性矩

$$I_{y_C} = I_{1)y_C} + I_{2)y_C} = 4\,447.9 \text{ cm}^4$$

习　题

A.1　试计算题 A.1 图中各平面图形形心和对形心轴 y_C 的惯性矩。

A.2　试计算题 A.2 图所示中各平面图形 z 轴上方截面面积对 z 轴的静矩 S_{y_C}。

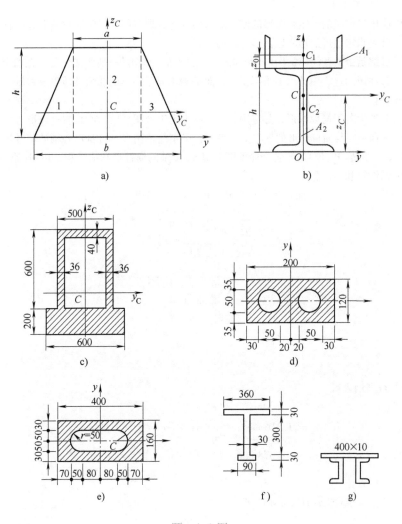

题 A.1 图

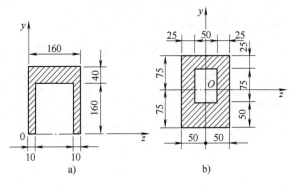

题 A.2 图

附录 B　常用的截面几何量

截 面 形 状	惯 性 矩	抗弯截面系数
	$I_z = \dfrac{bh^3}{12}$ $I_y = \dfrac{hb^3}{12}$	$W_z = \dfrac{bh^2}{6}$
	$I_z = \dfrac{BH^3 - bh^3}{12}$ $I_y = \dfrac{HB^3 - hb^3}{12}$	$W_z = \dfrac{BH^3 - bh^3}{6H}$
	$I_z = \dfrac{BH^3 - bh^3}{12}$	$W_z = \dfrac{BH^3 - bh^3}{6H}$
	$I_z = I_y = \dfrac{\pi d^4}{64}$	$W_z = \dfrac{\pi d^3}{32}$
	$I_z = I_y = \dfrac{\pi D^4}{64}(1 - \alpha^4)$	$W_z = \dfrac{\pi D^3}{32}(1 - \alpha^4)$

附录 C　型钢规格表

1. 热轧等边角钢（GB/T 9787—1988）

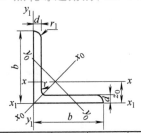

符号意义：

b——边宽；　　　　　　r_0——顶端圆弧半径；

d——边厚；　　　　　　I——惯性矩；

r——内圆弧半径；　　　i——惯性半径；

r_1——边端内弧半径；　W——截面系数；

r_2——边端外弧半径；　z_0——重心距离。

角钢号数	尺寸/mm			截面面积 /cm²	理论质量 /(kg·m⁻¹)	外表面积 /(m²·m⁻¹)	参　考　数　值										
							$x-x$			x_0-x_0			y_0-y_0			x_1-x_1	z_0 /cm
	b	d	r				I_x /cm⁴	i_x /cm	W_x /cm³	I_{x_0} /cm⁴	i_{x_0} /cm	W_{x_0} /cm³	I_{y_0} /cm⁴	i_{y_0} /cm	W_{y_0} /cm³	I_{x_1} /cm⁴	
2	20	3	3.5	1.132	0.889	0.078	0.40	0.59	0.29	0.63	0.75	0.45	0.17	0.39	0.20	0.81	0.60
		4		1.459	1.145	0.077	0.50	0.58	0.36	0.78	0.73	0.55	0.22	0.38	0.24	1.09	0.64
2.5	25	3		1.432	1.124	0.098	0.82	0.76	0.46	1.29	0.95	0.73	0.34	0.49	0.33	1.57	0.73
		4		1.859	1.459	0.097	1.03	0.74	0.59	1.62	0.93	0.92	0.43	0.48	0.40	2.11	0.76
3.0	30	3		1.749	1.373	0.117	1.46	0.91	0.68	2.31	1.15	1.09	0.61	0.59	0.51	2.71	0.85
		4		2.276	1.786	0.117	1.84	0.90	0.87	2.92	1.13	1.37	0.77	0.58	0.62	3.63	0.89
3.6	36	3	4.5	2.109	1.656	0.141	2.58	1.11	0.99	4.09	1.39	1.61	1.07	0.71	0.76	4.68	1.00
		4		2.756	2.163	0.141	3.29	1.09	1.28	5.22	1.38	2.05	1.37	0.70	0.93	6.25	1.04
		5		3.382	2.654	0.141	3.95	1.08	1.56	6.24	1.36	2.45	1.65	0.70	1.09	7.84	1.07
4.0	40	3	5	2.359	1.852	0.157	3.59	1.23	1.23	5.69	1.55	2.01	1.49	0.79	0.96	6.41	1.09
		4		3.086	2.422	0.157	4.60	1.22	1.60	7.29	1.54	2.58	1.91	0.79	1.19	8.56	1.13
		5		3.791	2.976	0.156	5.53	1.21	1.96	8.76	1.52	3.10	2.30	0.78	1.39	10.74	1.17
4.5	45	3	5	2.659	2.088	0.177	5.17	1.40	1.58	8.20	1.76	2.58	2.14	0.90	1.24	9.12	1.22
		4		3.486	2.736	0.177	6.65	1.38	2.05	10.56	1.74	3.32	2.75	0.89	1.54	12.18	1.26
		5		4.292	3.369	0.176	8.04	1.37	2.51	12.74	1.72	4.00	3.33	0.88	1.81	15.25	1.30
		6		5.076	3.985	0.176	9.33	1.36	2.95	14.76	1.70	4.64	3.89	0.88	2.06	18.36	1.33
5	50	3	5.5	2.971	2.332	0.197	7.18	1.55	1.96	11.37	1.96	3.22	2.98	1.00	1.57	12.50	1.34
		4		3.897	3.059	0.197	9.26	1.54	2.56	14.70	1.94	4.16	3.82	0.99	1.96	16.69	1.38
		5		4.803	3.770	0.196	11.21	1.53	3.13	17.79	1.92	5.03	4.64	0.98	2.31	20.90	1.42
		6		5.688	4.465	0.196	13.05	1.52	3.68	20.68	1.91	5.85	5.42	0.98	2.63	25.14	1.46

（续）

角钢号数	尺寸/mm			截面面积 /cm²	理论质量 /(kg· m⁻¹)	外表面积 /(m²· m⁻¹)	参 考 数 值										
							$x-x$			x_0-x_0			y_0-y_0			x_1-x_1	z_0
	b	d	r				I_x /cm⁴	i_x /cm	W_x /cm³	I_{x_0} /cm⁴	i_{x_0} /cm	W_{x_0} /cm³	I_{y_0} /cm⁴	i_{y_0} /cm	W_{y_0} /cm³	I_{x_1} /cm⁴	/cm
5.6	56	3	6	3.343	2.624	0.221	10.19	1.75	2.48	16.14	2.20	4.08	4.24	1.13	2.02	17.56	1.48
		4		4.390	3.446	0.220	13.18	1.73	3.24	20.92	2.18	5.28	5.46	1.11	2.52	23.43	1.53
		5		5.415	4.251	0.220	16.02	1.72	3.97	25.42	2.17	6.42	6.61	1.10	2.98	29.33	1.57
		8		8.367	6.568	0.219	23.63	1.68	6.03	37.37	2.11	9.44	9.89	1.09	4.16	47.24	1.68
6.3	63	4	7	4.978	3.907	0.248	19.03	1.96	4.13	30.17	2.46	6.78	7.89	1.26	3.29	33.35	1.70
		5		6.143	4.822	0.248	23.17	1.94	5.08	36.77	2.45	8.25	9.57	1.25	3.90	41.73	1.74
		6		7.288	5.721	0.247	27.12	1.93	6.00	43.03	2.43	9.66	11.20	1.24	4.46	50.14	1.78
		8		9.515	7.469	0.247	34.46	1.90	7.75	54.56	2.40	12.25	14.33	1.23	5.47	67.11	1.85
		10		11.657	9.151	0.246	41.09	1.88	9.39	64.85	2.36	14.56	17.33	1.22	6.36	84.31	1.93
7	70	4	8	5.570	4.372	0.275	26.39	2.18	5.14	41.80	2.74	8.44	10.99	1.40	4.17	45.74	1.86
		5		6.875	5.397	0.275	32.21	2.16	6.32	51.08	2.73	10.32	13.34	1.39	4.95	57.21	1.91
		6		8.160	6.406	0.275	37.77	2.15	7.48	59.93	2.71	12.11	15.61	1.38	5.67	68.73	1.95
		7		9.424	7.398	0.275	43.09	2.14	8.59	68.35	2.69	13.81	17.82	1.38	6.34	80.29	1.99
		8		10.667	8.373	0.274	48.17	2.12	9.68	76.37	2.68	15.43	19.98	1.37	6.98	91.92	2.03
(7.5)	75	5	9	7.367	5.818	0.295	39.97	2.33	7.32	63.30	2.92	11.94	16.63	1.50	5.77	70.56	2.04
		6		8.797	6.905	0.294	46.95	2.31	8.64	74.38	2.90	14.02	19.51	1.49	6.67	84.55	2.07
		7		10.160	7.976	0.294	53.57	2.30	9.93	84.96	2.89	16.02	22.18	1.48	7.44	98.71	2.11
		8		11.503	9.030	0.294	59.96	2.28	11.20	95.07	2.88	17.93	24.86	1.47	8.19	112.97	2.15
		10		14.126	11.089	0.293	71.98	2.26	13.64	113.92	2.84	21.48	30.05	1.46	9.56	141.71	2.22
8	80	5	9	7.912	6.211	0.315	48.79	2.48	8.34	77.33	3.13	13.67	20.25	1.60	6.66	85.36	2.15
		6		9.397	7.376	0.314	57.35	2.47	9.87	90.98	3.11	16.08	23.72	1.59	7.65	102.50	2.19
		7		10.860	8.525	0.314	65.58	2.46	11.37	104.07	3.10	18.40	27.09	1.58	8.58	119.70	2.23
		8		12.303	9.658	0.314	73.49	2.44	12.83	116.60	3.08	20.61	30.39	1.57	9.46	136.97	2.27
		10		15.126	11.874	0.313	88.43	2.42	15.64	140.09	3.04	24.76	36.77	1.56	11.08	171.74	2.35
9	90	6	10	10.637	8.350	0.354	82.77	2.79	12.61	131.26	3.51	20.63	34.28	1.80	9.95	145.87	2.44
		7		12.301	9.656	0.354	94.83	2.78	14.54	150.47	3.50	23.64	39.18	1.78	11.19	170.30	2.48
		8		13.944	10.946	0.353	106.47	2.76	16.42	168.97	3.48	26.55	43.97	1.78	12.35	194.80	2.52
		10		17.167	13.476	0.353	128.58	2.74	20.07	203.90	3.45	32.04	53.26	1.76	14.52	244.07	2.59
		12		20.306	15.940	0.352	149.22	2.71	23.57	236.21	3.41	37.12	62.22	1.75	16.49	293.76	2.67
10	100	6	12	11.932	9.366	0.393	114.95	3.10	15.68	181.98	3.90	25.74	47.92	2.00	12.69	200.07	2.67
		7		13.796	10.830	0.393	131.86	3.09	18.10	208.97	3.89	29.55	54.74	1.99	14.26	233.54	2.71
		8		15.638	12.276	0.393	148.24	3.08	20.47	235.07	3.88	33.24	61.41	1.98	15.75	267.09	2.76

（续）

角钢号数	尺寸/mm			截面面积 /cm²	理论质量 /(kg·m⁻¹)	外表面积 /(m²·m⁻¹)	参 考 数 值											
							$x-x$			x_0-x_0			y_0-y_0			x_1-x_1	z_0 /cm
	b	d	r				I_x /cm⁴	i_x /cm	W_x /cm³	I_{x_0} /cm⁴	i_{x_0} /cm	W_{x_0} /cm³	I_{y_0} /cm⁴	i_{y_0} /cm	W_{y_0} /cm³	I_{x_1} /cm⁴	
10	100	10	12	19.261	15.120	0.392	179.51	3.05	25.06	284.68	3.84	40.26	74.35	1.96	18.54	334.48	2.84
		12		22.800	17.898	0.391	208.90	3.03	29.48	330.95	3.81	46.80	86.84	1.95	21.08	402.34	2.91
		14		26.256	20.611	0.391	236.53	3.00	33.73	374.06	3.77	52.90	99.00	1.94	23.44	470.75	2.99

注：$r_1=\dfrac{1}{3}d$, $r_2=0$, $r_0=0$。

2. 热轧普通工字钢（GB/T 706—1988）

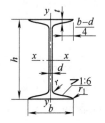

符号意义：

h——高度；

b——腿宽度；

d——腰厚度；

t——平均腿厚度；

r——内圆弧半径；

r_1——腿端圆弧半径；

I——惯性矩；

W——截面系数；

i——惯性半径；

S——半截面的静力矩。

型号	尺寸/mm						截面面积 /cm²	理论质量 /(kg·m⁻¹)	参 考 数 值						
									$x-x$				$y-y$		
	h	b	d	t	r	r_1			I_x /cm⁴	W_x /cm³	i_x /cm	$I_x:S_x$	I_y /cm⁴	W_y /cm³	i_y /cm
10	100	68	4.5	7.6	6.5	3.3	14.3	11.2	245	49	4.14	8.59	33	9.72	1.52
12.6	126	74	5	8.4	7	3.5	18.1	14.2	488.43	77.529	5.195	10.85	46.906	12.677	1.609
14	140	80	5.5	9.1	7.5	3.8	21.5	16.9	712	102	5.76	12	64.1	16.1	1.73
16	160	88	6	9.9	8	4	26.1	20.5	1130	141	6.58	13.8	93.1	21.2	1.89
18	180	94	6.5	10.7	8.5	4.3	30.6	24.1	1660	185	7.36	15.4	122	26	2
20a	200	100	7	11.4	9	4.5	35.5	27.9	2370	237	8.15	17.2	158	31.5	2.12
20b	200	102	9	11.4	9	4.5	39.5	31.1	2500	250	7.96	16.9	169	33.1	2.06
20a	220	110	7.5	12.3	9.5	4.8	42	33	3400	309	8.99	18.9	225	40.9	2.31
22b	220	112	9.5	12.3	9.5	4.8	46.4	36.4	3570	325	8.78	18.7	239	42.7	2.27
25a	250	116	8	13	10	5	48.5	38.1	5023.54	401.88	10.18	21.58	280.046	48.283	2.403
25b	250	118	10	13	10	5	53.5	42	5283.96	422.72	9.938	21.27	309.297	52.423	2.404
28a	280	122	8.5	13.7	10.5	5.3	55.45	43.4	7114.14	508.15	11.32	24.62	345.051	56.565	2.495
28b	280	124	10.5	13.7	10.5	5.3	61.05	47.9	7480	534.29	11.08	24.24	379.496	61.209	2.493

（续）

型号	尺寸/mm						截面面积 /cm²	理论质量 /(kg·m⁻¹)	参 考 数 值						
									x－x				y－y		
	h	b	d	t	r	r_1			I_x /cm⁴	W_x /cm³	i_x /cm	$I_x:S_x$	I_y /cm⁴	W_y /cm³	i_y /cm
32a	320	130	9.5	15	11.5	5.8	67.05	52.7	11075.5	692.2	12.84	27.46	459.93	70.758	2.619
32b	320	132	11.5	15	11.5	5.8	73.45	57.7	11621.4	726.33	12.58	27.09	501.53	75.989	2.614
32c	320	134	13.5	15	11.5	5.8	79.45	62.8	12167.5	760.47	12.34	26.77	543.81	81.166	2.608
36a	360	136	10	15.8	12	6	76.3	59.9	15760	875	14.4	30.7	552	81.2	2.69
36b	360	138	12	15.8	12	6	83.5	65.6	16530	919	14.1	30.3	582	84.3	2.64
36c	360	140	14	15.8	12	6	90.7	71.2	17310	962	13.8	29.9	612	87.4	2.6
40a	400	142	10.5	16.5	12.5	6.3	86.1	67.6	21720	1090	15.9	34.1	660	93.2	2.77
40b	400	144	12.5	16.5	12.5	6.3	94.1	73.8	22780	1140	15.6	33.6	692	96.2	2.71
40c	400	146	14.5	16.5	12.5	6.3	102	80.1	23850	1190	15.2	33.2	727	99.6	2.65
45a	450	150	11.5	18	13.5	6.8	102	80.4	32240	1430	17.7	38.6	855	114	2.89
45b	450	152	13.5	18	13.5	6.8	111	87.4	33760	1500	17.4	38	894	118	2.84
45c	450	154	15.5	18	13.5	6.8	120	94.5	35280	1570	17.1	37.6	938	122	2.79
50a	500	158	12	20	14	7	119	93.6	46470	1860	19.7	42.8	1120	142	3.07
50b	500	160	14	20	14	7	129	101	48560	1940	19.4	42.4	1170	146	3.04
50c	500	162	16	20	14	7	139	109	50640	2080	19	41.8	1220	151	2.96
56a	560	166	12.5	21	14.5	7.3	135.25	106.2	65585.6	2342.31	22.02	47.73	1370.16	165.98	3.182
56b	560	168	14.5	21	14.5	7.3	146.45	115	68512.5	2446.69	21.63	47.17	1486.75	174.25	3.162
56c	560	170	16.5	21	14.5	7.3	157.85	123.9	71439.4	2551.41	21.27	46.66	1558.39	183.34	3.158
63a	630	176	13	22	15	7.5	154.9	121.6	93916.2	2981.47	24.62	54.17	1700.55	193.24	3.311
63b	630	178	15	22	15	7.5	167.5	131.5	98083.6	3163.98	24.2	53.51	1812.07	203.6	3.289
63c	630	180	17	22	15	7.5	180.1	141	102251.1	3298.42	23.82	52.92	1924.91	213.88	3.268

注：1. 工字钢长度：10～18 号，长 5～19m；20～63 号，长 6～19m。

2. 一般采用材料：Q215、Q235、Q275、Q235-F。

3. 热轧普通槽钢（GB/T 707—1988）

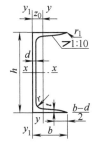

h——高度；　　　　　　　　　　r_1——腿端圆弧半径；

b——腿宽度；　　　　　　　　　I——惯性矩；

d——腰厚度；　　　　　　　　　W——截面系数；

t——平均腿厚度；　　　　　　　i——惯性半径；

r——内圆弧半径；　　　　　　　z_0——$y－y$ 与 $y_1－y_1$ 轴间距。

型号	尺寸/mm						截面面积/cm²	理论质量/(kg·m⁻¹)	参 考 数 值							
									$x-x$			$y-y$			y_1-y_1	z_0/cm
	h	b	d	t	r	r_1			W_x/cm³	I_x/cm⁴	i_x/cm	W_y/cm³	I_y/cm⁴	i_y/cm	I_{y0}/cm⁴	
5	50	37	4.5	7	7	3.5	6.93	5.44	10.4	26	1.94	3.55	8.3	1.1	20.9	1.35
6.3	63	40	4.8	7.5	7.5	3.75	8.444	6.63	16.123	50.786	2.453	—	11.872	1.185	28.38	1.36
8	80	43	5	8	8	4	10.24	8.04	25.3	101.3	3.15	5.79	16.6	1.27	37.4	1.43
10	100	48	5.3	8.5	8.5	4.25	12.74	10	39.7	198.3	3.95	7.8	25.6	1.41	54.9	1.52
12.6	126	53	5.5	9	9	4.5	15.69	12.37	62.137	391.466	4.953	10.242	37.99	1.567	77.09	1.59
14 a	140	58	6	9.5	9.5	4.75	18.51	14.53	80.5	563.7	5.52	13.01	53.2	1.7	107.1	1.71
b	140	60	8	9.5	9.5	4.75	21.31	16.73	87.1	609.4	5.35	14.12	61.1	1.69	120.6	1.67
16a	160	63	6.5	10	10	5	21.95	17.23	108.3	866.2	6.28	16.3	73.3	1.83	144.1	1.8
16	160	65	8.5	10	10	5	25.15	19.74	116.8	934.5	6.1	17.55	83.1	1.82	160.8	1.75
18a	180	68	7	10.5	10.5	5.25	25.69	20.17	141.4	1272.7	7.04	20.03	98.6	1.96	189.7	1.88
18	180	70	9	10.5	10.5	5.25	29.29	22.99	152.2	1369.9	6.84	21.52	111	1.95	210.1	1.84
20a	200	73	7	11	11	5.5	28.83	22.63	178	1780.4	7.86	24.2	128	2.11	244	2.01
20	200	75	9	11	11	5.5	32.83	25.77	191.4	1913.7	7.64	25.88	143.6	2.09	268.4	1.95
22a	220	77	7	11.5	11.5	5.75	81.84	24.99	217.6	2393.9	8.67	28.17	157.8	2.23	298.2	2.1
22	220	79	9	11.5	11.5	5.75	36.24	28.45	233.8	2571.4	8.42	80.05	176.4	2.81	326.3	2.03
a	250	78	7	12	12	6	84.91	27.47	269.597	3369.62	9.823	30.607	175.529	2.243	322.256	2.065
25b	250	80	9	12	12	6	89.91	31.39	282.402	3530.04	9.405	32.657	196.421	2.218	353.187	1.982
c	250	82	11	12	12	6	44.91	35.32	295.236	3690.45	9.065	35.926	218.415	2.206	384.133	1.921
a	280	82	7.5	12.5	12.5	6.25	10.02	31.42	340.328	1764.59	10.91	35.718	217.989	2.333	387.566	2.097
28b	280	84	9.5	12.5	12.5	6.25	45.62	35.81	366.46	5130.45	10.6	37.929	242.144	2.304	127.589	2.016
c	280	86	11.5	12.5	12.5	6.25	51.22	40.21	392.594	5496.32	10.35	40.301	267.602	2.286	162.597	1.951
a	320	88	8	14	14	7	18.7	38.22	474.879	7598.06	12.40	46.473	304.787	2.502	552.31	2.242
32b	320	90	10	14	14	7	55.1	43.25	509.012	8144.2	12.15	49.157	336.332	2.471	592.933	2.158
c	320	92	12	14	14	7	61.5	48.28	543.145	8690.33	11.88	52.642	374.175	2.467	643.299	2.092
a	360	96	9	16	16	8	60.89	47.8	659.7	11874.2	13.97	63.54	455	2.73	818.4	2.44
36b	360	98	11	16	16	8	68.09	53.45	702.9	12651.8	13.63	66.85	496.7	2.7	880.4	2.37
c	360	100	13	16	16	8	75.29	50.1	746.1	13429.4	13.36	70.02	536.4	2.67	947.9	2.34
a	400	100	10.5	18	18	9	75.05	58.91	878.9	17577.9	15.30	78.83	592	2.81	1067.7	2.49
40b	400	102	12.5	18	18	9	83.05	65.19	932.2	18644.5	14.98	82.52	640	2.78	1135.6	2.44
c	400	104	14.5	18	18	9	91.05	71.47	985.6	19711.2	14.71	86.19	687.8	2.75	1220.7	2.42

注：1. 槽钢长度：5~8 号，长 5~12m；10~18 号，长 5~19m；20~40 号，长 6~19m。

2. 一般采用材料：Q215、Q235、Q275、Q235-F。

参 考 文 献

[1]　孟庆东．工程力学：静力学和材料力学[M]．青岛：青岛海洋大学出版社，1991.

[2]　孟庆东．工程力学：运动学和动力学[M]．青岛：青岛海洋大学出版社，1993.

[3]　王长连．建筑力学辅导[M]．北京：清华大学出版社，2009.

[4]　刘鸿文．材料力学[M]．北京：高等教育出版社，1992.

[5]　刘鸿文．简明材料力学[M]．2版．北京：高等教育出版社，2008.

[6]　单辉祖．材料力学教程[M]．北京：高等教育出版社，2004.

[7]　苟文选．材料力学[M]．北京：科学出版社，2005.

[8]　蔡文安．材料力学[M]．上海：同济大学出版社，2005.

[9]　韩冠英．材料力学[M]．南京：河海大学出版社，1991.

[10]　HIBBELER R C．材料力学：原书第8版[M]．影印版．北京：机械工业出版社，2013.

[11]　北京科技大学，东北大学．工程力学：材料力学[M]．5版．北京：高等教育出版社，2008.

[12]　张功学．材料力学[M]．西安：西安电子科技大学出版社，2008.

[13]　张秉荣．工程力学[M]．4版．北京：机械工业出版社，2011.

[14]　刘思俊．工程力学[M]．3版．北京：机械工业出版社，2015.

[15]　刘荣梅，蔡新，范钦珊．工程力学：工程静力学与材料力学[M]．3版．北京：机械工业出版社，2018.